大学初年級でマスターしたい

物理と工学のベーシック数学

九州大学名誉教授
理学博士

河辺哲次著

裳華房

BASIC MATHEMATICS
FOR
PHYSICS AND ENGINEERING

by

Tetsuji KAWABE, DR. SC.

SHOKABO

TOKYO

はじめに

本書は，大学の理工系学部で物理と工学分野の学習に必要な数学において，特に1，2年生のうちに，ぜひマスターしておいてほしいものを扱った，従来にない新しい試みのテキストである．

いうまでもなく，数学は物理や工学分野を理解するのに必要不可欠なツールであるから，大学で講義を受けはじめると，ごく自然に，いろいろな数学的手法が矢継ぎ早に登場してくる．そのため，肝心の物理や工学分野の理解よりも，数学そのものを理解することに翻弄されて，本来の目的であるはずの物理や工学分野の学習が進まなくなり，そのジレンマに悩まされる学生も少なからず見受けられる．

こうしたジレンマが生まれる主な原因は，高等学校で学んだ数学と大学で学ぶ数学との間のギャップにあるとよくいわれる．そして，必要な数学をマスターする前に，それと同時並行的にそれぞれの分野の講義が進んでいくため，多くの学生は消化不良を起こしてしまうともいわれる．

しかし，これは本当だろうか．学生たちは，長い時間をかけて，高等学校で多岐にわたる数学の基礎を学んできたはずである．その基礎知識が1，2年生で学ぶ物理や工学分野ではほとんど役に立たず，大学入学後に新たに一から数学を学び直さなければいけないのだろうか．

実は，物理や工学分野に必要な数学のかなりの部分は，高等学校の数学でカバーされている．例えば，大学で学ぶ「力学」，「電磁気学」，「熱力学」などには，複素数やベクトルをはじめとして，

初等関数，微分，積分，行列，座標変換

などの数学が登場するが，それらはすでに高等学校の数学で履修している．そして，新しく登場する数学といえば，

偏微分，微分方程式，線形代数，ベクトル解析，フーリエ級数

などである．しかし，これらについても高等学校で学んだ数学を理解していれば，それほど難しいものではない．

このような実態を素直にみれば，理工系学部の1，2年生で必要な数学ツールの多くを，学生たちは高等学校の段階ですでに学んでいることになる．そして，ギャップがあるとすれば，それらを物理や工学分野に応用する方法を高等学校で学んでこなかったというだけのことである．要するに，物理や工学分野の1，2年生で必要な数学に限定すれば，高等学校で学んだ数学と大学で学ぶ数学との間にあるギャップの真の正体は，応用力を養う訓練を積まなかったことにあるといってよいだろう．まさに，「ギャップの正体見たり枯れ尾花」である．そうであれば，「高等学校で学んだ数学をフルに活用する・応用する」という考えに立つだけで，多くの学生はジレンマから解放されるだろう．

こうした観点に立って，ギャップを解消するために本書を次のように構成した．

・前半の4つの章（第1章～第4章）では，高等学校で学ぶ数学の基礎的な項目を物理や工学分野に速やかに活用・応用するという視点で解説する．

・後半の6つの章（第5章～第10章）では，さまざまな数学ツールを個別の問題に適用して解く方法について解説する．

そして，高等学校で学んだ数学を物理や工学分野に有効に活用・応用しながら，いろいろな問題が解ける力を養えるようにデザインした．

また，本書全体を通して，次のような点に留意している．

1．高等学校で学ぶ数学の中で物理や工学分野の数学ツールとして活用できる項目を厳選し，それらを丁寧に解説する．

2．高等学校で学ぶ数学の中でも特に基礎的な項目は，大学で学ぶ数学との関連を重視しながら深く解説する．

3．物理や工学分野の具体的な問題に，数学ツールを適用する方法が直観的にわかるように，図や例題を豊富に用いながら易しく解説する．

4．特に注意してほしい箇所にはアンダーラインを入れる．

5．学習者へのコメントや理解を促すためのヒントなどを「ひとくちメモ」として入れる．

本書を通じて，読者の方々が高等学校で学んだ数学をフルに活用・応用しながら，物理や工学分野に必要な数学が“わかって使える”ようになって頂ければ幸いです．

最後に，本書の理念・構想から完成に至るまでの間，本書の理念に則して本文が読みやすく，わかりやすくなるように，いろいろと細部にわたり懇切丁寧なコメントやアドバイスを頂いた，裳華房企画・編集部の小野達也氏と久米大郎氏に厚くお礼を申し上げます．

2014年10月

河辺哲次

目　　次

第1章　高等学校で学んだ数学の復習
― 活用できるツールは何でも使おう ―

第2章　ベ ク ト ル
― 現象をデッサンするツール ―

第3章　微　　分
― ローカルな変化をみる顕微鏡 ―

第 4 章　積　　分
— グローバルな情報をみる望遠鏡 —

第 5 章　微分方程式
— 数学モデルをつくるツール —

第 6 章　2 階常微分方程式
— 振動現象を表現するツール —

第7章　偏微分方程式
― 時空現象を表現するツール ―

第8章　行　　列
― 情報を整理・分析するツール ―

第9章　ベクトル解析
― ベクトル場の現象を解析するツール ―

第10章 フーリエ級数・フーリエ積分・フーリエ変換
― 周期的な現象を分析するツール ―

第1章

高等学校で学んだ数学の復習

― 活用できるツールは何でも使おう ―

数学は「積み重ね」の学問なので，数学を理解して道具として使えるようになるまでには多くの時間を要する．高等学校で学んだ数学の内容は多岐にわたり，また，たくさんの重要な定理や公式が含まれている．当然，大学で学ぶ理工系のための数学も，高等学校で学んだ数学を基礎にしながら「積み重ね」ていく学問である．しかし，特に物理や工学分野で登場する数学については，大学に入ってから全く新たに遭遇するものは限られており，この分野の基礎的な問題や応用問題の多くは，高等学校までに学んだ数学を有効に活用すれば解くことができる．そこで，まずは高等学校で学んだ数学の有効活用からはじめよう．

1.1 1.2 1.3

1.1 身近な関数を近似しよう

物理や工学ではいろいろな関数が登場するが，状況に応じてそれらを簡単な式に近似することが必要になる．そのときに使う近似法を早い段階でマスターしておくと，その後の学習が楽になり，問題に対する理解も深まる．そこで，この近似法を（従来の多くのテキストとは学ぶ順序が異なるが）まずはじめに学習しよう．

具体的には，振動や周期的な現象に頻繁に登場する三角関数を例にしながら説明する．そのために必要な数学の道具と知識は，高等学校のレベルのものだけである．それは，サイン関数 $\sin x$ とコサイン関数 $\cos x$ の形（定義）を知っていること．そして，それらの微分

$$\frac{d\sin x}{dx} = (\sin x)' = \cos x, \qquad \frac{d\cos x}{dx} = (\cos x)' = -\sin x \quad (1.1)$$

と x^n (n は自然数) の微分

$$\frac{dx^n}{dx} = (x^n)' = nx^{n-1} \tag{1.2}$$

が計算できること．たったこれだけである．

なお，これらの道具に不慣れな人は，3.1 節で改めて解説するので，そこを参考にして欲しい．ここでは，(1.1) と (1.2) の知識を前提にして話を進める．

1.1.1 サイン関数の近似

まず，図 1.1 (a) をみてみよう．これは，直線

$$y = x \tag{1.3}$$

と三角関数のサイン関数 $y = \sin x$ を一緒に描いたものである．明らかに，2つの関数は異なる形をしているが，x がゼロに近いところではグラフは一致しているようにみえる．

次の図 1.1 (b) ～ (e) は，それぞれ曲線

$$y = x - \frac{x^3}{6} \tag{1.4}$$

$$y = x - \frac{x^3}{6} + \frac{x^5}{120} \tag{1.5}$$

$$y = x - \frac{x^3}{6} + \frac{x^5}{120} - \frac{x^7}{5040} \tag{1.6}$$

$$y = x - \frac{x^3}{6} + \frac{x^5}{120} - \frac{x^7}{5040} + \frac{x^9}{362880} - \frac{x^{11}}{39916800} + \frac{x^{13}}{6227020800} \tag{1.7}$$

とサイン関数 $y = \sin x$ を一緒に描いたものである．

この例から，$y = \sin x$ は x のベキ乗 x^1, x^2, x^3, $\cdots$ で表現できる (つまり，べき乗が増えると元の関数にだんだん近づいてくる) ようにみえる．そこで，一般に関数 $f(x)$ は次のようなベキ関数

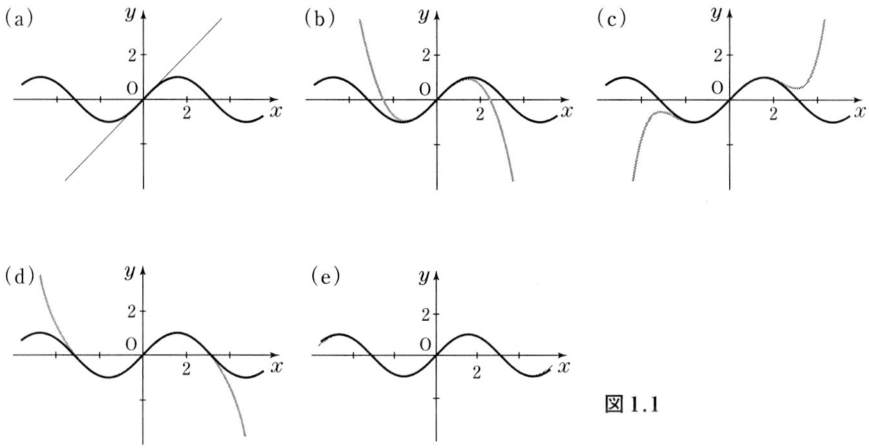

図 1.1

$$f(x) = c_0 + c_1x + c_2x^2 + c_3x^3 + c_4x^4 + c_5x^5 + \cdots \qquad (c_i : \text{定数}) \tag{1.8}$$

で**近似できる**と仮定し，上の $\sin x$ をこの式に当てはめてみると，$f(x) = \sin x$ のときの各係数は $c_0 = 0$, $c_1 = 1$, $c_2 = 0$, $c_3 = -1/6$, $c_4 = 0$, $c_5 = 1/120$, $\cdots$ となる．

では，この定数の係数 c_0, c_1, c_2, c_3, $\cdots$ の数値は一体どのようにして決まるのだろうか．まさに，ここで高等学校で習ったテクニック「微分」が役に立つのである．

例 1.1 微分 $y = x$ の x による微分は $y' = 1$，そして，$y = x - x^3/6$ の x による微分は $y' = 1 - 3x^2/6 = 1 - x^2/2$ である． ■

微分の活用

係数 c_0 は，(1.8) から $f(0) = c_0$ である．c_1 以降の係数を求めるためには，関数 x^n の微分公式 (1.2) を使うだけでよい．

まず，(1.8) を x で微分すると

$$\frac{df(x)}{dx} = f'(x) = c_1 + 2c_2x + 3c_3x^2 + 4c_4x^3 + 5c_5x^4 + \cdots \tag{1.9}$$

を得る．そこで，導関数 $f'(x)$ の x をゼロとおくと，$c_1 = f'(0)$ であることがわかる．

さらに，(1.9) を x で微分すると

$$\frac{d^2f(x)}{dx^2} = f''(x) = 1\cdot 2c_2 + 2\cdot 3c_3x + 3\cdot 4c_4x^2 + 4\cdot 5c_5x^3 + \cdots \tag{1.10}$$

を得る．そこで，導関数 $f''(x)$ の x をゼロとおくと $f''(0) = 2c_2$ であるから，$c_2 = f''(0)/2 = f''(0)/2!$ になることがわかる．

同様の計算を繰り返すと，c_1 以上の係数は

$$c_1 = f'(0), \quad c_2 = \frac{f''(0)}{2!}, \quad c_3 = \frac{f^{(3)}(0)}{3!}, \quad c_4 = \frac{f^{(4)}(0)}{4!}, \quad c_5 = \frac{f^{(5)}(0)}{5!}, \quad \cdots \tag{1.11}$$

のように決まることがわかる（[問 1.1] を参照）．ここで，$f^{(3)}, f^{(4)}, f^{(5)}$ は f''', f'''', f''''' の意味で，ダッシュ（′）が多くなるとわかりにくくなるので，$f^{(n)}$ で表記する方法がよく用いられる．

問 1.1 (1.11) の c_3, c_4, c_5 を導きなさい．

1.1.2 マクローリン展開とテイラー展開

係数 c_0, c_1, c_2, c_3, … は (1.11) で与えられたから，(1.8) は

$$f(x) = f(0) + f'(0)x + \frac{f''(0)}{2!}x^2 + \frac{f^{(3)}(0)}{3!}x^3 + \cdots + \frac{f^{(n)}(0)}{n!}x^n + \cdots \tag{1.12}$$

のように表すことができる．つまり，一般に関数 $f(x)$ が，(1.12) の右辺のように x のベキの和で表現できる．これが $x = 0$ における $f(x)$ のマクローリン展開とよばれるもので，このような計算を**関数 $f(x)$ を $x = 0$ でマクローリン展開する**という．

［例題 1.1］　サイン関数のマクローリン展開

サイン関数 $f(x) = \sin x$ をマクローリン展開すると

$$\sin x = x - \frac{x^3}{3!} + \frac{x^5}{5!} - \frac{x^7}{7!} + \cdots + (-1)^n \frac{x^{2n+1}}{(2n+1)!} + \cdots \quad (1.13)$$

となることを示しなさい（ただし，$n = 0, 1, 2, \cdots$）.

［解］　$f(x) = \sin x$ を x で微分すれば，$f'(x) = \cos x$，$f''(x) = (f'(x))' = (\cos x)' = -\sin x$, $f^{(3)}(x) = (f''(x))' = (-\sin x)' = -\cos x$ となる．これを繰り返すと，$f^{(4)}(x) = \sin x$, $f^{(5)}(x) = \cos x$, $f^{(6)}(x) = -\sin x$, $f^{(7)}(x) = -\cos x$ を得る.

これらに $x = 0$ を代入すると，$f'(0) = \cos 0 = 1$, $f''(0) = -\sin 0 = 0$, $f^{(3)}(0) = -\cos 0 = -1$, $f^{(4)}(0) = \sin 0 = 0$, $f^{(5)}(0) = \cos 0 = 1$, $f^{(6)}(0) = -\sin 0 = 0$, $f^{(7)}(0) = -\cos 0 = -1$ であるから，ゼロでないのは $f'(0) = 1$，$f^{(3)}(0) = -1$, $f^{(5)}(0) = 1$, $f^{(7)}(0) = -1$ で，一般に $f^{(2n+1)}(0) = (-1)^n$ となる.

したがって，(1.11) の係数は $c_2 = c_4 = c_6 = \cdots = 0$ と

$$\left.\begin{aligned} &c_1 = 1, \quad c_3 = -\frac{1}{3!} = -\frac{1}{6}, \quad c_5 = \frac{1}{5!} = \frac{1}{120} \\ &c_7 = -\frac{1}{7!} = -\frac{1}{5040}, \quad \cdots, \quad c_{2n+1} = (-1)^n \frac{1}{(2n+1)!} \end{aligned}\right\} \quad (1.14)$$

となるので，(1.14) を (1.8) に代入すると (1.13) を得る.

ちなみに，図 1.1 (d) で示した曲線 (1.6) は，$y = \sin x$ を 7 次までマクローリン展開したものである．7 次までの展開とは，係数 c_7，あるいは，x^7 の項まで残すという意味である.

¶

例 1.2　$f(x) = \cos x$ のマクローリン展開は

$$\cos x = 1 - \frac{x^2}{2!} + \frac{x^4}{4!} - \frac{x^6}{6!} + \cdots + (-1)^n \frac{x^{2n}}{(2n)!} + \cdots \quad (1.15)$$

である（ただし，$n = 0, 1, 2, \cdots$）．これは，(1.13) の両辺を x で微分した式と考えてもよい. ■

三角関数の線形近似式

図 1.1 (a) において，x の非常に小さな範囲（例えば，$|x| < 0.1$）をみる

限り，サイン関数 $y = \sin x$ は直線 $y = x$ と区別できない．このため，x の値が非常に小さい場合には

$$\sin x = x \tag{1.16}$$

とおけることになるが，実は，この (1.16) は $\sin x$ のマクローリン展開 (1.13) の高次 (x^3 以上) の項をすべて無視した近似式であることがわかる．

高次の項を x^n と書いたとき (ただし，$n \neq 0$)，$y = x^n$ は一般に曲線を表すが，1次の項 x は直線 $y = x$ になる．このため，1次の項 x のことを特に**線形な項**または**線形項**とよび，(1.16) を $\sin x$ の**線形近似**という (「線形」は英語のリニア [linear] の訳で，「直線」という意味をもっている)．また，(1.16) のように近似することを，$\sin x$ を**線形近似する**という．

このような線形近似を用いると，振り子や振動の問題をよく知られた初等関数で解くことができ，物理現象の本質が理解しやすくなる．

[例題 1.2] 指数関数のマクローリン展開

指数関数 e^x の微分公式 ([問 3.3] の (3.18) を参照)

$$(e^x)' = e^x \tag{1.17}$$

を使って，$f(x) = e^x$ のマクローリン展開が

$$e^x = 1 + x + \frac{1}{2!}x^2 + \frac{1}{3!}x^3 + \cdots + \frac{1}{n!}x^n + \cdots \tag{1.18}$$

になることを示しなさい．

[解] (1.17) より，$f(x) = e^x$ の n 回微分は $f^{(n)}(x) = e^x$ である．したがって，$f^{(n)}(0) = e^0 = 1$ となるので，マクローリン展開 (1.12) から (1.18) となる．

¶

問 1.2

$$\frac{1}{1-x} = 1 + x + x^2 + x^3 + \cdots = \sum_{n=0}^{\infty} x^n \tag{1.19}$$

を示しなさい．

問 1.3

$$\log(1 + x) = x - \frac{x^2}{2} + \frac{x^3}{3} - \cdots + (-1)^{n-1}\frac{x^n}{n} + \cdots \tag{1.20}$$

を示しなさい (ただし，$n = 1, 2, \cdots$ で，かつ，$-1 < x \leq 1$)．

テイラー展開

関数$f(x)$が区間$[\alpha, \beta]$において連続かつ微分可能で，区間$[\alpha, \beta]$内に含まれる実数aを用いて

$$f(x) = c_0 + c_1(x-a) + c_2(x-a)^2 + c_3(x-a)^3 + \cdots \quad (1.21)$$

のように無限級数に展開できる場合，これを**テイラー級数**という．そして，各係数c_0, c_1, $\cdots$を

$$f(x) = f(a) + f'(a)(x-a) + \frac{f''(a)}{2!}(x-a)^2 + \cdots + \frac{f^{(n)}(a)}{n!}(x-a)^n + \cdots \quad (1.22)$$

のように決めた式を，$x=a$における$f(x)$の**テイラー展開**という．

なお，このテイラー展開 (1.22) で$a=0$とおいたもの（つまり，$x=0$でテイラー展開したもの）がマクローリン展開 (1.12) である（このため，正確にはマクローリン展開とよぶべき展開法を，厳密には区別せずにテイラー展開と総称する場合も多い）．

関数$f(x)$がマクローリン展開やテイラー展開できるためには，右辺の級数展開が収束する必要があるが，物理や工学で扱われる関数はそのほとんどがマクローリン展開できると考えてよいだろう．そのため，この2つの展開が物理や工学の問題を扱うときに非常に重要になる．本書を読み進めるうちに，これらがとても使用度の高い公式であることが理解できるだろう．

1.1 1.2 1.3

1.2　複素数を活用しよう

実数を複素数まで拡張すると，複雑な計算が楽になったり，見通しがよくなったりする．さらに，一見異なってみえる問題の間に普遍的な性質があることにも気づかせてくれる．この後すぐに登場するオイラーの公式は，指数関数$e^{i\theta}$（つまり，複素数）と三角関数$\cos\theta$, $\sin\theta$を結び付ける重要な式で，

物理や工学のさまざまな問題を解くときに不可欠なものである．そのため，この公式を早い段階でマスターすることは，その後の学習を楽にしてくれる．そこで，まず1.1節で学んだマクローリン展開を使って，この公式を導こう．そのために必要な数学の道具は，高等学校で学ぶ指数関数 e^x の積

$$e^x e^y = e^{x+y} \tag{1.23}$$

の公式だけである（1.3.2項を参照）．

1.2.1 虚数単位 i とオイラーの公式

空想を意味する形容詞 imaginary の頭文字 i を記号にした

$$i = \sqrt{-1} \tag{1.24}$$

を**虚数単位**（きょすう）という（ちなみに，実数単位では $1 = \sqrt{+1}$）．この虚数単位を含んだ数，例えば，$1 + \sqrt{3}i$ のような数のことを**複素数**（complex number）という．

一般に，複素数 z は2つの実数 x, y を使って

$$z = x + iy \tag{1.25}$$

のように表される．この場合，x を複素数 z の**実部**（じつぶ）（実数部分：real part），y を複素数 z の**虚部**（きょぶ）（虚数部分：imaginary part）とよぶ．そして，

$$x = \mathrm{Re}\, z, \qquad y = \mathrm{Im}\, z \tag{1.26}$$

のように表す．

一方，複素数 z の i を $-i$ に変えた複素数のことを**複素共役**（ふくそきょうやく）とよび，

$$z^* = x - iy \tag{1.27}$$

のように＊（アステリスクと読む）を付けて表す（z^* の代わりに $\bar{z}$ を使う場合も多い）．

例 1.3 複素数 複素数 $z = 1 + \sqrt{3}i$ の複素共役は $z^* = 1 - \sqrt{3}i$ である．■

なお，物理や数学では虚数単位の文字は（語源からいっても）i であるが，工学分野では j を使う場合が多い．特に，電気回路などでは i は電流を表す記号に使われるので，誤解を避けるために j が使われる．

ひとくちメモ **〈iy か yi か〉** (1.25) の虚部 iy は，例えば，$y=\sqrt{3}$ の場合には $iy=i\sqrt{3}$ と $yi=\sqrt{3}i$ はどちらでも同じものだとわかるが，三角関数 $y=\sin\theta$ で $yi=\sin\theta i$ と書くと $(\sin\theta)\,i$ なのか $\sin(\theta i)$ なのか区別できない（実は，$\sin(\theta i)$ という別の関数が存在する（(1.84) を参照））．そのため，$iy=i\sin\theta$ と書く方が曖昧さがなくてよいだろう．

オイラーの公式

指数関数 e^x のマクローリン展開 (1.18) で，x を ix に変えると

$$\begin{aligned} e^{ix} &= 1 + ix + \frac{(ix)^2}{2!} + \frac{(ix)^3}{3!} + \frac{(ix)^4}{4!} + \frac{(ix)^5}{5!} + \frac{(ix)^6}{6!} + \frac{(ix)^7}{7!} + \cdots \\ &= 1 + ix - \frac{x^2}{2!} - i\frac{x^3}{3!} + \frac{x^4}{4!} + i\frac{x^5}{5!} - \frac{x^6}{6!} - i\frac{x^7}{7!} + \cdots \\ &= \underbrace{\left(1 - \frac{x^2}{2!} + \frac{x^4}{4!} - \frac{x^6}{6!} + \cdots\right)}_{\cos x} + i\underbrace{\left(x - \frac{x^3}{3!} + \frac{x^5}{5!} - \frac{x^7}{7!} + \cdots\right)}_{\sin x} \end{aligned} \tag{1.28}$$

となる．ところが，この右辺の 1 番目の括弧内は $\cos x$ のマクローリン展開 (1.15) と同じものであり，2 番目の括弧内は $\sin x$ のマクローリン展開 (1.13) と同じものである．したがって，(1.28) は

$$e^{ix} = \cos x + i\sin x \tag{1.29}$$

のように書き直すことができる．

この簡単な書き換えで得られた (1.29) が，有名な**オイラーの公式**であり，最も利用度・活用度の高い公式の 1 つである．なお，(1.29) の複素共役（i を $-i$ に変えること）

$$e^{-ix} = \cos x - i\sin x \tag{1.30}$$

もオイラーの公式である．

問 1.4 $\sin x$ を x で n 回微分すると

$$\frac{d^n}{dx^n}\sin x = \sin\left(x + \frac{n\pi}{2}\right) \tag{1.31}$$

となることを，オイラーの公式を利用して示しなさい．

ひとくちメモ　**〈美しい公式〉**　オイラーの公式 (1.29) は，複素平面の役割，微分方程式の解法をはじめとして，さまざまな自然現象を巧みに記述する公式であり，それがもつ内容は深く，その意義は大きい．特に，$e^{i\pi} = -1$ という関係式は，数学的な構造も美しく，かつ，深遠である．これが,「オイラーの公式は最も美しい公式である」といわれる由縁(ゆえん)である．ただし，(1.29) は形式的に導いただけなので，この式は指数関数の変数を虚数に換えた場合の定義式だと考える方がよいだろう．

1.2.2　複素平面と極形式

複素数を導入した理由

虚数単位 i はなぜ導入されたのだろう．数学史的にいえば，$x^2 = -3$ のような2次方程式にも解をもたせるためで，形式的に解を $x = \pm\sqrt{-3} = \pm\sqrt{(-1)(3)} = \pm(\sqrt{-1})(\sqrt{3}) = \pm i\sqrt{3}$ で表した．この解が実数と異なるのは明らかである．なぜなら，**実数**は2乗するとゼロか正になる数であり，負にはならないからである．その意味において，この i は全く奇妙な数である．

複素数の導入は実数の世界を広げて数学の理論を豊かにし，そして，物理や工学の振動問題などを解くための有力なツールを提供することになった．しかし，自然科学において，複素数の真価と奥深さを実感できるのは，ミクロの世界を記述する量子力学の世界を知ったときであろう．

z を視覚化する複素平面

複素数 $z = x + iy$ の導入によって，2次方程式や3次方程式は常に解をもつようになり，実数の世界が広がった．しかし，この複素数を実数のように直観的に理解するのは難しいだろう．そこで，この複素数 z を視覚的に理解

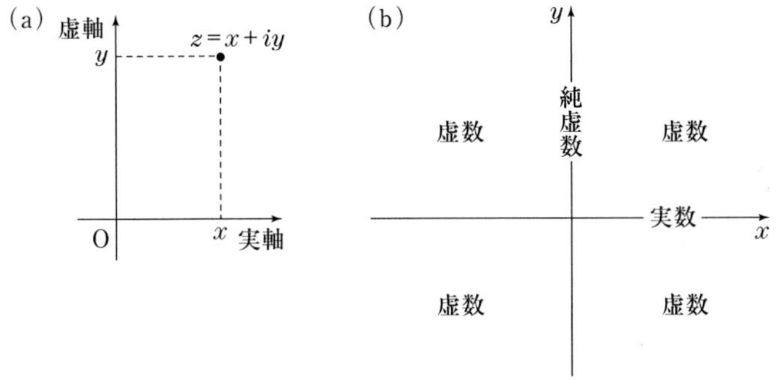

図 1.2

する方法が，ガウスによって考案された図 1.2 (a) の**複素平面** (**ガウス平面**ともいう) である．

これは xy 直角座標系の平面で，平面上の座標 $(x,\ y)$ の点を複素数 $z = x + iy$ の実部と虚部と見なすアイデアである．つまり，$(x,\ y) = (\mathrm{Re}\, z,\ \mathrm{Im}\, z)$ とすると，平面上の点 $(x,\ y)$ が複素数 $z = x + iy$ と完全に 1:1 に対応する．このため，複素平面の x 軸を**実軸**，y 軸を**虚軸**という．複素平面の導入により，次に説明する極形式で，複素数が幾何学的に表現できるようになり，イメージしやすくなった．

なお，複素数 $z = x + iy$ は $x,\ y$ の値によって実数，虚数，純虚数に分類される．図 1.2 (b) のように，$z = x$ を**実数**，$z = iy$ を**純虚数**，これ以外の z を**虚数**とよぶ．

極形式

図 1.2 の複素平面に対して，図 1.3 のように原点 O と点 P を線分 OP (長さ r) でつなぎ，線分 OP と x 軸の間の角を θ とすると

$$x = r\cos\theta, \qquad y = r\sin\theta \tag{1.32}$$

が成り立つ．複素数 $z = x + iy$, $z^* = x - iy$ に (1.32) を代入すると

$$\left.\begin{aligned} z &= r\cos\theta + ir\sin\theta = r(\cos\theta + i\sin\theta) \\ z^* &= r\cos\theta - ir\sin\theta = r(\cos\theta - i\sin\theta) \end{aligned}\right\} \tag{1.33}$$

となり，これを複素数 $z,\ z^*$ の**極形式**(きょくけいしき)とよぶ．

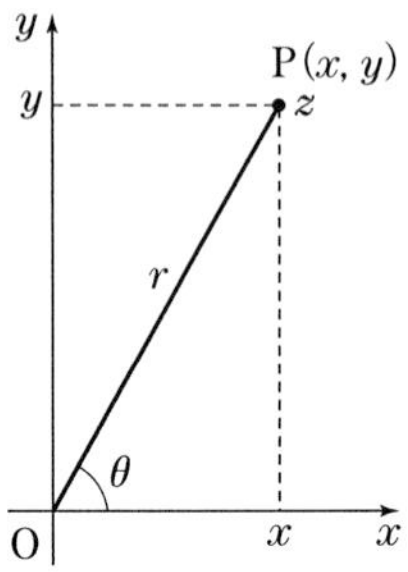

図 1.3

問 1.5 複素数 z の大きさ $|z|$ (z の絶対値で表す) は

$$|z| = \sqrt{zz^*} = \sqrt{x^2 + y^2} = r \tag{1.34}$$

のように表せることを示しなさい.

例 1.4 複素数 z の大きさ $z = 1 + \sqrt{3}i$ の場合, $r^2 = zz^* = (1 + \sqrt{3}i)(1 - \sqrt{3}i) = 1 + 3 = 4$ より $r = 2$ である. ■

一方, 角度 θ は z の**偏角**(へんかく) (アーギュメント argument) という量で, 記号 $\arg z$ (アーグ・ゼットと読む) で表す (なお, θ を**位相**(いそう)ということもある). 偏角 θ と x, y との関係は図 1.3 より $\tan\theta = y/x$ で表されるが, 慣習として

$$\theta = \arg z = \tan^{-1}\frac{y}{x} \tag{1.35}$$

のように, 逆関数 $\tan^{-1}(y/x)$ を使って表すことが多い. なお, $\tan^{-1}(y/x)$ は逆関数を表す記号で, $1 \div \tan(y/x) = (\tan(y/x))^{-1}$ (つまり, $\tan\theta$ の逆数) ではないことに注意しよう (1.3.1 項の「関数と逆関数」を参照).

[例題 1.3] 極形式

$z = 1 + \sqrt{3}i$ の極形式は $z = 2\{\cos(\pi/3) + i\sin(\pi/3)\}$ であることを示しなさい.

[解] $x = 1$ と $y = \sqrt{3}$ であるから, z の絶対値 r は (1.34) から $r = \sqrt{1 + 3} = 2$ である. 偏角 θ は (1.35) から $\tan\theta = \sqrt{3}/1 = \sqrt{3}$ だから, $\theta = \pi/3$ である. したがって, 極形式はこの r と θ を (1.33) に代入すれば求まる.

¶

なお，複素平面上で z が与えられれば，z の大きさ r は一意的に決まるが，θ には 2π の整数倍だけの任意性がある．なぜなら，r を一定にして円周を 1 周すると，もとの点 P に戻るからである．この不定性を避けるためには，θ の値を $0 \leq \theta < 2\pi$ または $-\pi \leq \theta < \pi$ の範囲に制限すればよい．このときの θ を**主値**(しゅち)とよび，$\arg z$ が主値であることを明示するために，a を大文字の A に変えた $\mathrm{Arg}\, z$ という記号を使う．

問 1.6 $z = 1 + i$ を極形式で表しなさい．

オイラー表示

極形式 (1.33) は，オイラーの公式 (1.29)，(1.30) で書き換えると

$$z = re^{i\theta}, \qquad z^* = re^{-i\theta} \tag{1.36}$$

となる．これを極形式の**オイラー表示**という (図 1.4 を参照)．

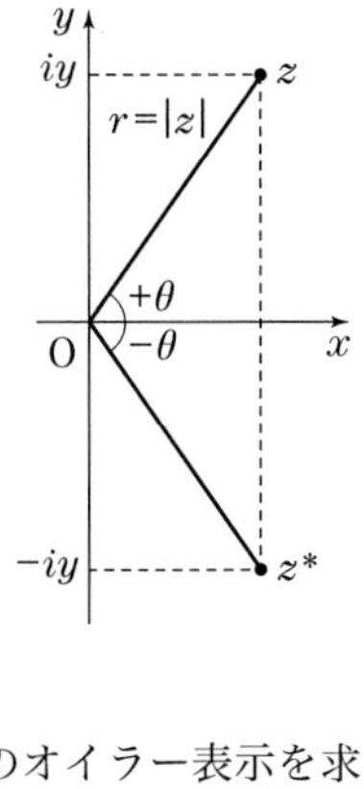

図 1.4

問 1.7 $z = 1 + \sqrt{3}i$ のオイラー表示を求めなさい．

オイラー表示は，指数関数 $e^{\pm i\theta}$ のもつさまざまな性質のために，例えば，単振動を調べるときに威力を発揮する (1.2.3 項の (1.40) を参照)．

1.2.3 複素平面と単振動

複素平面上の点 z に $e^{i\phi}$ を掛ける数学的な演算 $ze^{i\phi}$ は，点 z を原点の周りで ϕ だけ回転させる物理的な操作になる．これが，振動現象を扱うときに最も重要なポイントとなる．

［例題 1.4］ 複素平面での回転

2つの点 P，Q が，図 1.5 のように複素平面の半径 r の円周上にあるとする．それぞれの座標を $\mathrm{P}(x,\ y) = (r\cos\theta,\ r\sin\theta)$ と $\mathrm{Q}(x',\ y') = (r\cos(\theta+\phi),\ r\sin(\theta+\phi))$ とするとき，オイラー表示で

$$z' = e^{i\phi}z \tag{1.37}$$

となることを示しなさい．

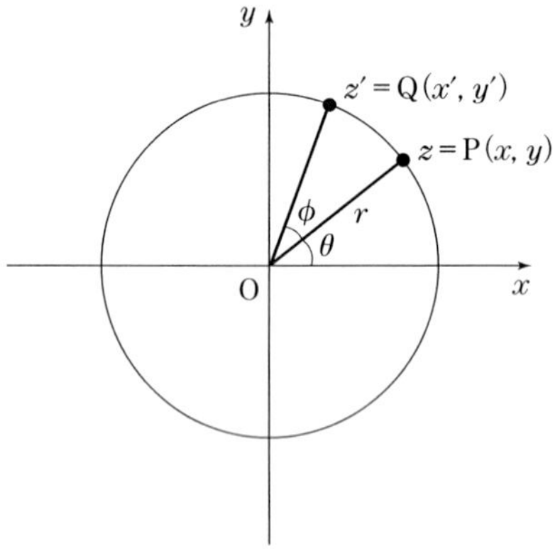

図 1.5

［解］ 2点をオイラー表示すると，点 P は $z = re^{i\theta}$，点 Q は $z' = re^{i(\theta+\phi)}$ である．これに指数関数の積の公式 (1.23) を使うと，z と z' は

$$z' = re^{i(\theta+\phi)} = re^{i\theta}e^{i\phi} = e^{i\phi}(re^{i\theta}) = e^{i\phi}z \tag{1.38}$$

のように結び付くので，(1.37) になる．

¶

この例題 1.4 からわかるように，複素数 z に大きさ1の複素数 $e^{i\phi}$ を掛ける演算 $e^{i\phi}z$ は，原点を中心にして複素平面の点 z を，$\phi > 0$ ならば反時計回りに，$\phi < 0$ ならば時計回りに回転させるはたらきがある．

単振動

図1.5の点P$(x,\ y)$が円周上を一定の角速度(単位時間当たりに回転する角の大きさ)で運動しているとしよう．この角速度をωで表すと，t秒後にはωtだけ回転角が増えるので，このときの点Pの座標$(x,\ y)$は

$$x = r\cos(\omega t + \theta), \qquad y = r\sin(\omega t + \theta) \tag{1.39}$$

となる．**単振動**とは，(1.39)の座標$(x,\ y)$によって記述される点Pの運動のことである．この単振動をオイラー表示(1.36)で書くと

$$z = x + iy = re^{i(\omega t + \theta)} \tag{1.40}$$

となり，(1.37)のϕをωtとおいたものと同じ形になる．

ところで，角速度ωが等しい2つの単振動を足し合わせる(これを「合成する」という)と，その振動も角速度ωの単振動になるが，(1.40)の表示を使うと単振動を合成する計算が簡単にできる([問1.8]を参照)．

[例題1.5] 単振動の合成

2つの単振動を$z_1 = r_1 e^{i(\omega t + \theta_1)}$, $z_2 = r_2 e^{i(\omega t + \theta_2)}$とすると，$z_1$と$z_2$の合成は

$$z_1 + z_2 = Ce^{i\omega t} \tag{1.41}$$

のように書ける．このときのCの具体的な形を求めなさい．

[解] $r_1 e^{i\theta_1}$, $r_2 e^{i\theta_2}$はtによらない定数だから，それらを$A = r_1 e^{i\theta_1}$, $B = r_2 e^{i\theta_2}$とおけば，2つの単振動は$z_1 = Ae^{i\omega t}$, $z_2 = Be^{i\omega t}$となる．したがって，$z_1 + z_2 = Ae^{i\omega t} + Be^{i\omega t} = (A + B)e^{i\omega t}$より$C = A + B = r_1 e^{i\theta_1} + r_2 e^{i\theta_2}$である．

¶

問1.8 2つの単振動，$x_1 = 2\cos(3t + \pi/3)$と$x_2 = \cos(3t + \pi)$の合成を求めなさい．

ひとくちメモ **〈振動現象をオイラー表示で解くテクニック〉** 高等学校や大学のはじめの頃には，振動の問題をサインやコサインの三角関数で解くことが多いが，その後，(1.40)のようなオイラー表示で解く方法を学ぶ．その理由は，指数関数の微分や積分の計算が三角関数よりもはるかに簡単で，かつ見通しも良いからである．

このテクニックを使えば，オイラー表示ですべてを計算した後で，(1.26) の記号を使って

$$x = \mathrm{Re}\, z = r\cos(\omega t + \theta), \qquad y = \mathrm{Im}\, z = r\sin(\omega t + \theta) \quad (1.42)$$

のように，複素数 z の実部 $\mathrm{Re}\, z$ や虚部 $\mathrm{Im}\, z$ をとるだけでよい ([問1.9] を参照)．このため，三角関数で与えられた問題をオイラー表示で解くテクニックが，特に，力学の振動や電磁気学，工学での電気回路などで活躍するのである．

問 1.9　(1.40) の $z = re^{i(\omega t+\theta)}$ を t で2回微分すると $d^2z/dt^2 = -\omega^2 z$ となる．この両辺の実部 $\mathrm{Re}\, z$ をとると $d^2x/dt^2 + \omega^2 x = 0$ (単振動の運動方程式) となることを示しなさい．

1.1　1.2　**1.3**

1.3　よく使う初等関数をおさらいしよう

初等関数とは，実数または複素数を変数とするベキ関数 (多項式関数)，指数関数，対数関数，三角関数，双曲線関数，逆三角関数の四則演算や合成によって表現できる関数の総称である．そして，その大半は高等学校の数学に登場している．前節までに三角関数と指数関数は登場したが，ここではこれから必要になる諸性質や公式などをおさらいするとともに，指数関数の逆関数である対数関数についても説明しよう．

1.3.1　関数と逆関数

y が x の関数であるとき，見方をかえると，x は y の関数となる．このとき，「x の関数」と「y の関数」を互いに**逆関数**という．例えば，時速4 [km/h] で歩いている人の距離 y [km] は，時間を x [h] とすると $y = 4x$ で決まる (つまり，図1.6 (a) の向きにグラフを読む)．しかしこれを逆に考えて，歩いた距離 y から，そこまでに掛かった時間 x が $x = y/4$ で決まるといって

もよい（つまり，図 1.6 (b) の向きにグラフを読む）．この $y = 4x$ と $x = y/4$ が，互いに逆関数の関係になる．これは文字通りであり，素直にわかる関係である．

ところが，一般に逆関数は「関数 $y = f(x)$ を x について解いた式 $x = g(y)$ において，この x と y を入れ換えた式 $y = g(x)$ のこと」を指し，これを「$y = g(x)$ が関数 $y = f(x)$ の逆関数である」と定義する．つまり，

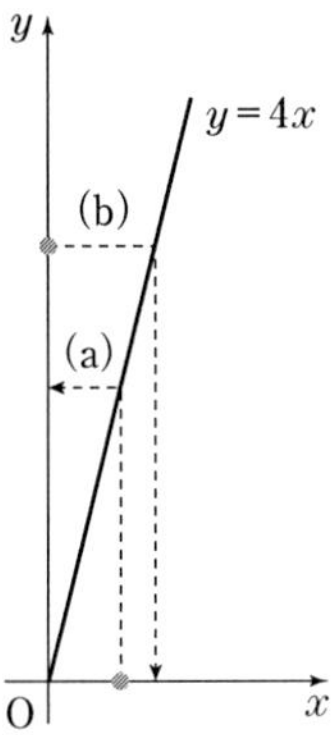

図 1.6

$$\text{関数}\ y = f(x) \xrightarrow{x\text{について解く}} x = g(y) \xrightarrow{x\text{と}y\text{を入れ換える}} \text{逆関数}\ y = g(x) \qquad (1.43)$$

という操作をする．この定義に従えば，$y = 4x$ の逆関数は $x = y/4$ ではなく，$y = x/4$ になる．これはいささか頭が混乱するので，この定義の背後にある考え方を理解しておく必要があるだろう．

関数は従属変数である

一般に，**関数**とは変数で表される式のことである．そのため，「x の関数」という表現には「x の値が決まれば定まり，x の値が変化すれば変化する数」という意味が含まれているから，関数は変数 x に従属して変化する数である．

このように考えると，関数 y も変数 x の仲間になるので，これらを区別する必要がある．そのため，**変数 x を独立変数，関数 y を従属変数**とよぶ．これによって，独立変数には x，従属変数には y という文字を指定したことになる．

独立変数と従属変数という観点から関数 f と逆関数 g をみると，これらはともに「従属変数」である．図 1.6 でいえば，矢印の先にある値が従属変数で，灰色の丸が独立変数である．そうすると，(b) の方は y の文字が独立変

数になるので，上の約束に従えば，y を文字 x に書き換えなければならない．そのため，(1.43) の2番目の逆関数の式 $x = g(y)$ に対して，文字の書き換えが必要になる．これが，上述した逆関数の定義 (1.43) の背後にある考え方である．

例 1.5 逆関数 $y = x^3$ の逆関数は $y = \sqrt[3]{x}$ である．これは，「3乗することを意味する関数 x^3」と「立方根を求めることを意味する関数 $\sqrt[3]{x}$」は互いに逆関数であることを表している． ■

関数と逆関数のグラフ

関数 $y = 4x$ とその逆関数 $y = x/4$ をプロットすると，図1.7のように直線 $y = x$ に対して対称になる．これは，(1.43) からわかるように，2番目から3番目への式変形において x と y の文字の入れ替え操作が入るためである．したがって，関数 $y = f(x)$ と逆関数 $y = g(x)$ は直線 $y = x$ に対して**対称**になる．ただし，関数も逆関数も，ともに**1価関数**（つまり，x と y は1対1の関係）でなければならない．

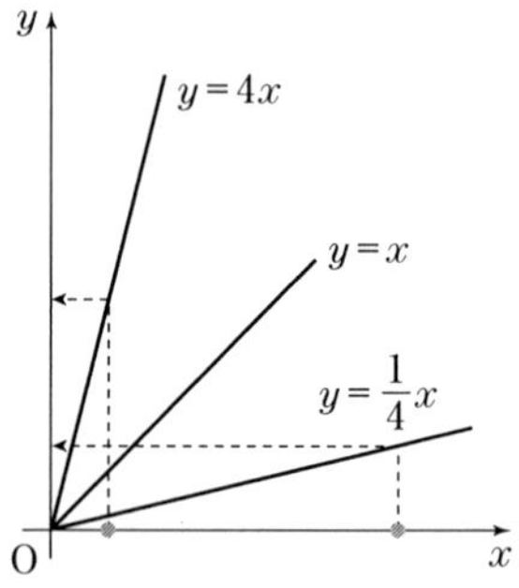

図 1.7

問 1.10 (a) $y = x + 2$ と (b) $y = x^2$ の逆関数を求めなさい．

逆関数を表す記号

関数 $y = f(x)$ を x について解いた逆関数（inverse function）を $x = f^{-1}(y)$（右辺はインバース・エフ・ワイと読む）のように表す．ただし，この記号 $f^{-1}(y)$ は $1 \div f(y) = 1/f(x)$ を意味する記号 $(f(x))^{-1}$ とは無関係なので，混同しないように注意しよう．この逆関数の記号を使うと

$$f^{-1}(y) = f^{-1}(f(x)) = x \tag{1.44}$$

のような関係が成り立つ．これは逆関数の基本的な性質である．

例 1.6　逆関数の性質　$y = f(x) = x^3$ のとき $x = \sqrt[3]{y}$ であるから，$f^{-1}(y) = \sqrt[3]{y}$ である．したがって，$f^{-1}(f(x)) = \sqrt[3]{x^3} = x$ となる．■

1.3.2　指数関数

正の定数 a に対して

$$y = a^x \quad (\text{ただし，} a \neq 1) \tag{1.45}$$

と書いたものを**指数関数**という．そして，この正定数 a を指数関数の**底**という．しかし，物理や工学分野で指数関数といえば，その使い勝手の良さから，**ネイピア数**（**ネピア数**ともいう）$e = 2.7182818\cdots$ を底にもつ

$$y = e^x \tag{1.46}$$

を指す場合が多い（図 1.8）.

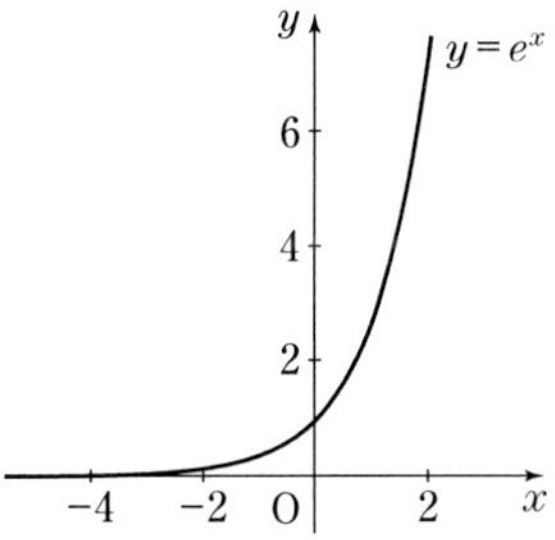

図 1.8

ひとくちメモ　**〈ネイピア数〉**　ネイピア数は

$$e = \lim_{n\to\infty}\left(1 + \frac{1}{n}\right)^n \equiv \lim_{n\to\infty} f(n) = 2.718281828\cdots \tag{1.47}$$

で定義される実数である．n に数値を入れてみればわかるように，$f(1) = 2$, $f(2) = 2.25$, $f(10) = 2.59$, $f(100) = 2.70$, $f(1000) = 2.717$, $f(10000) = 2.718$ と，徐々に e の値に近づく．語呂合わせで，2.718281828 を 2.7 1 8 2 8 1 8 2 8（ふな ひとはち ふたはち ひとはち ふたはち，鮒一鉢二鉢一鉢二鉢）のように覚えるとよいだろう．

指数関数の性質

2 つの指数関数 e^x と e^y に対して

$$e^x e^y = e^{x+y}, \qquad \frac{e^x}{e^y} = e^{x-y} \tag{1.48}$$

が成り立つ.

問 1.11 (1.48) から，次のような指数関数の性質

$$e^{nx} = (e^x)^n, \qquad e^0 = 1 \tag{1.49}$$

を示しなさい.

ド・モアブルの定理

この定理は三角関数の諸公式を導くときに便利な公式である (三角関数を参照). ド・モアブルの定理とは，指数関数の性質 (1.49) の 1 番目の式で $x = i\theta$ とおいた $e^{in\theta} = (e^{i\theta})^n$ の両辺を，オイラーの公式 (1.29) を使って

$$\cos n\theta + i\sin n\theta = (\cos\theta + i\sin\theta)^n \tag{1.50}$$

と書き換えたものを指す. ただし，n は整数に限定される.

問 1.12 (1.50) の両辺が $n = -1$ で一致することを確認しなさい.

問 1.13 $(1 + i)^5$ を計算しなさい.

[例題 1.6] ド・モアブルの定理

$z^3 = 8$ を解きなさい.

[解] まず，$z = r(\cos n\theta + i\sin n\theta)$ とおくと，ド・モアブルの定理より $z^3 = r^3(\cos 3\theta + i\sin 3\theta)$ である. また，8 を極形式で表すと $8 = 8(\cos 2m\pi + i\sin 2m\pi)$ $(m = 0,\ \pm1,\ \pm2,\ \cdots)$ である. これらより，$z^3 = 8$ は

$$r^3(\cos 3\theta + i\sin 3\theta) = 8(\cos 2m\pi + i\sin 2m\pi) \tag{1.51}$$

となるので，$r = 2,\ \theta = 2m\pi/3$ $(m = 0,\ 1,\ 2)$ となる (方程式の解は 3 個であることに注意).

$m = 0$ のときは $\theta = 0$ なので，$z = 2(\cos 0 + i\sin 0) = 2$ となる. $m = 1$ のときは $\theta = 2\pi/3$ なので，$z = 2\{\cos(2\pi/3) + i\sin(2\pi/3)\} = 2\{-1/2 + (\sqrt{3}/2)i\} = -1 + \sqrt{3}i$ となる. $m = 2$ のときの $\theta = 4\pi/3$ も同様な計算から，$z = -1 - \sqrt{3}i$ となる.

¶

この例題 1.6 から推測できるように，$z^n = c$ の解は n 個存在する. 特に，$z^n = 1$ を**円分方程式**という.

1.3.3　対数関数

指数関数 $y = e^x$ の逆関数（つまり，$y = e^x$ を x について解いた $x = \log_e y$ で，x と y を入れ替えた関数）として定義される

$$y = \log_e x \quad \text{（右辺はログ・イー・エックスと読む）} \tag{1.52}$$

を**対数関数**（たいすう）という．ここで，記号 log は対数を意味する logarithm の略であり，$\log_e$ はネイピア数 e を底にもつ対数で**自然対数**という．自然対数の書き方には，例えば

$$\log_e,\ \log\ \text{（ログと読む）},\ \ln\ \text{（ロンと読む）} \tag{1.53}$$

のようにいくつかあるが，e を省いた log や ln を用いるのが一般的である．

一方，常用対数に対しては，$\log_{10} x$ のように底 10 を明示するのが一般的である．本書でも，この記法を適宜（てきぎ）使用する．

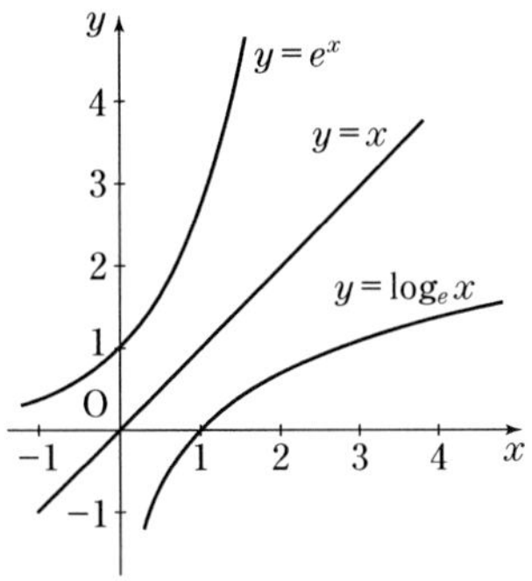

図 1.9

問 1.14　対数関数 $y = \log_e x$ と指数関数 $y = e^x$ が逆関数の基本性質 (1.44) を満たしていることを確認しなさい．

問 1.15

$$\lim_{x \to 0} \frac{\log(1 + x)}{x} \tag{1.54}$$

の計算結果を利用して，$\log 1.02$ の近似値を求めなさい．

対数の定義

図 1.10 に示した指数関数 $y = 2^x$ に対して，例えば，$3 = 2^p$ となる実数 p（指数）を求めたとしよう．このとき，p の値は $1.584\cdots$ の定まった数になる．この $3 = 2^p$ という関係から求めた p の値を「$p = \log_2 3$」という記号で表し，この記号を「p は 2 を底とする 3 の**対数**である」と読む．

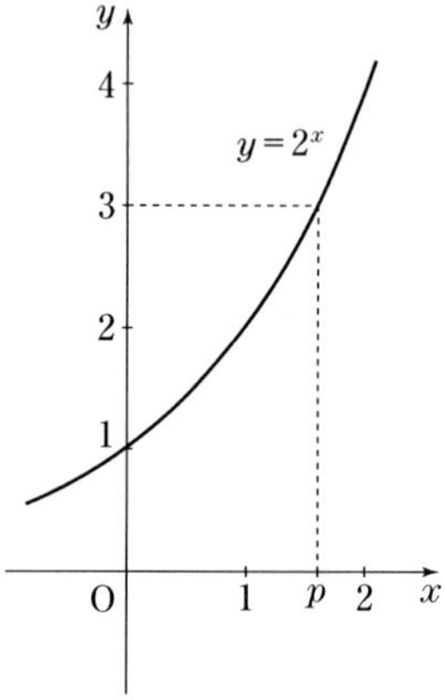

図 1.10

もっと一般的に表現すれば，任意の正の数 M に対して $M = a^p$ となる実数 p の値は

$$p = \log_a M \qquad (M,\ a > 0,\ ただし，a \neq 1) \qquad (1.55)$$

のように，a を底とする M の対数で与えられる．そして，正の数 M をこの対数の**真数**（しんすう）という．なお，a, M が自然数のときは，$\log_a M$ は「M が a で何回割れるか」という回数を教えてくれる記号だと考えてもよい．

問 1.16 $p = \log_2 10$ は，p の値が $3 < p < 4$ を満たす数であることを示しなさい．

ところで，真数 M を複素数まで拡張すれば，

$$\log_e(-M) = \log_e M + i\pi \qquad (1.56)$$

のように，真数が負でも対数を定義することができる．これは，オイラーの公式 (1.29) で $\theta = \pi$ とおいた式 $e^{i\pi} = \cos\pi + i\sin\pi = -1$ の両辺に M を

掛けて $Me^{i\pi} = -M$ をつくり，この両辺の対数をとったものである（3.1.4項の例題3.4と，そのひとくちメモを参照）．

1.3.4　三角関数

三角関数は周期的な現象を記述するために使われる関数である．このような現象は自然界に満ちあふれているので，この関数は自然科学において最も利用される数学ツールの1つである．

三角関数の定義

図1.11(a)のように座標平面上で x 軸の正の部分を基準線にとり，角 θ の動径と，原点を中心とする半径 r の円との交点Pの座標を x, y とする．このとき，三角関数のサイン，コサイン，タンジェントはそれぞれ

$$\sin\theta = \frac{y}{r}, \qquad \cos\theta = \frac{x}{r}, \qquad \tan\theta = \frac{y}{x} \tag{1.57}$$

のように定義される．そして，中学校の数学で学んだピタゴラスの定理

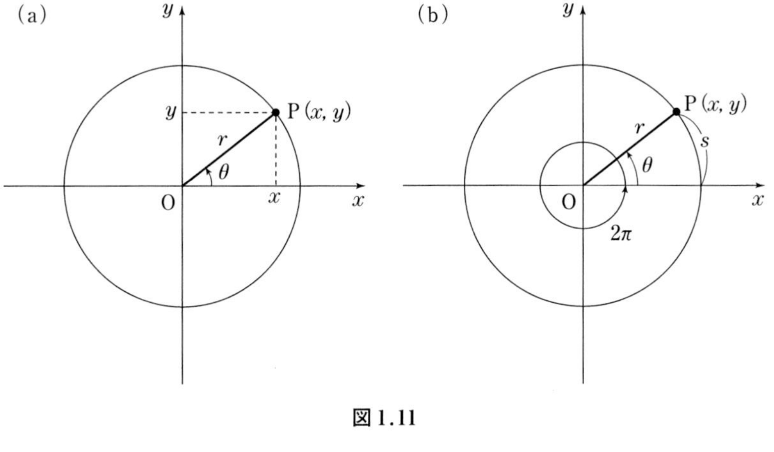

図1.11

$x^2 + y^2 = r^2$ より

$$\cos^2\theta + \sin^2\theta = 1 \tag{1.58}$$

が成り立つ.

問 1.17 ピタゴラスの定理を使って，(1.58) を導きなさい.

この角度 θ は，図 1.11 (b) のように，その角度に対応する円弧（えんこ）の長さを s としたとき，円の半径 r と s の比

$$\theta = \frac{s}{r} \qquad \left(\theta \text{ の次元} = [\theta] = \frac{[s]}{[r]} = \frac{\mathrm{L}}{\mathrm{L}} = 1 \text{ で無次元}\right) \tag{1.59}$$

で定義される量で，この測り方を**弧度法**（こどほう）という．r と s はともに長さ (length) の次元 (これを L と書く) をもっているため，(1.59) に示すように，θ は**無次元量** (単位がない量) である．θ が無次元であることは，三角関数をいろいろな分野，例えば，第 10 章のフーリエ級数やフーリエ積分などに応用するときに重要なポイントなので，忘れないでほしい.

なお，無次元量に単位名は不要であるが，(1.59) の θ は特に重要なので，**ラジアン** (**rad**：radian の略) という名前が付けられている.

角度を表す別の方法に **360 度法**がある．弧度法との関係は，半円の弧の長さ $s = \pi r$ のとき，(1.59) より $\theta = \pi$ だから，360 度法の 180° が弧度法の π (ラジアン) になる．したがって，$\theta\,[\mathrm{rad}] : \theta\,[^\circ] = \pi : 180$ の関係から

$$\theta\,[\mathrm{rad}] = \frac{\theta\,[^\circ]}{180}\pi \tag{1.60}$$

の関係が成り立つ.

問 1.18 角 30°, 45°, 60°, 90° を弧度法で表しなさい.

角度の向きは，反時計回りを正の向き，時計回りを負の向きと約束し，任意の実数 x, y の値での角度を考えることにする．図 1.11 (b) に示すように，θ と $\theta + 2\pi$ は同じ場所を表すから

$$\sin(\theta+2\pi)=\sin\theta,\qquad \cos(\theta+2\pi)=\cos\theta,\qquad \tan(\theta+\pi)=\tan\theta \tag{1.61}$$

のように書ける．この性質を三角関数の**周期性**とよぶ．

一般に，関数 $y=f(x)$ が

$$f(x+p)=f(x) \tag{1.62}$$

を満たすときに $f(x)$ を**周期関数**とよび，p の数の中で，最小の正の値を**周期**という．

例 1.7 周期　$y=\sin 3x$ の周期 p は $\sin 3x=\sin 3\,(x+p)$ より $3p=2\pi$ であればよいから，$p=2\pi/3$ である． ■

また，三角関数の θ を $-\theta$ に変えると，図 1.11 (a) からわかるように，x 軸に鏡を置いて y 軸を映したことになるので，y だけが $-y$ に変わる．その結果，

$$\cos(-\theta)=\cos\theta,\quad \sin(-\theta)=-\sin\theta,\quad \tan(-\theta)=\frac{\sin(-\theta)}{\cos(-\theta)}=-\tan\theta \tag{1.63}$$

のようになる．これは三角関数のもつ鏡面（きょうめん）対称性（**パリティ**（parity）ともいう）を表しており，このような性質のことを三角関数の**偶奇性**（ぐうき）という．

三角関数の公式

三角関数の公式はたくさんあるので，ここでは，本書の中で必要になるいくつかの公式を紹介しよう．

（1） 加法定理

$$\cos(\alpha\pm\beta)=\cos\alpha\cos\beta\mp\sin\alpha\sin\beta \tag{1.64}$$

$$\sin(\alpha\pm\beta)=\sin\alpha\cos\beta\pm\cos\alpha\sin\beta \tag{1.65}$$

の関係が成り立つ（α, β は任意の定数である）．

［例題 1.7］ 加法定理の導出

(1.64) と (1.65) をオイラーの公式 (1.29) を使って導きなさい.

［解］ オイラーの公式を使って $e^{i(\alpha\pm\beta)} = e^{i\alpha}e^{\pm i\beta}$ の両辺を

$$\cos(\alpha \pm \beta) + i\sin(\alpha \pm \beta) = (\cos\alpha + i\sin\alpha)(\cos\beta \pm i\sin\beta) \tag{1.66}$$

と書き換える. そして, 右辺の積を計算すると

$$(1.66)\text{の右辺} = (\cos\alpha\cos\beta \mp \sin\alpha\sin\beta) + i\,(\sin\alpha\cos\beta \pm \cos\alpha\sin\beta) \tag{1.67}$$

となるので, この実部と虚部が (1.66) の左辺の実部と虚部に等しいことから加法定理を得る.

¶

問 1.19 (1.65) を利用して $\sin 15°$ を計算しなさい.

(2) 三角関数の合成

$$A\cos\alpha + B\sin\alpha = \sqrt{A^2 + B^2}\sin(\alpha + \phi), \qquad \tan\phi = \frac{A}{B} \tag{1.68}$$

ただし, $A = r\sin\phi$, $B = r\cos\phi$, $r = \sqrt{A^2 + B^2}$ である.

$$A\cos\alpha + B\sin\alpha = \sqrt{A^2 + B^2}\cos(\alpha - \phi), \qquad \tan\phi = \frac{B}{A} \tag{1.69}$$

ただし, $A = r\cos\phi$, $B = r\sin\phi$, $r = \sqrt{A^2 + B^2}$ である.

問 1.20 (1.68) と (1.69) を導きなさい.

問 1.21 2つの三角関数の和である $y = \sqrt{3}\sin x + \cos x$ の最大値と最小値を求めなさい. ただし, $0 \leq x \leq \pi$ とする.

(3) 2倍角の公式

$$\cos 2\alpha = \cos^2\alpha - \sin^2\alpha, \qquad \sin 2\alpha = 2\sin\alpha\cos\alpha \tag{1.70}$$

これらは，加法定理 (1.64) と (1.65) で $\alpha=\beta$ とおけば求まる．

問 1.22　**3 倍角の公式**

$$\cos 3\alpha = 4\cos^3\alpha - 3\cos\alpha, \qquad \sin 3\alpha = 3\sin\alpha - 4\sin^3\alpha \tag{1.71}$$

をド・モアブルの定理 (1.50) から導きなさい．

半角の公式

$$\sin^2\frac{\alpha}{2} = \frac{1-\cos\alpha}{2}, \quad \cos^2\frac{\alpha}{2} = \frac{1+\cos\alpha}{2}, \quad \tan^2\frac{\alpha}{2} = \frac{1-\cos\alpha}{1+\cos\alpha} \tag{1.72}$$

積を和と差に変える公式

$$\sin\alpha\cos\beta = \frac{1}{2}[\sin(\alpha-\beta) + \sin(\alpha+\beta)] \tag{1.73}$$

$$\cos\alpha\cos\beta = \frac{1}{2}[\cos(\alpha-\beta) + \cos(\alpha+\beta)] \tag{1.74}$$

$$\sin\alpha\sin\beta = \frac{1}{2}[\cos(\alpha-\beta) - \cos(\alpha+\beta)] \tag{1.75}$$

逆三角関数

三角関数の逆関数を**逆三角関数**という．例えば，サイン関数 $y=\sin x$ の逆関数は，$y=\sin x$ を x について解いた式 $x=\sin^{-1} y$ において，x と y を入れかえたものであるから

$$y = \sin^{-1} x = \arcsin x \quad \text{（アークサイン・エックスと読む）} \tag{1.76}$$

で定義される (1.3.1 項の逆関数 (1.43) を参照)．

図 1.12 (a) のように，y は角度を表す．図 1.12 (a) の縦線 NPP′ を延長すれば曲線とたくさんの点で交わるので，特定の x の値に対応する y の値は 1 つではない．そのため，この曲線は**多価関数**（たか）になる（つまり，1 価関数ではない）．例えば，NP の長さを α とすると，上に延ばした縦線 NPP′ は $\pi-\alpha$ で曲線と交差し，その次は $2\pi+\alpha$ で交差するから，この曲線が交差する点は

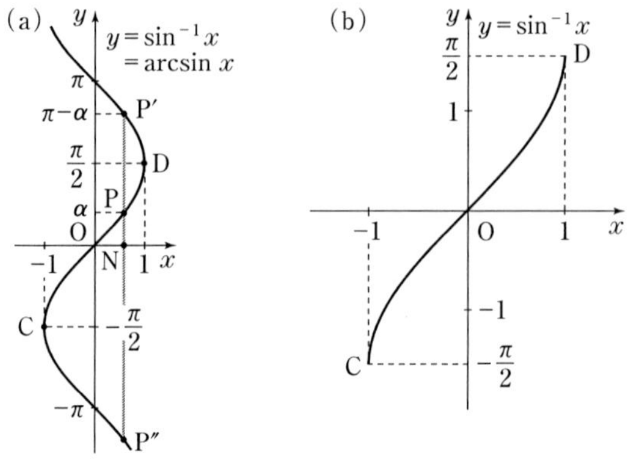

図 1.12

$$\sin^{-1} x = n\pi + (-1)^n \alpha \tag{1.77}$$

のように無限に続く.

便宜上，この多価関数を1価関数とするために，図1.12 (b) のように曲線の一部分である点Cから点Dまでの部分だけを考え，これを特別に $\sin^{-1} x$ の s を大文字の S にかえて，$\mathrm{Sin}^{-1} x$ という記号で表すことにする．つまり，

$$-\frac{\pi}{2} \leq \mathrm{Sin}^{-1} x \leq \frac{\pi}{2} \tag{1.78}$$

である．これをアークサインの**主値**という．同様にして，コサイン関数とタンジェント関数の逆関数も

$$y = \cos^{-1} x = \arccos x \quad \text{（アークコサイン・エックスと読む）} \tag{1.79}$$

$$y = \tan^{-1} x = \arctan x \quad \text{（アークタンジェント・エックスと読む）} \tag{1.80}$$

のように定義され，それぞれの主値は図1.13のように

$$0 \leq \mathrm{Cos}^{-1} x \leq \pi, \qquad -\frac{\pi}{2} < \mathrm{Tan}^{-1} x < \frac{\pi}{2} \tag{1.81}$$

となる．なお，逆関数 $\cos^{-1} x$ と $(\cos x)^{-1} = 1/\cos x$ を混同してはいけない．$(\cos x)^{-1} = \sec x$（セカント・エックスと読む）は $\cos x$ の逆数である．

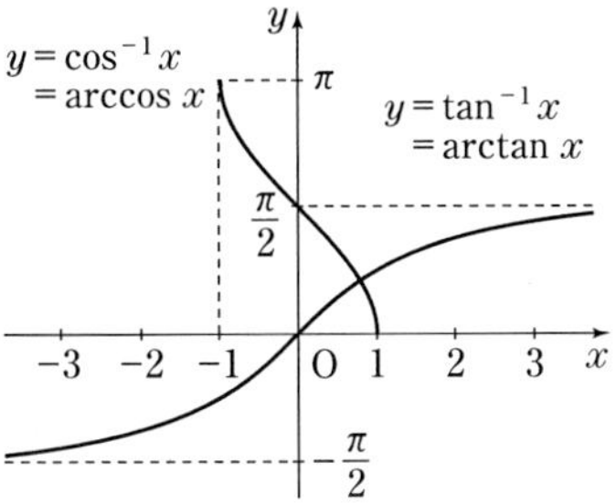

図 1.13

三角関数と指数関数 $e^{i\theta}$

三角関数の $\sin\theta$ と $\cos\theta$ は，オイラーの公式 (1.29) と (1.30) を使うと

$$\sin\theta = \frac{e^{i\theta} - e^{-i\theta}}{2i}, \qquad \cos\theta = \frac{e^{i\theta} + e^{-i\theta}}{2} \tag{1.82}$$

のように，指数関数 $e^{\pm i\theta}$ で表される．

問 1.23 (1.82) を導きなさい．

双曲線関数

指数関数 e^{θ} を用いて

$$\left.\begin{aligned} \sinh\theta &= \frac{e^{\theta} - e^{-\theta}}{2} \quad (\text{ハイパボリック・サイン}) \\ \cosh\theta &= \frac{e^{\theta} + e^{-\theta}}{2} \quad (\text{ハイパボリック・コサイン}) \\ \tanh\theta &= \frac{\sinh\theta}{\cosh\theta} = \frac{e^{\theta} - e^{-\theta}}{e^{\theta} + e^{-\theta}} \quad (\text{ハイパボリック・タンジェント}) \end{aligned}\right\} \tag{1.83}$$

で定義した関数を**双曲線関数**という．これらは，三角関数のような周期的振動はせず，図 1.14 のように振る舞う．なお，$\sinh x$ を**双曲線正弦関数**，$\cosh x$ を**双曲線余弦関数**，$\tanh\theta$ を**双曲線正接関数**ともいう．

ここで，(1.82) の三角関数の引数 θ を複素数 $i\theta$ に拡張すると，双曲線関

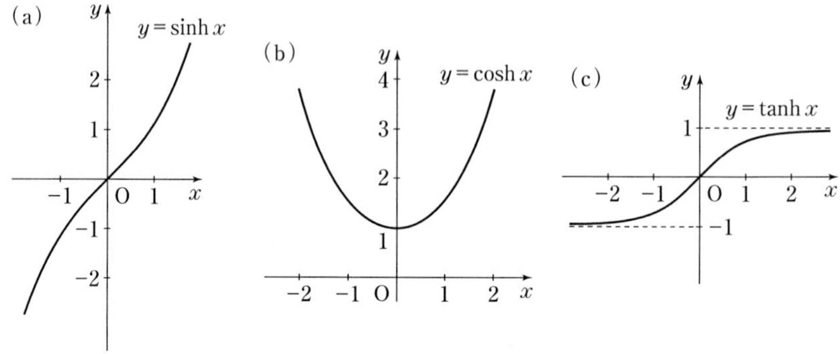

図 1.14

数 (1.83) と

$$\sin i\theta = i \sinh \theta, \qquad \cos i\theta = \cosh \theta, \qquad \cosh^2 \theta - \sinh^2 \theta = 1 \tag{1.84}$$

のような関係が成り立つ．なお，(1.84) の 3 番目の式は (1.58) の $\cos^2 \theta + \sin^2 \theta = 1$ に $\sin i\theta$, $\cos i\theta$ を代入したものである．

この関係式を幾何学的に考えれば，$X = a\cos\theta$, $Y = a\sin\theta$ が $X^2 + Y^2 = a^2$ のように円を表すのに対して，$X = a\cosh\theta$, $Y = a\sinh\theta$ は $X^2 - Y^2 = a^2$ となるので，図 1.15 のような**双曲線**を表す．つまり，$X = a\cosh\theta$, $Y = a\sinh\theta$ は双曲線のパラメータ表示である．そのため，(1.83) を双曲線関数とよぶのである．

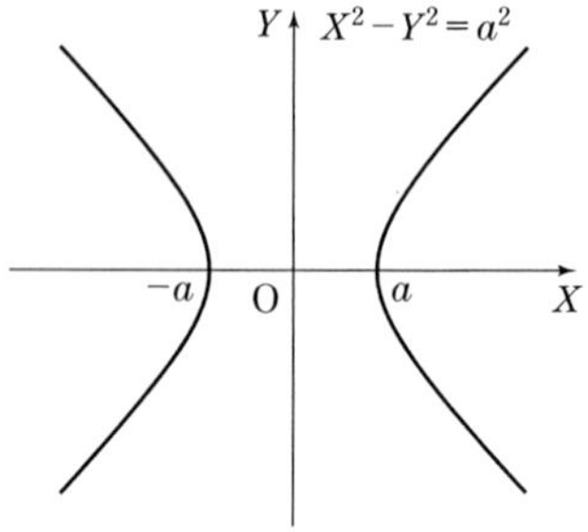

図 1.15

双曲線関数は三角関数のように振動しないから，振動現象にはあまり登場しないが，例えば，シュレーディンガー方程式による量子トンネル効果の透過率 (7.5 節の (7.48)) や，アインシュタインの特殊相対性原理におけるローレンツ変換 (8.6 節の (8.122)) などに使われる．

第2章

ベクトル

─ 現象をデッサンするツール ─

ベクトルは直観的に把握しやすい概念なので，本来の理工系の用語に限らず，例えば，「みんなの考えは同じベクトルを向いているね」といった日常会話に使われるほど，ポピュラーなものである．物理においては，ベクトルは力学や電磁気学を学ぶときに必ず登場する．なぜなら，ベクトルは大きさと向きをもつ力・速度・電場などの物理量を簡潔に記述し，かつ，視覚化するためのツールだからである．

2.1 ベクトルの基礎知識

スカラーとベクトルの違い

スカラーは「ふつうの数」　身の回りには，数値に特定の単位を付けるだけでどのような物理的な量（物理量）を表しているかがわかる量がある．例えば，5 m，21 秒，−3℃ と書くと，それらの数値は「長さ」，「時間」，「温度」をもった物理量を表している．このように，ただ1つの数値の**大きさだけ**で表される物理量を**スカラー**（scalar）という．「質量」，「速さ」，「エネルギー」，「電気量」などもスカラーである．このスカラーは特に具体的な数値を用いない場合には，ラテン文字 a, b, c, …やギリシャ文字 α, β, δ, … などで表すのが一般的である．

ベクトルは「大きさと向きをもつ量」　スカラーとは異なり，物理量の中には，**大きさと向き**の両方をもった量がある．例えば，**力**は大きさと，その力のはたらく向きで指定される．このように，大きさと向きで表される量を**ベクトル**（vector）という．「変位」，「速度」，「加速度」，「電場」，「磁場」

などもベクトルである．

このベクトルは，太字のラテン文字 $\boldsymbol{A}$, $\boldsymbol{B}$, $\boldsymbol{C}$, …や $\boldsymbol{a}$, $\boldsymbol{b}$, $\boldsymbol{c}$, … などで表すのが一般的である（高等学校の数学では，$\vec{A}$, $\vec{a}$ のように文字の上に矢印を付けて表す方法も学んだであろう）．注意しておきたいことは，ベクトル $\boldsymbol{A}$ や $\vec{a}$ を単に A や a と表記する人がいるが，これはスカラーと間違われるので絶対にしてはいけない．

ベクトルは，図2.1のように，点Oから点Pに向かった1つの**矢印**で表す（**有向線分**ともいう）．このとき，点Oを**始点**，点Pを**終点**とよび，矢印を $\overrightarrow{\mathrm{OP}}$ あるいは $\boldsymbol{A}$ のように表す．矢の長さが，ベクトル $\boldsymbol{A}$ の大きさであり，これを $|\boldsymbol{A}|$ または A で表す．そして，矢を含む直線（図2.1の点線）がベクトルの方向を示し，矢の先がベクトルの向きを表す．

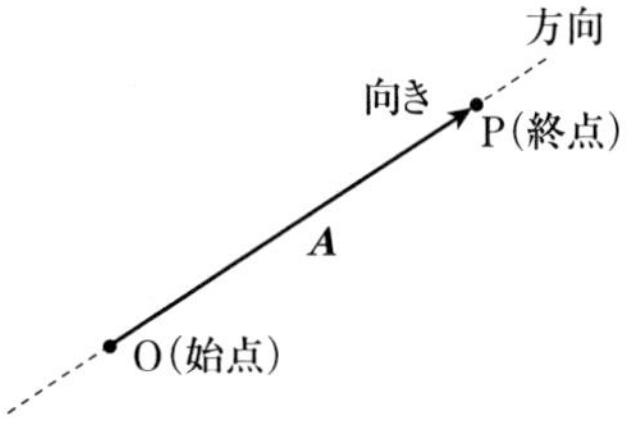

図2.1

なお，厳密にいえば，ベクトルは「大きさ (magnitude)」と「方向 (direction)」と「向き (sense)」をもつ量である．しかし，いつも「方向」と「向き」を区別して使うのは煩雑なので，「向き」という言葉で「方向と向き」の両方を表す場合も多いが，両者の違いを区別するセンスは大切である．

問 2.1 方向と向きの違いを説明しなさい．

ベクトルの算術

(1) 等しいベクトル

2つのベクトル $\boldsymbol{A}$ と $\boldsymbol{B}$ が同じ大きさと向きをもっているとき，それらは**等しい**という．そして，このことを次のように表す．なお，ベクトルが3つ以上あっても同じように考えればよい．

$$\boldsymbol{A} = \boldsymbol{B} \tag{2.1}$$

(2) ベクトルの和

2つの異なるベクトル $\boldsymbol{A}$ と $\boldsymbol{B}$ の**和** $\boldsymbol{A} + \boldsymbol{B}$ から，1つのベクトル（これを

$\boldsymbol{C}$ とする）がつくられるとき，これを

$$\boldsymbol{C} = \boldsymbol{A} + \boldsymbol{B} \tag{2.2}$$

のように書き，この $\boldsymbol{C}$ を**合成ベクトル**とよぶ．

図 2.2 のように，$\boldsymbol{C}$ は $\boldsymbol{A}$ の終点 P に $\boldsymbol{B}$ の始点を置いてから，$\boldsymbol{A}$ の始点 O と $\boldsymbol{B}$ の終点 Q をつないだものである．例えば，$\boldsymbol{A}$, $\boldsymbol{B}$ を 1 個の質点に作用する 2 つの力 $\boldsymbol{F}_1$, $\boldsymbol{F}_2$ とすれば，その合力 $\boldsymbol{F}$ はベクトルの和 $\boldsymbol{F} = \boldsymbol{F}_1 + \boldsymbol{F}_2$ である．なお，このようなベクトルの和は，ベクトルが 3 つ以上あっても同じように考えることができる（例 2.1 を参照）．

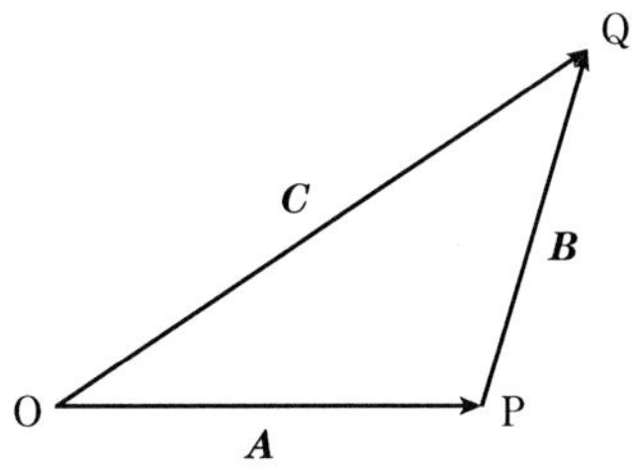

図 2.2

例 2.1　力のつり合い　図 2.3 (a) のように，質点 P に作用する n 個の力 $\boldsymbol{F}_1$, $\boldsymbol{F}_2$, …, $\boldsymbol{F}_n$ を合成するには，それらのベクトルの和

$$\boldsymbol{F} = \boldsymbol{F}_1 + \boldsymbol{F}_2 + \cdots + \boldsymbol{F}_n \tag{2.3}$$

をつくればよい．もし，合力 $\boldsymbol{F}$ がゼロ（力の和がゼロ），つまり

$$\boldsymbol{F}_1 + \boldsymbol{F}_2 + \cdots + \boldsymbol{F}_n = \boldsymbol{0} \tag{2.4}$$

のときは，これらの力（分力）はつり合っているという（なお，合力 $\boldsymbol{F}$ に対して，$\boldsymbol{F}_1$, $\boldsymbol{F}_2$, …, $\boldsymbol{F}_n$ を分力とよぶこともある）．このとき，図 2.3 (b) のように分力 $\boldsymbol{F}_1$, $\boldsymbol{F}_2$, …, $\boldsymbol{F}_n$ を辺とする多角形をつくれば，$\boldsymbol{F}_n$ の終点は P に一致する．

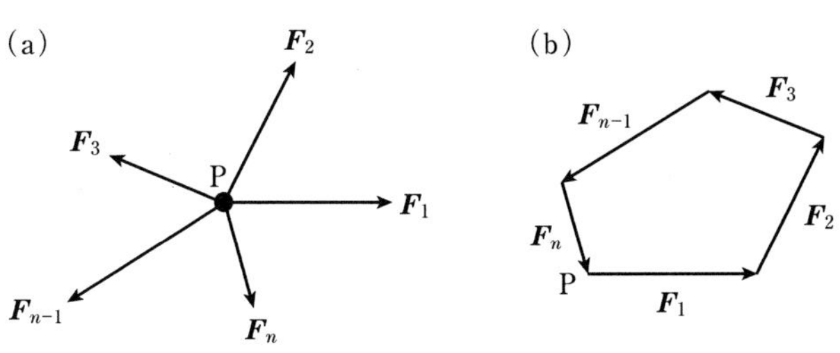

図 2.3

■

問 2.2　東向きのベクトル $\boldsymbol{A}$ の大きさが $|\boldsymbol{A}| = 1$，北東の向きのベクトル $\boldsymbol{B}$ の大きさが $|\boldsymbol{B}| = 2$ であるとき，合成ベクトル $\boldsymbol{C} = \boldsymbol{A} + \boldsymbol{B}$ をつくりなさい．

(3) ベクトルとスカラーとの積

2つのベクトル $\boldsymbol{A}$ の和は $\boldsymbol{A}+\boldsymbol{A}=2\boldsymbol{A}$ である．この $2\boldsymbol{A}$ は $\boldsymbol{A}$ と同じ向きで，大きさは $\boldsymbol{A}$ の2倍である．そこで，ベクトル $\boldsymbol{A}$ にある数値 a を掛けたベクトル $\boldsymbol{C}$ を

$$\boldsymbol{C}=a\boldsymbol{A}=\boldsymbol{A}\,a \tag{2.5}$$

のように表す．なお，$\boldsymbol{A}$ と a はどちらを先に書いてもよいが，a が何か具体的な数値の場合には $a\boldsymbol{A}$ の順の方がよいであろう．

このベクトル $\boldsymbol{C}$ の向きは，図2.4からわかるように，$a>0$ ならば $\boldsymbol{A}$ と同じ向きで，$a<0$ ならば $\boldsymbol{A}$ と逆向きである．ベクトル $\boldsymbol{C}$ の大きさ $|\boldsymbol{C}|$ は $|a||\boldsymbol{A}|$ である．$a=0$ のとき，(2.5) より $\boldsymbol{C}=\boldsymbol{0}$ となり，これを**ゼロベクトル**という．ゼロベクトルは便宜的な量なので，その向きは定義されない．なお，ゼロベクトル $\boldsymbol{0}$ を単に0のように書く場合も多い．

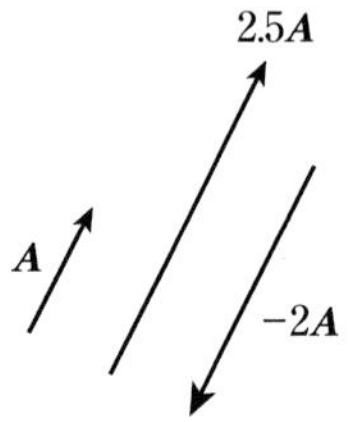

図2.4

例2.2 運動量 $\boldsymbol{p}$ 質点の質量 m と速度 $\boldsymbol{v}$ との積 $m\boldsymbol{v}$ で定義されるベクトル $\boldsymbol{p}=m\boldsymbol{v}$ のことで，運動の勢いや衝突の衝撃の強さを表す量である． ■

(4) 単位ベクトル

大きさが1 (だから，単位) であるベクトルのことを**単位ベクトル**という．(2.5) で $a=1/A$ とおけば，$\boldsymbol{C}$ の大きさ $|\boldsymbol{C}|$ は $|\boldsymbol{C}|=a|\boldsymbol{A}|=(1/A)A=1$ となる．A はベクトル $\boldsymbol{A}$ の大きさだから正，つまり，$a>0$ なので，$\boldsymbol{C}$ と $\boldsymbol{A}$ は同じ向きである．したがって，$\boldsymbol{A}$ と同じ向きの単位ベクトルを $\hat{\boldsymbol{A}}$ (エー・ハットと読む) で表すと，これは

$$\hat{\boldsymbol{A}}=\frac{\boldsymbol{A}}{|\boldsymbol{A}|}=\frac{\boldsymbol{A}}{A} \tag{2.6}$$

で与えられる．特に，面に垂直な(normal)単位ベクトルを**単位法線ベクトル** ($\hat{\boldsymbol{n}}$ と書くことが多い)，曲線や曲面に接する(tangential)単位ベクトルを**単位接線ベクトル** ($\hat{\boldsymbol{t}}$ と書くことが多い) という．

例 2.3 xy 方向の単位ベクトル xy 直交座標系の xy 方向の単位ベクトルは

$$\boldsymbol{i} = (1, 0), \qquad \boldsymbol{j} = (0, 1) \tag{2.7}$$

である (2.2 節の図 2.7 を参照). ■

[例題 2.1] $\boldsymbol{r}$ 方向の単位ベクトル

$\boldsymbol{r} = x\boldsymbol{i} + y\boldsymbol{j}$ を極座標 $x = r\cos\theta$, $y = r\sin\theta$ で書き換えると, r 方向の単位ベクトル $\hat{\boldsymbol{r}}$ が

$$\hat{\boldsymbol{r}} = \cos\theta\,\boldsymbol{i} + \sin\theta\,\boldsymbol{j} \tag{2.8}$$

で定義できることを示しなさい.

[解] $\boldsymbol{r}$ を極座標で書き換えると, $\boldsymbol{r} = x\boldsymbol{i} + y\boldsymbol{j} = r\cos\theta\,\boldsymbol{i} + r\sin\theta\,\boldsymbol{j} = r(\cos\theta\,\boldsymbol{i} + \sin\theta\,\boldsymbol{j})$ となる. 単位ベクトルの定義 (2.6) から, $\hat{\boldsymbol{r}}$ は $\boldsymbol{r}$ をその大きさ r で割ったものだから, (2.8) となる.

¶

問 2.3 θ 方向の単位ベクトル $\hat{\boldsymbol{\theta}}$ は

$$\hat{\boldsymbol{\theta}} = -\sin\theta\,\boldsymbol{i} + \cos\theta\,\boldsymbol{j} \tag{2.9}$$

であることを示しなさい.

(5) ベクトルの差

2つのベクトル $\boldsymbol{A}$ と $\boldsymbol{B}$ の差 $\boldsymbol{A} - \boldsymbol{B}$ は, $\boldsymbol{A} + (-\boldsymbol{B})$ のように書き換えられるので, $\boldsymbol{A}$ と $-\boldsymbol{B}$ のベクトルの和と同じ計算になる. この和を $\boldsymbol{C}$ と書くと

$$\boldsymbol{C} = \boldsymbol{A} + (-\boldsymbol{B}) = \boldsymbol{A} - \boldsymbol{B} \tag{2.10}$$

となる.

合成ベクトル $\boldsymbol{C}$ は, 図 2.5 のように, $\boldsymbol{A}$ の終点 P に $-\boldsymbol{B}$ の始点を置いてから, $\boldsymbol{A}$ の始点 O と $-\boldsymbol{B}$ の終点 Q′ をつないだものである. なお, $\boldsymbol{A} = \boldsymbol{B}$ ならば, $\boldsymbol{C}$ はゼロベクトルになる.

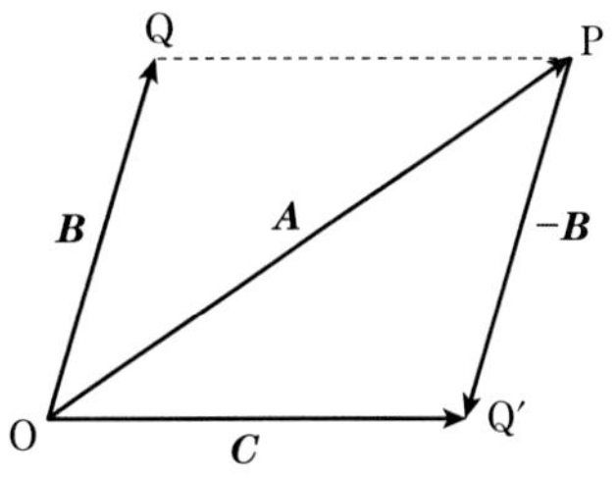

図 2.5

(6) 共面(きょうめん)ベクトル

複数のベクトル ($\boldsymbol{A}$, $\boldsymbol{B}$, $\boldsymbol{C}$, $\cdots$) が1つの平面に平行であるとき，これらのベクトルを**共面ベクトル**という．

[例題 2.2] 共面ベクトル

$\boldsymbol{A}$, $\boldsymbol{B}$, $\boldsymbol{C}$ が共面ベクトルであれば

$$a\boldsymbol{A} + b\boldsymbol{B} + c\boldsymbol{C} = 0 \tag{2.11}$$

と書けることを示しなさい．このとき，$\boldsymbol{A}$, $\boldsymbol{B}$, $\boldsymbol{C}$ は**1次従属(じゅうぞく)**であるという．

[解] 共面ベクトル $\boldsymbol{A}$, $\boldsymbol{B}$, $\boldsymbol{C}$ を図 2.6 のように同じ始点から描くと，$\boldsymbol{C}$ は適当な大きさのスカラー a, b を使って，

$$\boldsymbol{C} = a\boldsymbol{A} + b\boldsymbol{B} \tag{2.12}$$

と表せる．このように，$\boldsymbol{C}$ が $\boldsymbol{A}$ と $\boldsymbol{B}$ で与えられることを「$\boldsymbol{C}$ は $\boldsymbol{A}$, $\boldsymbol{B}$ に**従属**している」という．ここで，a, b を $-a/c$, $-b/c$, ($c \neq 0$) と書き換えても (2.12) の内容は変わらないことに注意すれば，(2.12) から (2.11) が導けることがわかる．

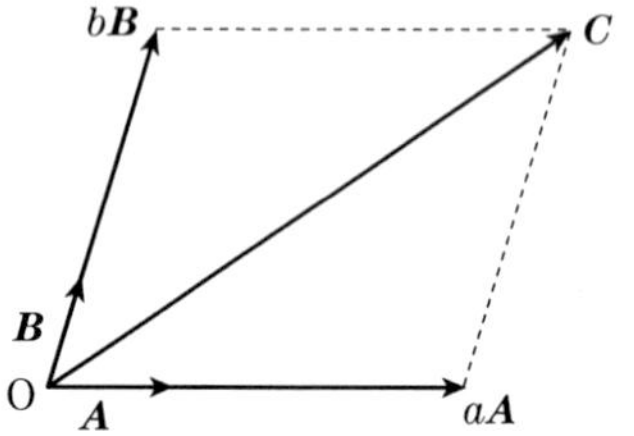

図 2.6

¶

例題 2.2 からわかることは，もし a, b, c が同時にゼロになれば，$\boldsymbol{A}$, $\boldsymbol{B}$, $\boldsymbol{C}$ は共面ベクトルではないことである．つまり，3つのベクトル $\boldsymbol{A}$, $\boldsymbol{B}$, $\boldsymbol{C}$ は**1次独立**になる．したがって，ベクトルが共面ベクトルでないことが，ベクトルの1次独立性を保証することになる．

例 2.4 ベクトルの1次独立性 $\boldsymbol{A} = \boldsymbol{i} + 5\boldsymbol{j}$ と $\boldsymbol{B} = \boldsymbol{i} - \boldsymbol{j}$ は1次独立である．なぜなら，$a\boldsymbol{A} + b\boldsymbol{B} = \boldsymbol{0}$，つまり，$a + b = 0$ と $5a - b = 0$ が同時に成り立つのは，$a = 0$, $b = 0$ の場合だけだからである (8.5.2 項を参照)． ■

2.2　ベクトルの成分と正射影（せいしゃえい）

ここまでは，ベクトルを図形的（幾何学的）に扱ってきたが，ここからはベクトルを座標を利用して解析的に取り扱おう．

2次元直交座標系の場合

まず簡単のために，図2.7のような2次元の xy 直交座標系（2次元デカルト座標系）の単位ベクトル $\boldsymbol{i} = (1,\ 0)$, $\boldsymbol{j} = (0,\ 1)$ を使って，任意のベクトルを表すことを考えよう．

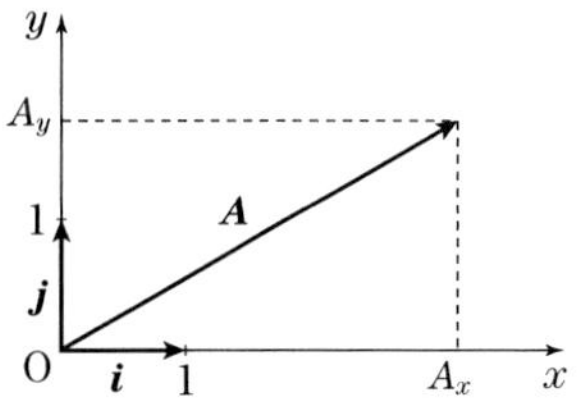

図 2.7

いま，原点Oを始点とするベクトル $\boldsymbol{A}$ の終点の座標を $(A_x,\ A_y)$ とすると，$\boldsymbol{A}$ は2つのベクトル $A_x\boldsymbol{i}$ と $A_y\boldsymbol{j}$ の和だから，(2.2) より

$$\boldsymbol{A} = A_x\boldsymbol{i} + A_y\boldsymbol{j} \tag{2.13}$$

となる．この A_x と A_y を，それぞれベクトル $\boldsymbol{A}$ の x **成分**と y **成分**という．

正射影　　ベクトルの成分を説明するとき，ベクトルの成分はそのベクトルを座標軸に正射影したものである，とよくいわれる．このことを直観的に理解するには，図2.8のようにベクトル $\boldsymbol{A}$ を鉛筆のような棒と考えて，これに軸方向から光を当て，その影をイメージするのがよい．この影が**正射影**である．図2.8 (a) のように，x 軸上に影（正射影）をつくる光の射す向きは y 軸に平行であり，図2.8 (b) のように，y 軸上に影（正射影）をつくる光の向きは x 軸に平行である．

図2.8の xy 直交座標系の場合，軸上の影の長さ A_x, A_y がベクトル $\boldsymbol{A}$ の成分であるから，ベクトル $\boldsymbol{A}$ と x 軸との間の角度を θ とすれば（$|\boldsymbol{A}| = A$）

$$A_x = A\cos\theta, \qquad A_y = A\sin\theta \tag{2.14}$$

の関係が成り立つ．

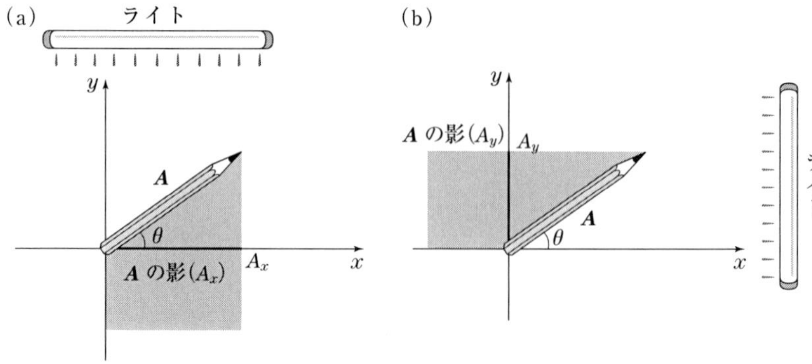

図 2.8

ひとくちメモ **〈斜交座標系〉** 図 2.8 (a) からわかるように，x 軸上の正射影をつくる光の向きは x 軸に垂直であるとしても同じである（これを**直交射影**という）．そして，図 2.8 (b) の y 軸上の正射影の場合も同様である．どちらの方向でも同じ結果になるのは当たり前のように思えるだろうが，実は，これは直交座標系のときに成り立つ特別なことなのである．もし xy 軸が直交しない**斜交座標系**の場合には，光を当てる向き（y 軸に平行か x 軸に垂直か）によって影の長さが異なることに注意してほしい（8.4.3 項を参照）．

本書では，斜交座標系の必要性を行列の固有値問題（8.4.3 項を参照）で説明する．

方向余弦 図 2.9 において，ベクトル $\boldsymbol{A}$ が x 軸，y 軸の正の向き（単位ベクトル $\boldsymbol{i}$, $\boldsymbol{j}$ の指す向きが正）となす角をそれぞれ α, β とすれば（$|\boldsymbol{A}| = A$）

$$\frac{A_x}{A} = \cos\alpha = l, \qquad \frac{A_y}{A} = \cos\beta = m \tag{2.15}$$

が成り立つ．この l, m をベクトル $\boldsymbol{A}$ の**方向余弦**という．ここで，$\boldsymbol{A}$ の大きさ（ピタゴラスの定理 $|\boldsymbol{A}|^2 = |A_x\boldsymbol{i}|^2 + |A_y\boldsymbol{j}|^2$ より）

$$A = |\boldsymbol{A}| = \sqrt{A_x^2 + A_y^2} \tag{2.16}$$

の A_x, A_y を (2.15) で書き換えれば

$$l^2 + m^2 = 1 \tag{2.17}$$

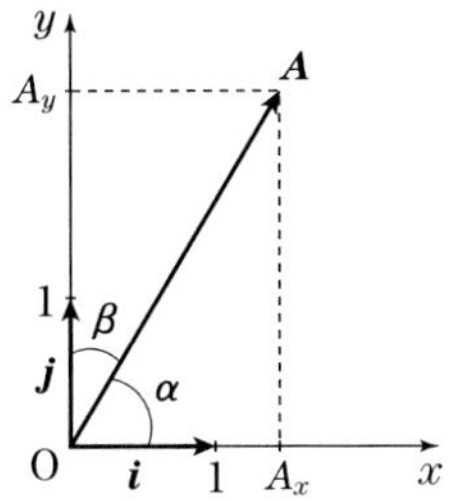

図 2.9

の関係が成り立つことがわかる．

ちなみに，ベクトル $\boldsymbol{A}$ が単位ベクトルのときは，$A = 1$ なので (2.15) は $A_x = l$, $A_y = m$，つまり A_x, A_y は単位ベクトルの方向余弦になる．

［例題 2.3］　ベクトルの方向余弦

$\boldsymbol{A} = \sqrt{3}\boldsymbol{i} + \boldsymbol{j}$ の方向余弦を求めなさい．

［解］　$A = \sqrt{3+1} = 2$ だから，$l = A_x/A = \sqrt{3}/2$ と $m = A_y/A = 1/2$ である．ちなみに，$l = \cos\alpha$ より $\alpha = 30°$，$m = \cos\beta$ より $\beta = 60°$ である．

¶

問 2.4　問 2.2 において，原点 O から東に向かって x 軸を，北に向かって y 軸をとるとき，ベクトル $\boldsymbol{A}$, $\boldsymbol{B}$, $\boldsymbol{C}$ の成分はそれぞれいくらになるかを答えなさい．

3 次元直交座標系の場合

2 次元平面上のベクトル $\boldsymbol{A}$ について成り立つここまでの内容は，3 次元空間内のベクトルにも拡張できる．

いま，図 2.10 (a) のように，z 軸の正の向きを指す単位ベクトルを $\boldsymbol{k}$ とすると，3 次元 xyz 直交座標系の単位ベクトルは

$$\boldsymbol{i} = (1, 0, 0), \qquad \boldsymbol{j} = (0, 1, 0), \qquad \boldsymbol{k} = (0, 0, 1) \tag{2.18}$$

となる．このときベクトル $\boldsymbol{A}$ の z 成分を A_z として，図 2.10 (b) のようにベクトルの和 $\overrightarrow{\mathrm{OP}} + \overrightarrow{\mathrm{PQ}} = \overrightarrow{\mathrm{OQ}}$ をつくると，ベクトル $\boldsymbol{A}$ は

$$\boldsymbol{A} = A_x\boldsymbol{i} + A_y\boldsymbol{j} + A_z\boldsymbol{k} \tag{2.19}$$

で，$\boldsymbol{A}$ の大きさは

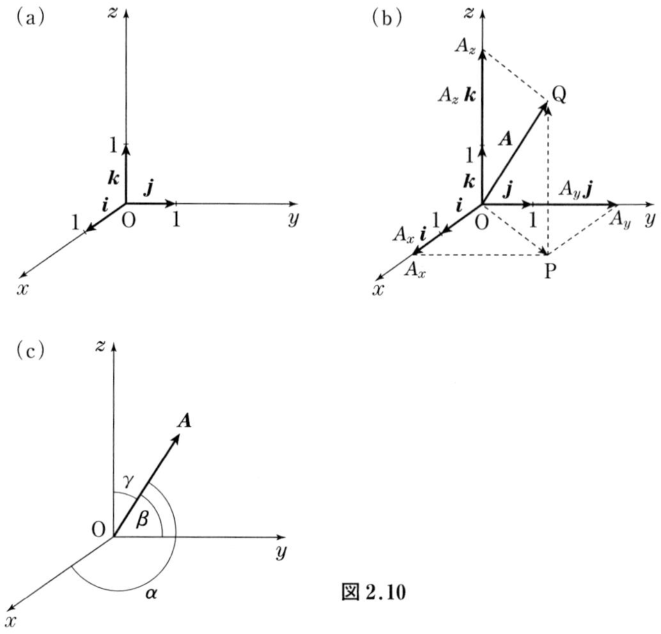

図 2.10

$$A = |\boldsymbol{A}| = \sqrt{A_x^2 + A_y^2 + A_z^2} \tag{2.20}$$

となる．

また，図 2.10 (c) のように，$\boldsymbol{A}$ が x 軸，y 軸，z 軸の正の向きとなす角をそれぞれ α, β, γ とすれば，それぞれの方向余弦 l，m，n は

$$\frac{A_x}{A} = \cos\alpha = l, \qquad \frac{A_y}{A} = \cos\beta = m, \qquad \frac{A_z}{A} = \cos\gamma = n \tag{2.21}$$

で与えられる．なお，ベクトル $\boldsymbol{A}$ が単位ベクトル ($A = 1$) のときは，$A_x = l$, $A_y = m$, $A_z = n$ (A_x, A_y, A_z は単位ベクトルの方向余弦) である (4.4.1 項の (4.68) を参照)．

問 2.5 (2.21) で定義される方向余弦 l，m，n に対して

$$l^2 + m^2 + n^2 = 1 \tag{2.22}$$

の関係が成り立つことを示しなさい．

2.3　ベクトル同士の積

2つの異なるベクトル $\boldsymbol{A}$ と $\boldsymbol{B}$ に対して，図2.11のような $\boldsymbol{A}$, $\boldsymbol{B}$ で張った平面Sと面の単位法線ベクトル $\hat{\boldsymbol{n}}$ を考えよう．このとき，2種類のベクトルの積（$\boldsymbol{A}\cdot\boldsymbol{B}$ と $\boldsymbol{A}\times\boldsymbol{B}$）が定義できる．$\boldsymbol{A}\cdot\boldsymbol{B}$ は平面S内で定義されるスカラー量であり，$\boldsymbol{A}\times\boldsymbol{B}$ は面に垂直で $\hat{\boldsymbol{n}}$ の向きをもつベクトル量である．

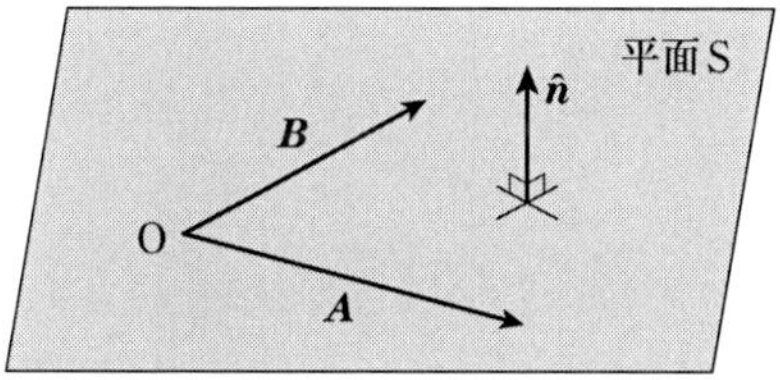

図2.11

2.3.1　スカラー積 $\boldsymbol{A}\cdot\boldsymbol{B}$

スカラー積は，力学で学ぶ仕事や電磁気学で電場や磁場のエネルギーを定義するときに使われる基本的なツールで，図2.12のように，2つのベクトル $\boldsymbol{A}$, $\boldsymbol{B}$ のなす角を θ とするとき，**スカラー積**（**内積**（ないせき））は

$$\boldsymbol{A}\cdot\boldsymbol{B} = |\boldsymbol{A}|\,|\boldsymbol{B}|\cos\theta = AB\cos\theta \tag{2.23}$$

で定義される（$\boldsymbol{A}\cdot\boldsymbol{B}$ はエー・ドット・ビーと読む）．スカラー積とよぶ理由は，(2.23)の右辺の量 A, B, $\cos\theta$ がすべてスカラー（単なる数値）だから

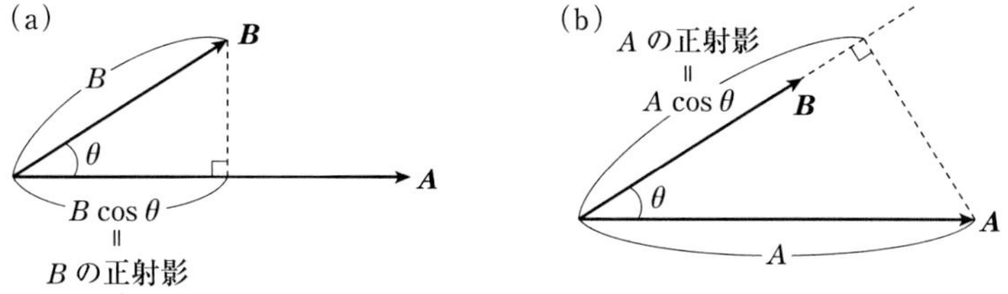

図2.12

である．

スカラー積 $\boldsymbol{A}\cdot\boldsymbol{B}$ をベクトルの正射影という観点からみれば，$\boldsymbol{A}$ と $\boldsymbol{B}$ のどちらで正射影をつくるかによって，2通りに表現できる．1つは「$\boldsymbol{B}$ の $\boldsymbol{A}$ 上への正射影 $(B\cos\theta)$」と「$\boldsymbol{A}$ の大きさ A」との積（図2.12(a)），もう1つは「$\boldsymbol{A}$ の $\boldsymbol{B}$ 上への正射影 $(A\cos\theta)$」と「$\boldsymbol{B}$ の大きさ B」との積（図2.12(b)）である．

$\boldsymbol{A}\cdot\boldsymbol{B}$ は角 $\theta\ (0 \leq \theta \leq \pi)$ に応じて，AB から $-AB$ までの値をとり，$\theta = \pi/2$ のとき $\boldsymbol{A}\cdot\boldsymbol{B} = 0$ である．これは A と B がゼロでない限り，ベクトル $\boldsymbol{A}$ と $\boldsymbol{B}$ が直交していることを意味する．また，$\boldsymbol{A} = \boldsymbol{B}$ のときは $\theta = 0$ なので，(2.23) から $\boldsymbol{A}\cdot\boldsymbol{A} = |\boldsymbol{A}|^2$ である．したがって，ベクトルの大きさ $|\boldsymbol{A}|$ は

$$|\boldsymbol{A}| = \sqrt{\boldsymbol{A}\cdot\boldsymbol{A}} \qquad (2.24)$$

のように，スカラー積で書くこともできる．

例2.5 ベクトルAとBが直交 $|\boldsymbol{A}| = 2$, $|\boldsymbol{B}| = 3$ で，$\boldsymbol{A}$ と $\boldsymbol{B}$ のなす角を $\theta = \pi/6$ とするとき，スカラー積は $\boldsymbol{A}\cdot\boldsymbol{B} = 2\cdot 3\cos(\pi/6) = 2\cdot 3\cdot 1/2 = 3$ である．■

問2.6 $|\boldsymbol{A}| = 3$, $|\boldsymbol{B}| = 5$ で，$|\boldsymbol{A} - \boldsymbol{B}| = 7$ のとき，スカラー積 $\boldsymbol{A}\cdot\boldsymbol{B}$ を求めなさい．

単位ベクトル i, j, k のスカラー積

同じ単位ベクトルは互いに平行 $(\theta = 0)$ だから，それらのスカラー積は常に1になる．例えば，$\boldsymbol{i}\cdot\boldsymbol{i} = |\boldsymbol{i}||\boldsymbol{i}|\cos 0 = 1\cdot 1\cdot 1 = 1$ である．一方，異なる単位ベクトルは互いに直交 $(\theta = \pi/2)$ するから，それらのスカラー積は常にゼロになる．したがって，

$$\boldsymbol{i}\cdot\boldsymbol{i} = \boldsymbol{j}\cdot\boldsymbol{j} = \boldsymbol{k}\cdot\boldsymbol{k} = 1, \qquad \boldsymbol{i}\cdot\boldsymbol{j} = \boldsymbol{j}\cdot\boldsymbol{k} = \boldsymbol{k}\cdot\boldsymbol{i} = 0 \qquad (2.25)$$

が成り立つ．

$A\cdot B$ の成分表示

2つのベクトル $\boldsymbol{A}$, $\boldsymbol{B}$ の成分を $\boldsymbol{A} = (A_x, A_y, A_z)$, $\boldsymbol{B} = (B_x, B_y, B_z)$ とすると，このスカラー積は (2.25) の性質から

$$\boldsymbol{A}\cdot\boldsymbol{B} = (A_x\boldsymbol{i} + A_y\boldsymbol{j} + A_z\boldsymbol{k})\cdot(B_x\boldsymbol{i} + B_y\boldsymbol{j} + B_z\boldsymbol{k})$$
$$= A_xB_x + A_yB_y + A_zB_z \tag{2.26}$$

となる．これと (2.23) を使えば，$\boldsymbol{A}$, $\boldsymbol{B}$ のなす角 θ は

$$\cos\theta = \frac{A_xB_x + A_yB_y + A_zB_z}{AB} \tag{2.27}$$

で与えられる．

問 2.7　$\boldsymbol{A} = 2\boldsymbol{i} - 3\boldsymbol{j} + \boldsymbol{k}$, $\boldsymbol{B} = 3\boldsymbol{i} - \boldsymbol{j} - 2\boldsymbol{k}$ のなす角 θ を求めなさい．

［例題 2.4］　仕事

図 2.13 のように，物体が力 $\boldsymbol{F}$ によって $\boldsymbol{L}$ だけ変位したとしよう．このとき，力 $\boldsymbol{F}$ がした仕事 W は

$$W = \boldsymbol{F}\cdot\boldsymbol{L} \tag{2.28}$$

であることを示しなさい．

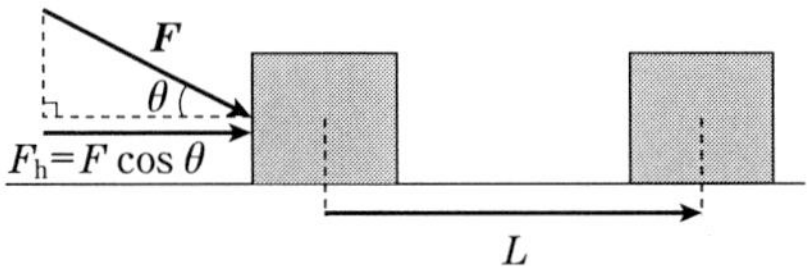

図 2.13

［解］　物体にはたらく力 $\boldsymbol{F}$ がする仕事 W は，力 $F_{\rm h}$ (物体が動く方向の力の成分) と移動距離 L との積 $W = F_{\rm h}L$ で与えられる．$F_{\rm h}$ は $F\cos\theta$ であるから，$W = F_{\rm h}L = FL\cos\theta$ はスカラー積 (2.28) で表される．

¶

問 2.8　$|\boldsymbol{F}| = 6\,\mathrm{N}$, $|\boldsymbol{L}| = 2\,\mathrm{m}$, $\theta = 30^\circ$ のとき，仕事 W を求めなさい．

2.3.2　ベクトル積 $\boldsymbol{A} \times \boldsymbol{B}$

ベクトル積は，力学の剛体の回転や慣性モーメントの計算，あるいは電磁場の計算などに使われる重要なツールなので，よく理解しておくことが大切である．

図2.14のように，角θをなす2つのベクトル$\boldsymbol{A}$と$\boldsymbol{B}$を2辺とする平行四辺形の面積$S = AB\sin\theta$を大きさにもち，向きが$\hat{\boldsymbol{n}}$で定義されるベクトルを，記号$\boldsymbol{A}\times\boldsymbol{B}$（エー・クロス・ビーと読む）で表し，

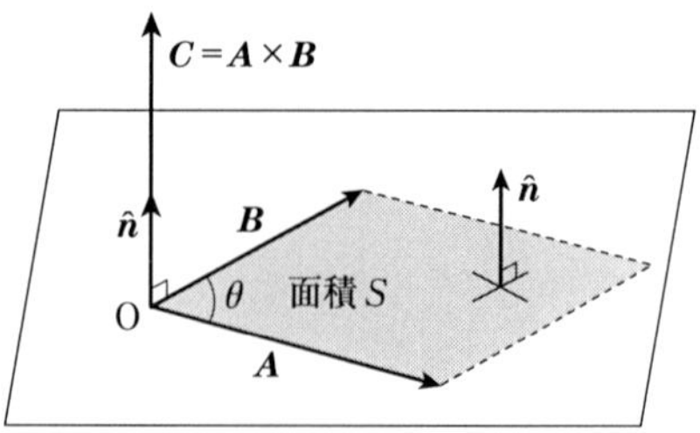

図2.14

$$\boldsymbol{A}\times\boldsymbol{B} = (AB\sin\theta)\hat{\boldsymbol{n}} = S\,\hat{\boldsymbol{n}} \qquad (S = AB\sin\theta) \tag{2.29}$$

のように書く．これが$\boldsymbol{A}$と$\boldsymbol{B}$の**ベクトル積**（**外積**(がいせき)）とよばれるものである．ベクトル積とよぶ理由は，この量がベクトルだからである．

なお，$\hat{\boldsymbol{n}}$の正の向きは，図2.15のように，$\boldsymbol{A}$から$\boldsymbol{B}$へθだけ右ネジを回したときに右ネジの進む向きであると定義する．この定義を**右ネジの規則**（または右手の規則）という．

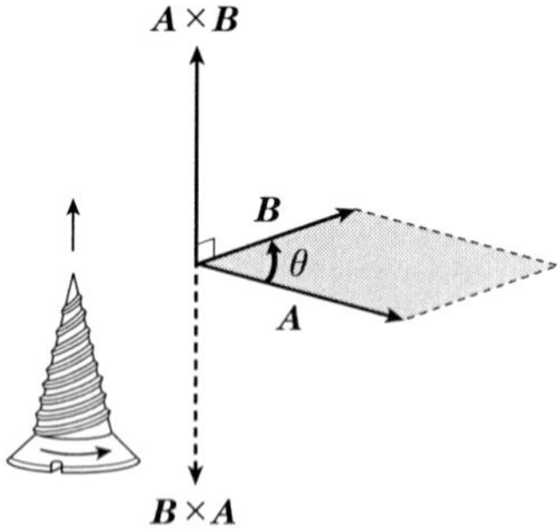

図2.15

ところで，$\boldsymbol{A}$と$\boldsymbol{B}$は平行四辺形の2辺になるから，$\boldsymbol{A}$, $\boldsymbol{B}$のなす角θは当然180°より小さくなければならない．いま仮に，$\boldsymbol{A}$と$\boldsymbol{B}$が平行（$\boldsymbol{A} = \boldsymbol{B}$）であれば$\theta = 0$だから，平行四辺形の面積$S$はゼロ（$S = AB\sin\theta = AB\sin 0 = 0$）になる．いい換えれば，同じベクトル同士のベクトル積は常にゼロ，つまり

$$\boldsymbol{A}\times\boldsymbol{A} = \boldsymbol{0} \tag{2.30}$$

という式が成り立つ．これはよく使われる重要な公式である．

一方，$\boldsymbol{B}\times\boldsymbol{A}$というベクトル積を考えると，このベクトルの向きは$\boldsymbol{B}$から$\boldsymbol{A}$へ右ネジを回すときの右ネジの進む向きだから，$\boldsymbol{A}\times\boldsymbol{B}$の向き$\hat{\boldsymbol{n}}$と逆向き（$-\hat{\boldsymbol{n}}$）になる．つまり，

$$\boldsymbol{B}\times\boldsymbol{A} = -\boldsymbol{A}\times\boldsymbol{B} \tag{2.31}$$

である．

$\boldsymbol{A}$ と $\boldsymbol{B}$ を入れ替えると符号が変わる (2.31) の性質をベクトル積の**非可換性**（ひかかんせい）という．なお，ベクトル積の公式 (2.30) は，実はこの非可換性の別表現であることをここで注意しておきたい (問 2.9 を参照)．

問 2.9 (2.31) の非可換性から (2.30) の公式を導きなさい．

単位ベクトル $\boldsymbol{i}, \boldsymbol{j}, \boldsymbol{k}$ のベクトル積 同じ単位ベクトルのベクトル積は (2.30) よりゼロである．一方，(2.29) で $\boldsymbol{A} = \boldsymbol{i}$, $\boldsymbol{B} = \boldsymbol{j}$, $\theta = \pi/2$ とおくと，$S = 1$ と $\hat{\boldsymbol{n}} = \boldsymbol{k}$ である．したがって，単位ベクトル同士のベクトル積は

$$\boldsymbol{i} \times \boldsymbol{i} = \boldsymbol{j} \times \boldsymbol{j} = \boldsymbol{k} \times \boldsymbol{k} = 0 \tag{2.32}$$

$$\boldsymbol{i} \times \boldsymbol{j} = \boldsymbol{k}, \quad \boldsymbol{j} \times \boldsymbol{k} = \boldsymbol{i}, \quad \boldsymbol{k} \times \boldsymbol{i} = \boldsymbol{j} \tag{2.33}$$

$$\boldsymbol{j} \times \boldsymbol{i} = -\boldsymbol{k}, \quad \boldsymbol{k} \times \boldsymbol{j} = -\boldsymbol{i}, \quad \boldsymbol{i} \times \boldsymbol{k} = -\boldsymbol{j} \tag{2.34}$$

となる．

問 2.10 $\boldsymbol{A} = \boldsymbol{i} + 2\boldsymbol{j} - \boldsymbol{k}$, $\boldsymbol{B} = -2\boldsymbol{i} + \boldsymbol{j} + 3\boldsymbol{k}$ のとき，$\boldsymbol{A} \times \boldsymbol{B}$ と $\boldsymbol{B} \times \boldsymbol{A}$ を計算して (2.31) を確認しなさい．また，$|\boldsymbol{A} \times \boldsymbol{B}|$ と $|\boldsymbol{B} \times \boldsymbol{A}|$ を求めなさい．

ベクトル積 $\boldsymbol{A} \times \boldsymbol{B}$ の成分表示

$\boldsymbol{A}$, $\boldsymbol{B}$ の成分を (A_x, A_y, A_z), (B_x, B_y, B_z) とし，$\boldsymbol{A} \times \boldsymbol{B}$ をベクトル $\boldsymbol{C} = \boldsymbol{A} \times \boldsymbol{B}$ とおく．このとき，(2.32) ～ (2.34) を使って

$$\boldsymbol{C} = (A_x\boldsymbol{i} + A_y\boldsymbol{j} + A_z\boldsymbol{k}) \times (B_x\boldsymbol{i} + B_y\boldsymbol{j} + B_z\boldsymbol{k}) \tag{2.35}$$

を計算すると，$\boldsymbol{C}$ の成分 (C_x, C_y, C_z) は

$$C_x = A_yB_z - A_zB_y, \quad C_y = A_zB_x - A_xB_z, \quad C_z = A_xB_y - A_yB_x \tag{2.36}$$

で与えられる (この証明は問 2.11 を参照)．

例 2.6 平行四辺形の面積 原点 O と点 A(x_1, y_1) を結ぶ線分と，原点 O と点 B(x_2, y_2) を結ぶ線分を 2 辺とする平行四辺形の面積 S は

$$S = |x_1y_2 - y_1x_2| \tag{2.37}$$

である． ■

問 2.11 ベクトル積 $\boldsymbol{A} \times \boldsymbol{B}$ の成分表示 (2.36) を導きなさい．

成分表示 (2.36) を公式として覚えておくと便利であるが，力学では z 軸周りの回転や力のモーメントを考えたり，電磁気学では z 方向の電場や磁場を考えることが多いので，覚えるのは C_z だけでよい．これさえしっかり覚えておけば，図 2.16 (a) のように，文字を循環的（サイクリック）におき換えるだけで，C_z から C_x，C_x から C_y が機械的にわかる．(2.33) や (2.34) の単位ベクトル $\boldsymbol{i}$, $\boldsymbol{j}$, $\boldsymbol{k}$ に関しても同じである（図 2.16 (b)）．

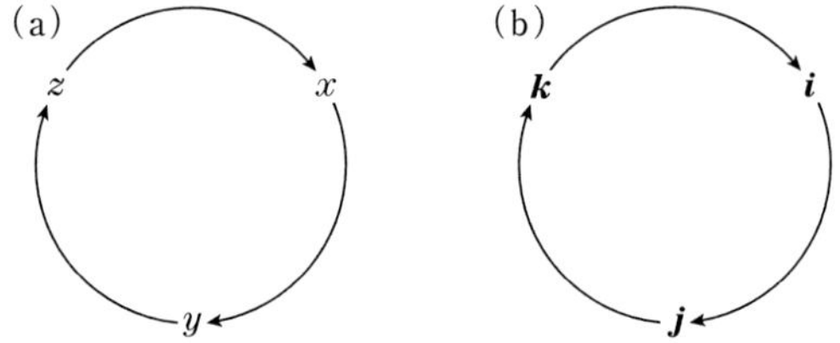

図 2.16

［例題 2.5］ モーメント

図 2.17 のように，点 P に作用するベクトルを $\boldsymbol{A}$，支点 O から測った点 P の位置ベクトルを $\boldsymbol{r}$ とするとき

$$\boldsymbol{r} \times \boldsymbol{A} \tag{2.38}$$

が支点 O の周りのベクトル $\boldsymbol{A}$ の**モーメント**になることを示しなさい．

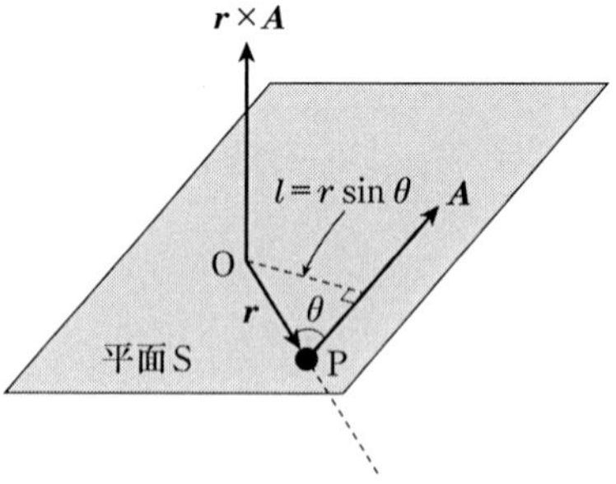

図 2.17

［解］ いま，ベクトル $\boldsymbol{A}$ を力 $\boldsymbol{F}$ とすると，(2.38) は力のモーメントを意味する．そこで，力のモーメントの定義に戻って (2.38) を考えてみよう．

力のモーメント，すなわち，物体に作用する力が物体を支点（回転軸）O の周りに回転させる能力 N は「力の大きさ F」×「支点から力の作用線までの距離 l」，つまり，$N = Fl$ である．図 2.17 より $l = r\sin\theta$ であるから，$N = Fl = Fr\sin\theta$ となり，ベクトル積で表すと $\boldsymbol{r} \times \boldsymbol{F}$ である．したがって，一般的なベクトル $\boldsymbol{A}$ のモーメントは (2.38) で与えられる．

¶

例題 2.5 の $\boldsymbol{A}$ が力 $\boldsymbol{F}$ であれば，$\boldsymbol{r} \times \boldsymbol{F}$ は**力のモーメント**（**トルク**ともいう）である．力のモーメントは，直観的にいえば“ねじる力”のことである．また，$\boldsymbol{A}$ が運動量 $\boldsymbol{p} = m\boldsymbol{v}$ であれば，$\boldsymbol{r} \times \boldsymbol{p}$ は**運動量のモーメント**であるが，これを物理学では**角運動量**とよぶ習慣がある．角運動量は，支点 O の周りを回る物体の運動を考えるとき，その回転運動の勢いを表す量である．

［例題 2.6］　剛体内の質点の回転速度

図 2.18 (a) のように，剛体がある軸の周りに一定の角速度 $\boldsymbol{\omega}$ で回転しているとしよう．このとき，剛体を構成している内部の点 P の速度を $\boldsymbol{v}$ とすると，この速度 $\boldsymbol{v}$ は

$$\boldsymbol{v} = \boldsymbol{\omega} \times \boldsymbol{r} \tag{2.39}$$

で与えられることを示しなさい．

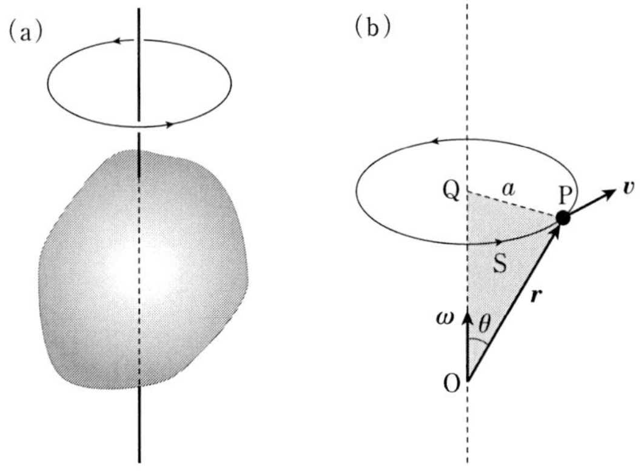

図 2.18

[解] 図 2.18 (b) のように，軸上の定点を O とし，点 P から軸への垂線を PQ (長さ a) とすれば，点 P は点 Q を中心にして半径 a の円運動をする．円運動の方向は 3 つの点 O, P, Q を含む平面 S に垂直で，速さ v は $\omega a = \omega r \sin\theta$ である．ゆえに，点 O に対する点 P の位置ベクトルを $\boldsymbol{r}$ とすれば，点 P の速度 $\boldsymbol{v}$ の向きは，図 2.18 (b) からわかるように，$\boldsymbol{\omega} \times \boldsymbol{r}$ の向きと一致するから，$\boldsymbol{v}$ は (2.39) で与えられることがわかる．

¶

第3章

微 分

— ローカルな変化をみる顕微鏡 —

鴨長明の『方丈記』の冒頭に「行く川のながれは絶えずして，しかももとの水にあらず．よどみに浮ぶうたかたは，かつ消えかつ結びて久しくとどまることなし」とあるように，私たちの周りの自然や社会はたえず変化し，流転している．このような変化や変化の割合などを扱う数学ツールが微分であり，言葉では言い表しがたい変化の様相を正確に記述することができる．

3.1 常微分

3.1.1 1変数関数の微分

高等学校で学ぶ**1変数関数**（1変数だけの関数）の微分は，厳密には**常**（じょう）**微分**という．その理由は，後で説明する2変数以上の関数（これを**多変数関数**という）に対する微分（これを**偏**（へん）**微分**という）と区別するためである．しかし，偏微分を微分と略すことはないので，一般に微分といえば常微分を意味すると考えてよい．

偏微分は基本的に常微分と同じ計算であるから，偏微分をマスターするには，1変数関数 $y = f(x)$ の常微分を理解しておく必要がある．そのために，まずは常微分の計算法と考え方の復習からはじめよう．

微分の定義

ニュートンによって力学は発展したが，その基礎になった数学が，物体の

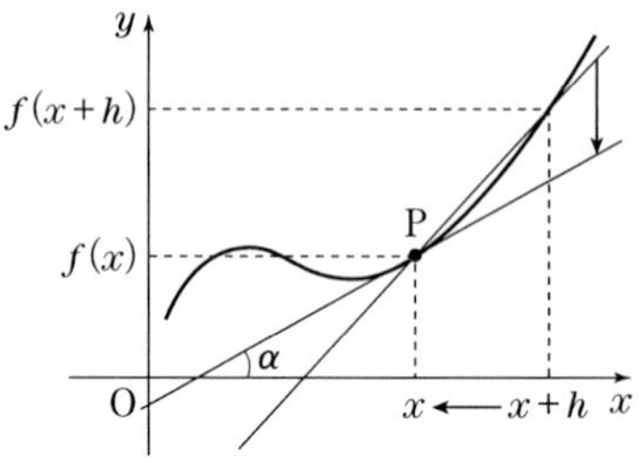

図 3.1

速さや加速度を計算できる微分法である．この計算は，まず，ある関数 $y = f(x)$ に対して

$$\frac{f(x+h)-f(x)}{h} \tag{3.1}$$

という量を考える．そして，仮に x を定数と見なして，図 3.1 のように h をゼロにもっていったとき，その極限（これを $\lim\limits_{h \to 0}$ で表す）での (3.1) の値を求めるものである．この計算を「f を x で微分する」と表現し，これを

$$\frac{d}{dx}f(x) = f'(x) = \lim_{h \to 0}\frac{f(x+h)-f(x)}{h} \tag{3.2}$$

のように表す．ここで，記号 d/dx は変数 x で微分するという意味で，$f'(x)$ を**微係数**（または**微分係数**）という．

ここまでの話は，「仮に x を定数と見なした」場合の話である．しかし，実際には x は実数の範囲内で自由に値がとれるので，(3.2) を x の関数とみることができる．そのため，微係数 $f'(x)$ は**導関数**とよばれるのである（3.1.2 項を参照）．

［例題 3.1］ ベキ乗の関数の微分

$f(x) = x^2$ の x による微分が

$$\frac{d}{dx}x^2 = 2x \tag{3.3}$$

となることを微分の定義 (3.2) から示しなさい．

[解] (3.1) の分子は $f(x+h)-f(x)=(x+h)^2-x^2=2xh+h^2$ である．これを (3.2) に代入すると

$$\frac{dx^2}{dx}=\lim_{h\to 0}\frac{2xh+h^2}{h}=\lim_{h\to 0}(2x+h)=2x \qquad (3.4)$$

となるので，$f'(x)=(x^2)'=2x$ を得る．これから，一般に $(x^n)'=nx^{n-1}$ (n は自然数) であることがわかる．

¶

例 3.1 微分 $f(x)=x\sin x$ の x による微分は $f'(x)=\sin x+x\cos x$ である．

■

問 3.1

$$\frac{d}{dx}\log x=\frac{1}{x} \qquad (3.5)$$

を導きなさい．

ロピタルの定理

2 つの関数 $f(x)$, $g(x)$ の比 f/g の極限値を考えるとき，分子と分母の関数が 0/0, ∞/∞ のようになる場合がある．これを**不定形の極限**とよぶ．このような場合でも，分母と分子の関数をうまくテイラー展開すれば計算できるが，ロピタルの定理を使う方が便利な場合が多い．

ロピタルの定理とは，$f(a)=0$, $g(a)=0$ であるとき，比 f/g の極限値が f, g の導関数の比

$$\lim_{x\to a}\frac{f(x)}{g(x)}=\lim_{x\to a}\frac{f'(x)}{g'(x)} \qquad (3.6)$$

によって決まるというものである．つまり，比 $f(a)/g(a)$ の極限値を直接計算するのではなく，導関数の比 $f'(x)/g'(x)$ を計算した後に $x=a$ とおいて求める方法で，この定理も便利な公式の 1 つである．

例 3.2 不定形の極限値

$$\lim_{x\to 0}\frac{\sin x}{x}=\lim_{x\to 0}\frac{(\sin x)'}{(x)'}=\lim_{x\to 0}\frac{\cos x}{1}=\frac{\cos 0}{1}=\frac{1}{1}=1 \qquad (3.7)$$

■

問 3.2

$$\lim_{x \to 0} \frac{x - \sin x}{x^3} \tag{3.8}$$

を求めなさい．

3.1.2 接線と導関数

増分と微分　(3.1) の h という文字は x の増加した分量を表すので，x の**増分**を表す．この意味を明示するときには，$\varDelta x$ (デルタ・エックスと読む) という記号を用いる ($h = \varDelta x$)．x は変数であるから，この $\varDelta x$ を**変数の増分**とよぶ．同様に，(3.1) の $f(x + h) - f(x)$ は y の**増分**を表すので，$\varDelta y$ で表す ($f(x + h) - f(x) = \varDelta y$)．$y$ は関数であるから，この $\varDelta y$ を**関数の増分**とよぶ．この記号を使うと，導関数 (3.2) は

$$\frac{d}{dx}f(x) = f'(x) = \lim_{\varDelta x \to 0} \frac{\varDelta y}{\varDelta x} = \lim_{\varDelta x \to 0} \frac{f(x + \varDelta x) - f(x)}{\varDelta x} \tag{3.9}$$

のように表される．

増分が無限小になる場合，$\varDelta$ を d という記号にかえる．ちなみに，無限小の増分のことを微分とよぶこともあるので，そのときは dx を**変数の微分**，dy を**関数の微分**という．

導関数の図形的な意味　図 3.1 から推測できるように，点 P での微分 $f'(x)$ は点 P に接する直線 (**接線**) を表し，点 P は**接点**になる．関数 $y = f(x)$ が表す曲線上の任意の点 P(x, y) における接線が x 軸の正の方向となす角を α とすれば

$$y' = \tan\alpha = \frac{dy}{dx} \tag{3.10}$$

が成り立つ．この $\tan\alpha$ を曲線上の点 P の**方向係数**という．ここで，(3.10) の $\tan\alpha$ は一定であるから，dy/dx を無限小の変数 dy と dx の割り算 (つまり，分数) であると見なすことができる．そうすると，分母を払って (両辺に dx を掛けて)

$$dy = y'\,dx \tag{3.11}$$

という式になるが，これは y' が dx の係数であることを明瞭にする．なぜなら，dx を微分とよべば，y' はその係数になるから，y' に**微分係数**（略して**微係数**）という用語が使われるのも納得できるだろう．

微分の直観的なイメージ　図 3.1 と (3.10) の導出法から想像できるように，曲線が滑らかであれば，どんなに曲がりくねっていても微小部分を拡大してみると，その曲線は直線に一致する．比喩（ひゆ）的に表現すれば，微分は顕微鏡で曲線の一部を拡大してみる操作だといえるだろう．

［例題 3.2］　微係数

$xy = x + y$ を $y = f(x)$ と見なして，$f'(0) = -1$ であることを示しなさい．

［解］　両辺を x で割って $y/x = y - 1$ とする．このとき，x, y ともに無限小になる極限を考えると，左辺は $f'(0)$ に近づき，右辺は -1 になる．

¶

例 3.3　微小変位 ds

図 3.2 (a) のような無限小の直角三角形をイメージすれば，$dx = ds\cos\alpha$，$dy = ds\sin\alpha$ より $ds = \sqrt{dx^2 + dy^2} = \sqrt{dx^2 + (y'dx)^2} = \sqrt{1 + y'^2}\,dx$ が成り立つ．途中の計算で，(3.11) を使った．

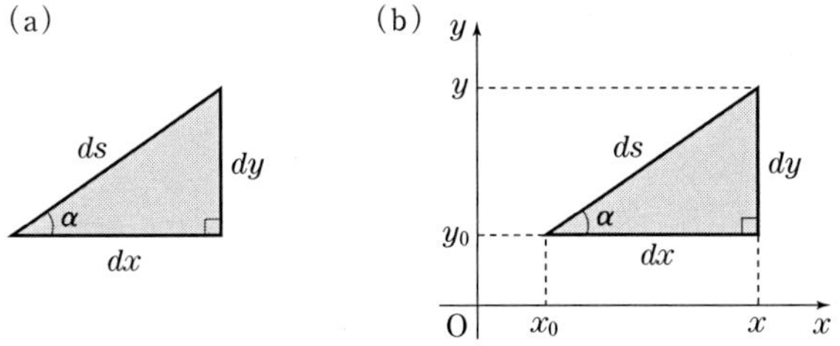

図 3.2

■

接線の方程式

図 3.2 (b) のように，無限小の直角三角形の座標をとると $dx = x - x_0$，$dy = y - y_0$ だから，(3.11) は

$$y - y_0 = f'(x_0)(x - x_0) \tag{3.12}$$

となる．これが点 (x_0, y_0) を通る**接線の方程式**である．

関数の局所的性質　1変数関数 $f(x)$ の x による微分で求めた導関数（これを**1次導関数**という）から，関数 $f(x)$ の接線の傾きがわかる．さらに微分を続けると，2次導関数 y'' や3次導関数 y''' が導ける．このような高次の導関数によって，関数 $f(x)$ の任意の x 付近での特徴や形状がわかる．つまり，高次導関数から関数のローカルな性質（関数の傾き，接線，上に凸（とつ）か下に凸かなど）を知ることができる．

3.1.3　1変数の合成関数の微分公式

これは「関数の関数」の微分法ともよぶべきもので，「x の関数 g のそのまた関数 $f(g)$」（これを**合成関数**という）を x で微分すると

$$\frac{d}{dx} f(g(x)) = \frac{df(g)}{dg} \frac{dg(x)}{dx} = f'(g)\, g'(x) \tag{3.13}$$

のように，$f'(g)$ と $g'(x)$ の積で与えられるという公式である（ここで，f' と g' の微分記号 $'$ が異なる変数を表していることを忘れてはならない）．

(3.13) の導出　関数 $f(x)$ の導関数の定義式 (3.9) を $f(g(x))$ に適用する．このとき，$g(x + \varDelta x) = g(x) + \varDelta g$ で g の増分 $\varDelta g$ を定義すると $f(g(x + \varDelta x)) - f(g(x)) = f(g + \varDelta g) - f(g)$ と書ける．これに注意すれば，(3.9) を

$$\frac{d}{dx} f(g) = \lim_{\varDelta x \to 0} \frac{f(g + \varDelta g) - f(g)}{\varDelta x} = \lim_{\varDelta x \to 0} \left\{ \frac{f(g + \varDelta g) - f(g)}{\varDelta g} \times \frac{\varDelta g}{\varDelta x} \right\} \tag{3.14}$$

のように意図的に書き換えることができる．ここで，$\varDelta x$ がゼロとなる極限では $\varDelta g$ もゼロになるので，(3.14) を

$$\frac{d}{dx}f(g) = \lim_{\Delta g \to 0} \frac{f(g+\Delta g) - f(g)}{\Delta g} \times \lim_{\Delta x \to 0} \frac{\Delta g}{\Delta x} = \left\{\frac{d}{dg}f(g)\right\}\left\{\frac{d}{dx}g(x)\right\} \tag{3.15}$$

のように書き換えることができ，(3.13) となる．

［例題 3.3］ 合成関数

$$\frac{d(\sin x)^4}{dx} = 4(\sin x)^3 \cos x \tag{3.16}$$

を合成関数の微分公式 (3.13) を使って示しなさい．

［解］ $f(x) = (\sin x)^4$ は，$f(g(x)) = (\sin x)^4$ とおけば，$f(g) = g^4$，$g(x) = \sin x$ で表せる．したがって，$f(x)$ の x による微分は，合成関数 $f(g(x))$ の微分公式 (3.13) を使って

$$\frac{df}{dx} = \frac{df}{dg}\frac{dg}{dx} = \frac{dg^4}{dg}\frac{d\sin x}{dx} = 4g^3 \cos x = 4(\sin x)^3 \cos x \tag{3.17}$$

のようになる．

¶

この例題 3.3 からわかるように，d/dx が「x を変数とみて微分する」ということを表すのと同じように，記号 d/dg は「g を変数とみて微分する」という意味をもっている．この部分は誤りやすいから注意してほしい．

問 3.3

$$\frac{da^x}{dx} = a^x \log a \tag{3.18}$$

を合成関数の微分公式 (3.13) を使って示しなさい．

なお，指数関数 e^x の導関数が $de^x/dx = e^x$ になることは，(3.18) で $a = e$ とおいて，$\log e = 1$ に注意すればわかるだろう (1.1.2 項の (1.17) の公式を参照)．

3.1.4 対数微分法

対数微分法は，$y = f(x)$ の x による微分 y' をそのまま計算するよりも，

$(\log y)'$ を計算する方が簡単なときに用いられるもので

$$y' = y\,(\log y)' \qquad \text{または} \qquad f'(x) = f(x)\{\log f(x)\}' \tag{3.19}$$

のように与えられる $(y' = f'(x))$．この方法は，特に，指数関数や複数の関数の積，分数の形などのときに有効である．

(3.19) の導出　まず，$y = f(x)$ の自然対数 $\log y = \log f(x)$ をつくる．次に，両辺をそれぞれ x で微分するが，左辺の $\log y$ には合成関数の微分公式 (3.13) を使うのがポイントである．つまり，

$$\text{左辺} = \frac{d \log y}{dx} = \frac{d \log y}{dy}\frac{dy}{dx} = \frac{1}{y}\frac{dy}{dx} = \frac{y'}{y}, \qquad \text{右辺} = \frac{d \log f(x)}{dx} \tag{3.20}$$

とする．そして，$y'/y = (\log y)'$ の両辺に y を掛けて整理すれば (3.19) を得る．

例 3.4 指数関数の導関数　指数関数 $f(x) = a^x$ の x による微分は対数微分法 (3.19) から $(a^x)' = a^x(\log a^x)' = a^x(x \log a)' = a^x \log a$ となる．これは問 3.3 の (3.18) と一致する．■

問 3.4

$$\frac{dx^x}{dx} = x^x(\log x + 1) \tag{3.21}$$

を対数微分法 (3.19) を使って示しなさい．

[例題 3.4]　対数微分法

$y = x - 1$ の導関数は $y' = 1$ である．これを対数微分法 (3.19) を使って解きなさい．この場合，$\log y$ の y は正の値でなければならないから，$x > 1$ と $x < 1$ の場合分けが必要になる．しかし，この例題を解けば，実は y が負の場合の計算は不要であることがわかるだろう（ひとくちメモ〈$y < 0$ の場合の $\log y$〉を参照）．

[解]　y の値は正でなければならないから，場合分け ($x > 1$ と $x < 1$) をする．まず $x > 1$ の場合，$y = x - 1$ は正だから

$$y' = (x-1)\{\log(x-1)\}' = \frac{x-1}{x-1} = 1 \tag{3.22}$$

である．次に $x < 1$ の場合，$y = x - 1$ は負だから，絶対値を使って $y = -|x-1|$ と書き換え，(3.19) の右辺に代入すれば

$$y' = -|x-1|(\log|x-1|)' = -|x-1|\frac{1}{x-1} = -(-x+1)\frac{1}{x-1} = 1 \tag{3.23}$$

となる．このように，どちらも $y' = 1$ という正しい値になるから場合分けは不要で，y が正の場合だけを計算すればよい．

¶

ひとくちメモ　**〈$y < 0$ の場合の $\log y$〉**　例題 3.4 の結論「y が正の場合だけを計算すればよい」は，一般的にいえることだろうか．実は，次のように考えれば，これが正しいことがわかる．

関数 $y = f(x)$ の値が負である場合，$1 = (-1)^2$ に注意して $f = 1f$ を $f = (-1)(-1)f = (-1)(-f)$ のように書き換えると，$-f$ は正であるから

$$\log f = \log(-f) + \log(-1) = \log(-f) + i\pi = \log(-f) + \text{定数} \tag{3.24}$$

と書ける．途中で $-1 = e^{i\pi}$ を使った（オイラーの公式で $\theta = \pi$ とおいた式）．この (3.24) から $(\log f)' = \{\log(-f) + \text{定数}\}' = \{\log(-f)\}'$ なので，対数微分法 (3.19) は $y' = y\,(\log f)' = y\,\{\log(-f)\}'$ となる．

このように対数微分法は関数 $f(x)$ の値が正の場合だけを計算すればよいから，便利な公式である．

3.1.5　逆関数の微分

逆関数 y の x による微分 dy/dx は，dx/dy を先に計算してから

$$\frac{dy}{dx} = \frac{1}{\dfrac{dx}{dy}} \tag{3.25}$$

のように逆数をとればよい（ただし，$dx/dy \neq 0$ の場合である）．

［例題 3.5］ サインの逆関数の微分

主値 $\mathrm{Sin}^{-1}x$ の導関数が

$$\frac{d}{dx}\mathrm{Sin}^{-1}x = \frac{1}{\sqrt{1-x^2}} \qquad (\text{ただし，} x \neq \pm 1) \qquad (3.26)$$

となることを示しなさい．

［解］ サイン関数 $y=\sin x$ の逆関数 $y=\sin^{-1}x$（つまり，$y=\sin x$ を $x=\sin^{-1}y$ と書いた後で x と y を入れ換えた関数で，(1.43) を参照）に対する微分 dy/dx は，dx/dy を計算すれば求まる．逆関数 $y=\sin^{-1}x$ は $x=\sin y$ と書けるので $dx/dy=\cos y$ である．これを (3.25) に代入すれば

$$\frac{dy}{dx}=\frac{1}{\frac{dx}{dy}} \ \rightarrow\ \frac{d\sin^{-1}x}{dx}=\frac{1}{\cos y}=\pm\frac{1}{\sqrt{1-x^2}} \qquad (x\neq\pm 1) \qquad (3.27)$$

である．ただし，途中で $\cos y=\pm\sqrt{1-\sin^2 y}=\pm\sqrt{1-x^2}$ を使った．

いま，主値を考えているので，右辺の $\pm$ は $+$ だけになる．なぜなら，$\sin^{-1}x$ が主値 $\mathrm{Sin}^{-1}x$ の場合は，角 y は $-\pi/2\leq y\leq\pi/2$ であるため，$\cos y$ は正になる (1.3.4 項の (1.78) を参照)．したがって，主値 $\mathrm{Sin}^{-1}x$ の導関数は (3.26) となる．

¶

例 3.5 コサイン，タンジェントの逆関数

$$\frac{d}{dx}\mathrm{Cos}^{-1}x=-\frac{1}{\sqrt{1-x^2}}, \qquad \frac{d}{dx}\mathrm{Tan}^{-1}x=\frac{1}{1+x^2} \qquad (3.28)$$

■

問 3.5 指数関数 $y=e^x$ の逆関数 $y=\log x$ を x で微分しなさい．

3.1 3.2 3.3 3.4

3.2 偏 微 分

偏微分を絵画的に表現すれば，滑らかな曲面の物体を指で触わりながら表面の曲がり具合いを調べるような操作であり，数学的にいえば，曲面を表す多変数関数に対する微分のことである．物理や工学では，多変数関数は弦の

振動や電磁気学の電場や磁場，あるいは，熱力学の内部エネルギーなどのさまざまな物理量を表すのに使われる．このような物理量の変化率を計算するツールが偏微分で，これが自由に使えると，物理現象を解析する力が格段に強まる．

3.2.1 多変数関数の微分

偏微分を直観的に理解するには，2 変数関数 $f(x,\ y)$ で考えるのがよい．なぜなら，2 変数関数 $f(x,\ y)$ は 3 次元空間内の曲面を表すからで，例えば，$f(x,\ y) = x^2y^3$ は図 3.3 のような曲面になる．つまり，2 つの変数 x, y に特定の値 a, b を代入すると，$f(a,\ b)$ という 1 つの値が決まるので，図 3.4 (a) のような xyz 直交座標系でプロットすれば，点 P の値 $(x,\ y,\ z) = (a,\ b,\ f(a,\ b))$ が空間の中の 1 点になる．このプロットをたくさんの点 $(x,\ y)$ で行なえば，図 3.4 (b) のように，3 次元空間に $z = f(x,\ y)$ の曲面が描ける．

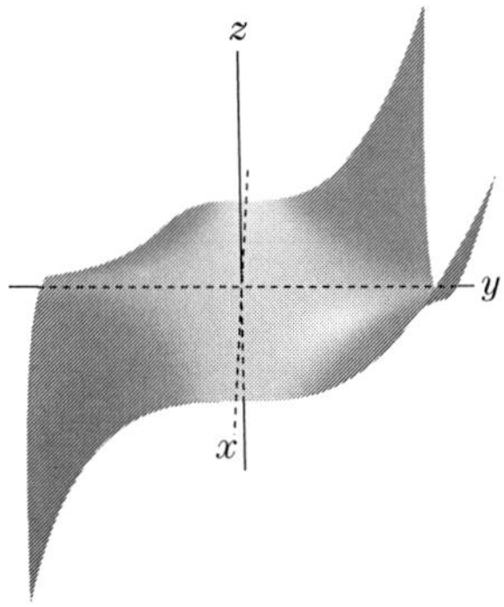

図 3.3

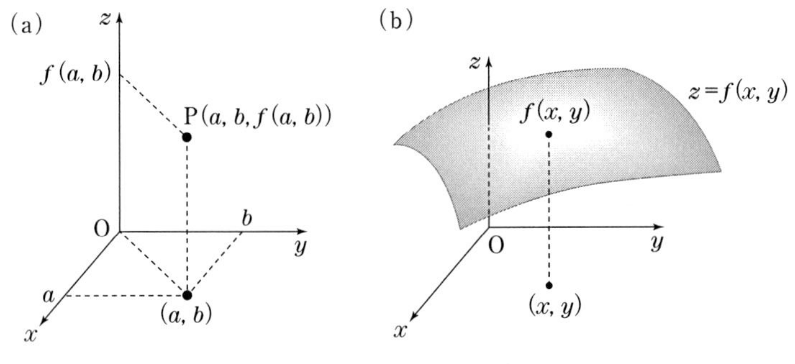

図 3.4

偏微分の具体的な計算

この節の冒頭で，偏微分とは滑らかな曲面の曲がり具合いを調べるような操作だと述べたが，この意味を$f(x, y)$で具体的に考えていこう．関数$f(x, y)$は曲面を表すが，その表面の曲がり具合いや傾き具合いを知りたければ，x方向とy方向に沿って曲面を調べれば大体の傾向がわかるだろう．x方向のこのような情報を与えてくれるものが**$f(x, y)$のxに関する偏微分**，y方向の情報を与えてくれるものが**$f(x, y)$のyに関する偏微分**である．

偏微分の計算自体は常微分と基本的に同じであるから，偏微分の定義を説明する前に，具体的な計算をみておく方がよいだろう．**偏微分**は，大ざっぱにいえば，関数$f(x, y)$をxかyのどちらかの変数だけで微分することなので，微分しない方の変数は「定数」(値が変わらない) と考えて固定する．そして，xで偏微分することを$f_x(x, y)$，yで偏微分することを$f_y(x, y)$と書く (3.2.2項の「偏導関数の記号」を参照).

[例題3.6]　図3.3の曲面$f(x, y) = x^2y^3$に対する偏微分の計算

$f(x, y) = x^2y^3$のxによる偏微分は$f_x(x, y) = 2xy^3$であることを示しなさい．

[解]　$f(x, y) = x^2y^3$をxで偏微分する場合，yは単なる定数だと思ってxで微分すればよいから，$f_x(x, y) = 2xy^3$である．この計算は慣れると直ぐにできるが，慣れないうちはyを定数 (例えば，a) として$f(x, a) = x^2a^3$をxで微分すると考えればよい．そうすると，$f(x, a)$は1変数関数 (これを仮に$g(x)$とすれば) $g(x) = a^3x^2$になるから$g'(x) = 2a^3x$である．定数aは任意に選んだy座標の値だったので，このaを再びyという文字に戻して$f_x(x, y)$とすれば，$f_x(x, y)$は曲面を特定のyの値で切った曲面の断面 (つまり，切り口だから曲線) のx方向の傾きを表すことになる．

¶

問3.6　$f(x, y) = x^2y^3$から$f_y(x, y) = 3x^2y^2$を示しなさい．

偏微分という言葉には，「特定の変数に偏(かたよ)って微分をする」というニュアンスがあるが，英語名はpartial derivativeである．partialとは「部分的な」

という意味だから，変数のうち一部の変数についての微分という意味合いがある．なお，「全体的な (total)」微分に相当する微分もあり，これを全微分 (total derivative) という．これは，3.3 節に登場する．

3.2.2 偏微分の定義

偏微分係数

例題 3.6 から推測できるように，偏導関数 $f_x(x, y)$ は一般に図 3.5 (a) に示すような曲線 $z = f(x, Y)$ に対する x による微分である．この曲線 $z = f(x, Y)$ は，曲面 $f(x, y)$ を $y = Y$ (= 定数) の平面 (つまり，x 軸と z 軸に平行な平面) で切ったときの切り口にあたる．常微分で説明したように，微分係数 (3.1.2 項の (3.10) を参照) の図形的な意味は，その点における接線

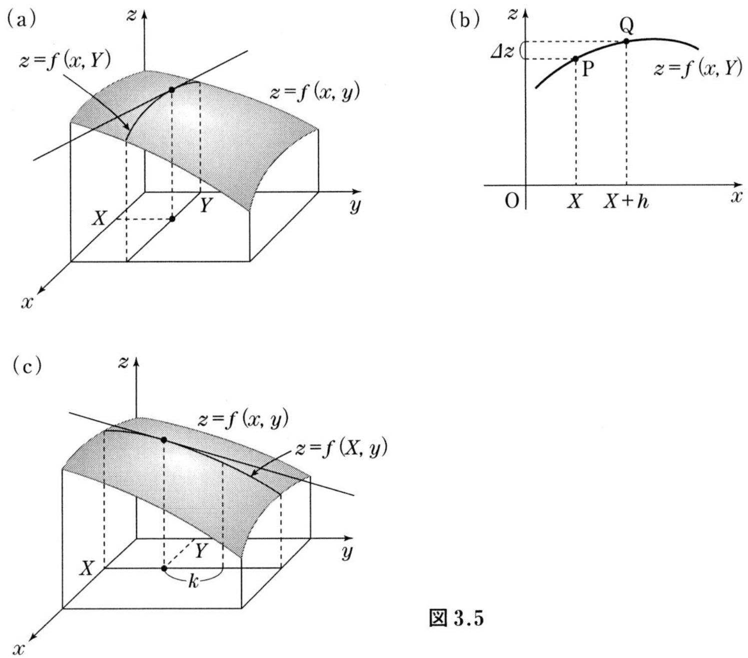

図 3.5

である．したがって，$x = X$ での接線の傾きは $f_x(x,\ Y)$ に $x = X$ を代入した $f_x(X,\ Y)$ である．図 3.5 (a) の直線が，点 $(x,\ y) = (X,\ Y)$ での x 方向の接線になる．

以上のことを数式で表すには，図 3.5 (b) のように，点 $\mathrm{P}(X,\ Y)$ と X から h だけ離れた点 $\mathrm{Q}(X+h,\ Y)$ での関数値との差 $\varDelta z$ を h で割った量をつくり，h をゼロに近づけた極限，つまり，

$$\frac{\partial f}{\partial x}(X,\ Y) = \lim_{h\to 0}\frac{\varDelta z}{h} = \lim_{h\to 0}\frac{f(X+h,\ Y)-f(X,\ Y)}{h} \tag{3.29}$$

を計算する．これは 1 変数関数の微分係数 (3.2) と本質的に同じものであるから，(3.29) が関数 $f(x,\ Y)$ の点 $\mathrm{P}(X,\ Y)$ における **$\boldsymbol{x}$ に関する偏微分係数**を定義する式になる．なお，$\partial f/\partial x$ は「デル・エフ・デル・エックス」と読む．また，∂ は d の丸くなった (round) 形なので「ラウンド・ディー」と読む．

y 方向の傾きに関しても，同様の考え方で求まる．図 3.5 (c) のように，$x = X$ (X は定数) の平面 (y 軸と z 軸に平行な平面) で切った関数の切り口の傾きで与えられる．したがって，点 $(X,\ Y)$ での y 方向の微分係数は，点 $(X,\ Y)$ と Y から k だけ離れた点 $(X,\ Y+k)$ での関数値との差 $\varDelta z$ を k で割った量を用いて

$$\frac{\partial f}{\partial y}(X,\ Y) = \lim_{k\to 0}\frac{\varDelta z}{k} = \lim_{k\to 0}\frac{f(X,\ Y+k)-f(X,\ Y)}{k} \tag{3.30}$$

で与えられる．(3.30) が関数 $f(X,\ y)$ の点 $\mathrm{P}(X,\ Y)$ における **$\boldsymbol{y}$ に関する偏微分係数**を定義する式である．

偏導関数

上述した (3.29) の $\partial f/\partial x$ と (3.30) の $\partial f/\partial y$ は，曲面上の 1 点 $f(X,\ Y)$ における x 方向と y 方向の偏微分係数である．本来，この座標の X, Y は勝手に決めてよいから，変数 x, y に変えてもよい．そうすると，(3.29) と (3.30) は

$$\frac{\partial f}{\partial x}(x, y) = \lim_{h \to 0} \frac{f(x+h, y) - f(x, y)}{h} \tag{3.31}$$

$$\frac{\partial f}{\partial y}(x, y) = \lim_{k \to 0} \frac{f(x, y+k) - f(x, y)}{k} \tag{3.32}$$

のように x, y を変数とする関数になる．これを使って，$\partial f(x, y)/\partial x$ を **x に関する偏導関数**，$\partial f(x, y)/\partial y$ を **y に関する偏導関数**と定義する．

［例題 3.7］ 偏導関数

$$f(x, y) = \sqrt{1 - x^2 - y^2} \tag{3.33}$$

を x, y に関して偏微分しなさい．

［解］ x による偏微分は，y を定数と見なして x で微分することだから

$$f_x(x, y) = \frac{\partial f(x, y)}{\partial x} = \frac{\partial \sqrt{1 - x^2 - y^2}}{\partial x} = \frac{1}{2} \frac{-2x}{\sqrt{1 - x^2 - y^2}} = -\frac{x}{\sqrt{1 - x^2 - y^2}} \tag{3.34}$$

となる．同様に，y による偏微分は，x を定数と見なして y で微分することだから

$$f_y(x, y) = \frac{\partial f(x, y)}{\partial y} = -\frac{y}{\sqrt{1 - x^2 - y^2}} \tag{3.35}$$

となる．

¶

例 3.6 偏導関数 $f = x^3 + xy^2$ のとき $f_x = 3x^2 + y^2$, $f_y = 2xy$ である．また，$f = x \sin(x+y)$ のとき $f_x = \sin(x+y) + x\cos(x+y)$, $f_y = x\cos(x+y)$ である． ■

問 3.7 $f(x, y) = x^2 y^3$ のとき，$f_x(1, 1) = 2$, $f_y(1, 1) = 3$ であることを示しなさい．

問 3.8 $f(x, y) = \sin(x \cos y)$ の f_x と f_y を求めなさい．

偏導関数の記号　偏導関数を表す記号は，すでにみてきたように，いく通りかあるので，それらをここで整理してみよう．

$$\frac{\partial f(x, y)}{\partial x}, \quad \partial_x f(x, y), \quad f_x(x, y), \quad \left(\frac{\partial f}{\partial x}\right)_y \tag{3.36}$$

は，すべて同じ内容を表すが，それぞれに特徴がある．

$\partial f(x,\ y)/\partial x$ は微小変化量の比という (3.31) の本来の意味が明瞭なので便利な記号である．$\partial_x f(x,\ y)$ は微分記号 $\partial/\partial x$ を簡略化したものである．また，$f_x(x,\ y)$ は $f'(x,\ y)$ と同じ意味合いであるが，微分記号（$'$）だけではどの変数に関する微分かわからないので，代わりに添字 x を付けている．$(\partial f/\partial x)_y$ は f に変数 $(x,\ y)$ を書かない代わりに，f が他にどんな変数に依存しているのかを明示するために添字 y を付けている．この添字から，f は x，y の関数であり，いま変数 y は固定されていることがわかる．この記法は熱力学でよく使われる（例 3.7 を参照）．

例 3.7 熱力学 熱力学の内部エネルギー U は温度 T，体積 V，粒子数 N の 3 つの量を変数にもつ関数なので，$U(T,\ V,\ N)$ と表す．この関数の温度に関する導関数は，V, N を一定に保ったまま，T だけを変化させるから

$$\frac{\partial}{\partial T}U(T,\ V,\ N) \qquad \text{または} \qquad \left(\frac{\partial U}{\partial T}\right)_{V,\,N} \tag{3.37}$$

のように表す．2 番目の式で添字 V, N を付ける理由は，U の 3 つの変数の内，一定に保つ 2 変数が何であるかを明示するためである． ■

3.2.3 接平面と偏導関数

偏導関数の定義からわかるように，$f_x(x,\ y)$ と $f_y(x,\ y)$ は図 3.6 (a) のように曲面上の点 $\mathrm{P}(x,\ y)$ に接する平面（**接平面**（せつへいめん）という）が水平面（xy 平面）に対してどの程度傾いているかを表す定数である．

いま，点 $\mathrm{P}(x,\ y)$ の近くの点 $\mathrm{Q}(x+h,\ y+k)$ が接平面上にあると仮定できるほど近傍にあるとしよう．このとき，2 点 P，Q での関数の差 $\Delta f = f(x+h,\ y+k) - f(x,\ y)$ は，便宜的に $h_x = f_x h$，$h_y = f_y k$ とおくと，図 3.6 (b) から $\Delta f = h_x + h_y = f_x h + f_y k$ なので，微小量 Δf，h，k を無限小 df，dx，dy に変えれば

$$df = \frac{\partial f}{\partial x}dx + \frac{\partial f}{\partial y}dy \tag{3.38}$$

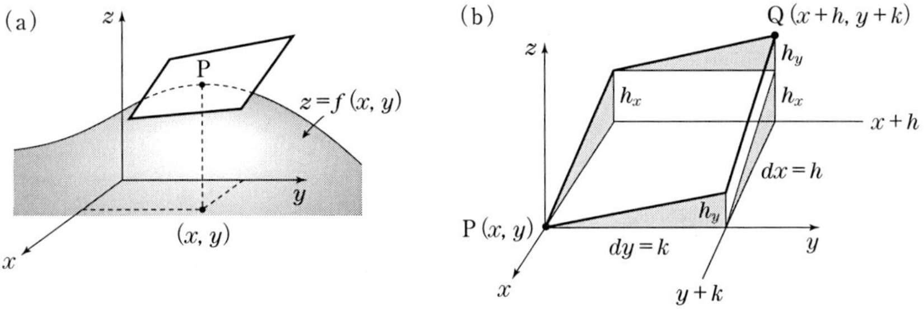

図 3.6

となる．いい換えれば，(3.38) は曲面が接平面で近似できる場合に，関数の差 df を与える式である（3.3.1 項の「2 変数関数の全微分」を参照）．

接平面の方程式　いま，xy 平面の座標 $(X,\ Y)$ に対応した $Z = f(X,\ Y)$ を接平面上の点 P とする．そして，この座標 $(X,\ Y)$ の近傍に任意の座標 $(x,\ y) = (X + dx,\ Y + dy)$ を選び，これに対応した $z = f(x,\ y)$ を接平面上の点 Q とする．このとき，$dx = x - X$, $dy = y - Y$ はともに無限小であるから $df = z - Z$ とおくと，(3.38) は

$$z - Z = \frac{\partial f}{\partial x}(x - X) + \frac{\partial f}{\partial y}(y - Y) \tag{3.39}$$

となる．これが点 $(X,\ Y,\ Z)$ での**接平面の方程式**である．

3.1.2 項で述べたように，1 変数関数の微分は曲線を顕微鏡でみる操作であり，拡大された曲線の微小部分は直線にみえる．これと同様に，2 変数関数の偏微分は曲面を顕微鏡でみるようなもので，滑らかな曲面であれば，どんなに曲がっていても，その一部分も拡大すると平面にみえる．なお，どんなに拡大しても単純な直線や平面にならないフラクタルという図形が存在する．フラクタル図形も自然界を記述するための重要な数学ツールであることを注意しておきたい．

［例題 3.8］　接平面

例題 3.7 の (3.33) の関数 $f(x, y) = \sqrt{1 - x^2 - y^2}$ の点 $(X, Y) = (1/\sqrt{3}, 1/\sqrt{3})$ における接平面の式を求めなさい．

［解］　(3.34) より $f_x(X, Y) = -1$，(3.35) より $f_y(X, Y) = -1$ である．また，$Z = \sqrt{1 - X^2 - Y^2} = 1/\sqrt{3}$ であるから，接平面の方程式 (3.39) に代入すると $x + y + z = \sqrt{3}$ となる．

¶

例 3.8　曲面の拡大

具体的な関数を拡大してみよう．図 3.7 (a) は $z = x - y + 4\sin(x^2 - y^2)$ を $|x| < 0.3$, $|y| < 0.3$ の範囲で描いたものである．図 3.7 (b) は $|x| < 0.02$, $|y| < 0.02$ の部分を拡大したものであるが，ほとんど平面のようにみえるだろう．実際，平面 $z = x - y$ を $|x| < 0.02$, $|y| < 0.02$ の範囲で描くと図 3.7 (c) のようになる．これは図 3.7 (b) と区別がつかないほどに似ている．

曲面もごく狭い範囲だけをみれば平面にみえるという事実は，丸い地球上に住んでいる私たちにとってはわかりきったことかもしれない．

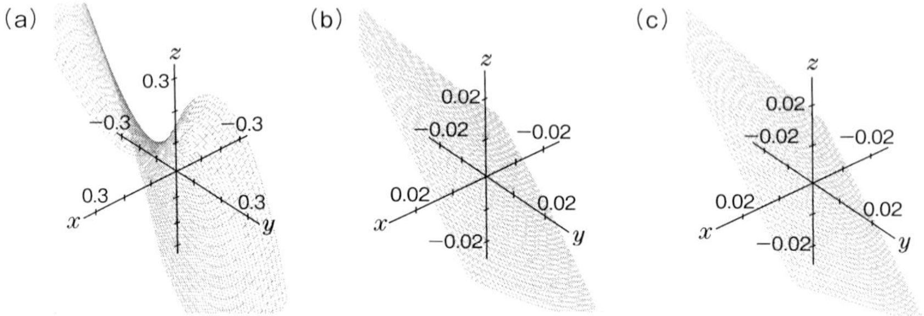

図 3.7

■

3.2.4　合成関数の偏微分公式

2 変数関数 $f(x, y)$ の場合にも，1 変数関数の合成関数の微分公式 (3.13) に似た公式が成り立つ．例えば，関数 $z = f(x, y)$ の 2 変数 x, y が別の変数 t の関数 $x = x(t)$, $y = y(t)$ である場合，関数 z の t による微分は

$$\frac{dz}{dt}=\frac{\partial f}{\partial x}\frac{dx}{dt}+\frac{\partial f}{\partial y}\frac{dy}{dt} \tag{3.40}$$

となる．

(3.40) の右辺は，z の t による微分が，x, y を介して f に作用する 2 つの項の和で与えられることを示している．つまり，1 項目は「t による x の変化」とその「x による f の変化」の積であり，2 項目は「t による y の変化」とその「y による f の変化」の積である．なお，微分公式 (3.40) は，接平面の式 (3.38) の両辺を dt で形式的に割り算したものと考えてもよい．

例 3.9 合成関数の偏微分 $z=f(x,\ y)=x^2e^{x+2y}$ で $x=t+3$, $y=\cos t$ の場合，(3.40) の各項は $\partial f/\partial x=(2x+x^2)e^{x+2y}$, $\partial f/\partial y=2x^2e^{x+2y}$, $dx/dt=1$, $dy/dt=-\sin t$ となる． ■

さらに，関数 $z=f(x,\ y)$ の変数 x, y が，別の変数 u, v の関数（つまり，2 変数関数）である場合は，$x=x(u,\ v)$, $y=y(u,\ v)$ なので

$$\frac{dz}{du}=\frac{\partial f}{\partial x}\frac{\partial x}{\partial u}+\frac{\partial f}{\partial y}\frac{\partial y}{\partial u},\qquad \frac{dz}{dv}=\frac{\partial f}{\partial x}\frac{\partial x}{\partial v}+\frac{\partial f}{\partial y}\frac{\partial y}{\partial v} \tag{3.41}$$

が成り立つ．これは，(3.40) の t を u や v に変えて，常微分記号を偏微分記号に変えたものに対応する．

［例題 3.9］ 合成関数の偏微分

合成関数の偏微分公式 (3.41) を使って，$f(x,\ y)=(x+2y)^{\sin xy}$ に対する f_x を求めなさい．

［解］ まず，$f(x,\ y)$ の形から $g(u,\ v)=u^v$ とおき，$u(x,\ y)=x+2y$, $v(x,\ y)=\sin xy$ とすれば，$f(x,\ y)=g(u(x,\ y),\ v(x,\ y))$ となる．この f_x を計算するために，(3.41) の右辺を個別に計算すると $\partial g/\partial u=vu^{v-1}$, $\partial g/\partial v=u^v\log u$, $\partial u/\partial x=1$, $\partial v/\partial x=y\cos xy$ となる．したがって，公式 (3.41) より

$$\begin{aligned}\frac{df}{dx}&=\frac{\partial g}{\partial u}\frac{\partial u}{\partial x}+\frac{\partial g}{\partial v}\frac{\partial v}{\partial x}=vu^{v-1}\cdot 1+u^v\log u\cdot y\cos xy\\&=(x+2y)^{\sin xy-1}\sin xy+y(x+2y)^{\sin xy}(\cos xy)\log(x+2y)\end{aligned} \tag{3.42}$$

となる．

¶

問3.9 例題3.9の関数を使って，f_yを求めなさい．

3.1 3.2 3.3 3.4

3.3 全微分

関数$f(x, y)$の偏微分は，xかyのどちらか1つの変数を動かし，もう一方の変数を固定して$f(x, y)$の“部分的な変化”を調べるツールであるが，xとyを一緒に変えながら$f(x, y)$の“全体的な変化”を調べるツールもある．これが全微分である．全微分は，例えば，力学の保存力や仕事とポテンシャルの関係，実験データの誤差評価などのさまざまな場面で登場する．また，変分法で停留点を探すときにも使われるが，これは解析力学（ニュートン力学を基礎にして構築された力学の理論）で重要な役割を果たす．

3.3.1 2変数関数の全微分

関数$f(x, y)$は3次元空間の中で曲面を表す．いま，近接した2点PとQがその曲面上にあるとして，それぞれの点における関数fの値の差Δfを考える．もし，2点P，Qが非常に接近して接平面上にあるような極限を考えれば，その差Δfはdfとなり，dfは接平面の式(3.38)

$$df = \frac{\partial f}{\partial x}dx + \frac{\partial f}{\partial y}dy \tag{3.38}$$

で与えられる．このdfのことを関数$f(x, y)$の**全微分**というが，内容的には接平面の全体的な傾きを調べていることになる．

なお，図3.6(b)からわかるように，2点間の高さの差dfを表す全微分が，2点を結ぶ途中の経路にはよらない（つまり，どのような経路を選んでもP，Q間の高さ$h_x + h_y$は同じである）という事実も重要である．

変数がもっと多くある関数 $u = f(x, y, z, \cdots, t)$ の全微分も，(3.38) を拡張して

$$du = \frac{\partial u}{\partial x}dx + \frac{\partial u}{\partial y}dy + \frac{\partial u}{\partial z}dz + \cdots + \frac{\partial u}{\partial t}dt \qquad (3.43)$$

のように定義される．

全微分の直観的なイメージ　いま，曲面 $f(x, y)$ はなだらかな丘陵を表し，x 座標は東西方向の位置，y 座標は南北方向の位置，$f(x, y)$ はその場所の高さだとしよう．この丘陵を歩きながら東西に dx，南北に dy だけ移動して，高さが df だけ変化したとすると，このときの df の大きさが全微分 (3.38) で与えられる．丘陵はなだらかだから，短い移動距離であれば，丘陵は一定の傾きをもった平面にみえる．したがって，全微分が接平面と同じ式になるのは納得できるだろう．

ひとくち メモ　**〈全微分と偏微分〉**　全微分の英語名は total derivative である．この用語には，「すべての方向の微分の情報が入っている」という意味合いがあるので，(3.38) には当然 f_x と f_y の両方が含まれている．これに対して，偏微分 (partial derivative) は，特定の方向の情報だけなので，f_x か f_y のどちらか 1 つしか含まない．

［例題 3.10］ 実験誤差

T を測定して，$T = 2\pi\sqrt{l/g}$ から g の値を決めたいとき，T と l にそれぞれ誤差 ΔT, Δl があれば，g の誤差 Δg は

$$\Delta g = \frac{4\pi^2}{T^2}\left(\Delta l - \frac{2l\,\Delta T}{T}\right) \qquad (3.44)$$

で評価されることを示しなさい．

［解］　g を l と T の 2 変数関数 $g(l, T)$ と考えて，g の全微分 (3.38) をとると

$$dg = \frac{\partial g}{\partial l}dl + \frac{\partial g}{\partial T}dT \ \rightarrow\ \Delta g = \frac{\partial g}{\partial l}\Delta l + \frac{\partial g}{\partial T}\Delta T \qquad (3.45)$$

のように書くことができる．そこで，$g = 4\pi^2 l/T^2$ から偏導関数を計算すると

$\partial g/\partial l = 4\pi^2/T^2$ と $\partial g/\partial T = -2 \times 4\pi^2 l/T^3$ であるから，それらを (3.45) に代入して整理すれば (3.44) となる．

なお，(3.44) はボルダの実験で使われる誤差を評価する近似式である．**ボルダの実験**とは，単振り子の糸の長さ l と周期 T を測定して，$T = 2\pi\sqrt{l/g}$ から重力加速度 g の値を求める実験のことで，物理の学生実験として最もポピュラーなものの1つである．

¶

停留点（ていりゅうてん） 全微分の1つの応用として，関数の極値（きょくち）を考えてみよう．関数の極値（極大値と極小値の総称）は，関数の傾きがゼロになる点であるから，このような点は，1変数関数 $f(x)$ の場合，$f'(x) = df(x)/dx = 0$ を満たす x を求めることになる．なぜなら，

$$\frac{df(x)}{dx} = f'(x) \quad \rightarrow \quad df(x) = f'(x)\,dx \tag{3.46}$$

と変形した右辺の式において，極値は $df(x) = 0$ となる x の値であるから，$dx \neq 0$ である限り，極値は $f'(x) = 0$ を満たす x である．

2変数関数 $f(x, y)$ の場合も，極値となる点では傾きがゼロになっている必要があるから，全微分 $df = 0$（つまり，接平面が水平である条件）を満たす点を探せばよい．(3.38) で $dx \neq 0$, $dy \neq 0$ とすれば，$df = 0$ を満たす x と y の値は

$$df = 0 = \frac{\partial f}{\partial x}dx + \frac{\partial f}{\partial y}dy \quad \rightarrow \quad \frac{\partial f}{\partial x} = 0, \quad \frac{\partial f}{\partial y} = 0 \tag{3.47}$$

の右辺の2つの偏導関数で与えられる（必要条件）．

具体的に極値を図で示せば，図3.8 (a) は**極大**，図3.8 (b) は**極小**である．しかし，$df = 0$ でも図3.8 (c) のように極大にも極小にもならない点（**鞍点**（あんてん）という）も存在する．この鞍点は，1変数のときの変曲点（へんきょくてん）に対応するものである．例えば，$f(x) = x^3$ の $x = 0$ は $f'(0) = 0$ を満たすが，極値をもたない変曲点である．鞍点も含めて，(3.47) となる点を関数 f の**停留点**という．このように，(3.47) は極大・極小とならなくても成り立つことがあるので，(3.47) の逆は必ずしも成り立たないことに注意してほしい．

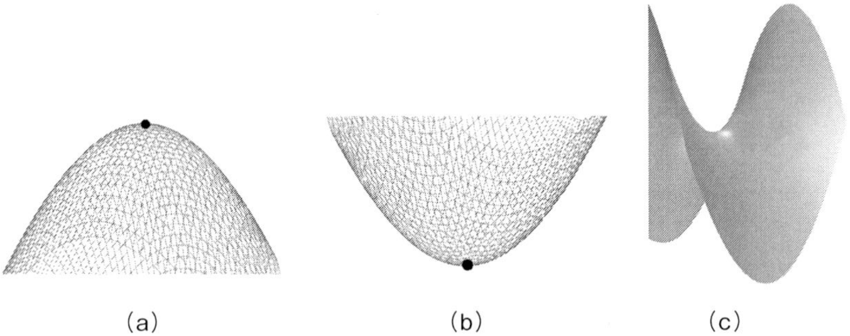

図 3.8

例 3.10 鞍点　$f(x, y) = x^2 - y^2$ の停留点は $(0, 0)$ である．この点は極大でも極小でもないので，鞍点である． ■

ところで，停留点から離れるとともに関数の形がどのように変化するか（つまり，上に凸か下に凸か変曲点か）を知りたいときがある．このような場合，1 変数関数 $f(x)$ では 2 階微分 $f''(x)$ の計算からわかる．同様に，2 変数関数 $f(x, y)$ の場合も 2 階偏導関数の計算からわかるが，この計算には多変数関数のテイラー展開が必要になるので，1 変数関数よりも計算が複雑になる．しかし，いずれにしても，このような「関数の局所的な情報」を得るためには，2 階以上の高次の微分や偏微分が必要になる．

問 3.10　$f(x, y) = \sqrt{r^2 - x^2 - y^2}$ の停留点を求めなさい．そして，この停留点は極大，極小，鞍点のいずれになるかを答えなさい．ただし，$x^2 + y^2 \leq r^2$ とする．

3.3.2　2 変数関数のテイラー展開

1 変数関数のテイラー展開 (1.22) の考え方は，多変数関数にも拡張できる．2 変数関数 $f(x, y)$ の場合は

$$f(x+h,\,y+k)=f(x,\,y)+\left(h\frac{\partial}{\partial x}+k\frac{\partial}{\partial y}\right)f(x,\,y)+\frac{1}{2!}\left(h\frac{\partial}{\partial x}+k\frac{\partial}{\partial y}\right)^2 f(x,\,y)+\cdots+\frac{1}{n!}\left(h\frac{\partial}{\partial x}+k\frac{\partial}{\partial y}\right)^n f(x,\,y)+\cdots \tag{3.48}$$

となる．ここで，h, k は微小量である．

接平面の式から定義した全微分 (3.38) は，実は，(3.48) で h, k の 2 次以上の項を無視した式に相当するものである．2 変数関数のテイラー展開 (3.48) の式は，物理や工学の問題でよく使われる重要なものである．

問 3.11 $f(x,\,y)=x^2y/(1-xy)$ の $(x,\,y)=(0,\,0)$ におけるテイラー展開を問 1.2 の (1.19) を利用して計算しなさい．

(3.48) の導出 ここで示す導出方法はいささか技巧的であるが，他でも応用できるうまいアイデアなので，一度はみて（できれば，記憶に留めて）おくとよいだろう．導出方法のポイントは，新たなパラメータ s を導入して，s の 1 変数関数 $g(s)=f(x+hs,\,y+ks)$ を定義することである．そして，h, k を固定された量と仮定して，$g(s)$ を $s=0$ の周りでマクローリン展開する．最後に，その $g(s)$ に $s=1$ を代入して $g(1)$ をつくれば $f(x+h,\,y+k)$ になる．

では，具体的に示そう．$g(s)$ は 1 変数関数だから，マクローリン展開 (1.12) を使って

$$g(s)=f(x+hs,\,y+ks)=g(0)+\frac{dg(0)}{ds}s+\frac{1}{2!}\frac{d^2g(0)}{ds^2}s^2+\cdots \tag{3.49}$$

となる．まず，すぐにわかることは $g(0)=f(x,\,y)$ である．次に，$g(s)$ の 1 階微分 $g'(s)$ は，$f(x+hs,\,y+ks)$ を $u=x+hs$, $v=y+ks$ で書き換えた $f(u,\,v)$ に合成関数の偏微分公式 (3.40) を使えば

$$g'(s) = \frac{dg(s)}{ds} = \frac{\partial f}{\partial u}\frac{du}{ds} + \frac{\partial f}{\partial v}\frac{dv}{ds} = \frac{\partial f}{\partial u}h + \frac{\partial f}{\partial v}k \qquad (3.50)$$

で与えられる．これに $s = 0$ を代入すると $u = x$，$v = y$ なので，$g'(0)$ は

$$g'(0) = \frac{dg(0)}{ds} = h\frac{\partial f}{\partial x}(x, y) + k\frac{\partial f}{\partial y}(x, y) \qquad (3.51)$$

である．同様に，$g(s)$ の 2 階微分 $g''(s)$ を計算して $s = 0$ を代入すると

$$g''(0) = \frac{d^2g(0)}{ds^2} = h^2\frac{\partial f^2}{\partial x^2}(x, y) + 2hk\frac{\partial f^2}{\partial x\,\partial y}(x, y) + k^2\frac{\partial f^2}{\partial y^2}(x, y) \qquad (3.52)$$

となる．(3.51) の $g'(0)$ と (3.52) の $g''(0)$ を (3.49) の右辺に代入した後に，$s = 1$ とおいて $g(1)$ をつくれば，(3.48) の右辺の 3 項目までを得る．

したがって，同様の計算を繰り返せば (3.48) が導出できることがわかるだろう．

3.4　ベクトル関数の微分

ベクトル $\boldsymbol{A}$ が，ある変数 t の関数 $\boldsymbol{A}(t)$ であるとき，この $\boldsymbol{A}(t)$ を t の**ベクトル関数**という．例えば，力学の問題における質点の位置ベクトル $\boldsymbol{r}(t)$，速度 $\boldsymbol{v}(t)$，加速度 $\boldsymbol{a}(t)$ などは，すべて時間 t のベクトル関数である．t の増分 Δt に対するベクトル関数の差を $\Delta\boldsymbol{A} = \boldsymbol{A}(t + \Delta t) - \boldsymbol{A}(t)$ とすれば

$$\frac{d\boldsymbol{A}}{dt} = \lim_{\Delta t \to 0}\frac{\Delta\boldsymbol{A}}{\Delta t} \qquad (3.53)$$

によって，ベクトル $\boldsymbol{A}(t)$ の t に関する**導関数**（微分係数）が定義される．

導関数 (3.53) はベクトル　「ベクトルのスカラー倍はベクトルである」から，スカラー $(1/\Delta t)$ とベクトル $(\Delta\boldsymbol{A})$ の積 $(1/\Delta t)\cdot(\Delta\boldsymbol{A}) = \Delta\boldsymbol{A}/\Delta t$ はベクトル量である．したがって，導関数 (3.53) もベクトルである．そのため，ベクトル $\boldsymbol{A}$ の「向き」が時間変化する（つまり，$\boldsymbol{A}$ の単位ベクトルが時間変

化する）場合は (3.53) の計算が少し複雑になる（問 3.12 を参照）.

例 3.11 直交座標系における速度　xyz 直交座標系で単位ベクトル $\boldsymbol{i}$, $\boldsymbol{j}$, $\boldsymbol{k}$ が固定されている場合（慣性系），質点 P(x, y, z) の位置ベクトルを $\boldsymbol{r}(t) = x(t)\,\boldsymbol{i} + y(t)\,\boldsymbol{j} + z(t)\,\boldsymbol{k}$ とすれば，その速度ベクトル $\boldsymbol{v} = d\boldsymbol{r}/dt$ は (3.53) より

$$\boldsymbol{v} = \frac{d(x\boldsymbol{i})}{dt} + \frac{d(y\boldsymbol{j})}{dt} + \frac{d(z\boldsymbol{k})}{dt} = \frac{dx}{dt}\boldsymbol{i} + \frac{dy}{dt}\boldsymbol{j} + \frac{dz}{dt}\boldsymbol{k} \tag{3.54}$$

で与えられる．なぜなら，単位ベクトルの微分はゼロだからである．このため，ニュートンの運動方程式は簡単な形を保つことができる．

なお，(3.54) の $\boldsymbol{v}$ は $\boldsymbol{r}(t)$ の矢先が空間に描く曲線の**接線ベクトル**にもなっていることを注意しておきたい．■

問 3.12　位置ベクトル $\boldsymbol{r}$ が $\boldsymbol{r}(t) = r\hat{\boldsymbol{r}}$ ならば

$$\frac{d\boldsymbol{r}}{dt} = \frac{dr}{dt}\hat{\boldsymbol{r}} + r\frac{d\theta}{dt}\hat{\boldsymbol{\theta}} \tag{3.55}$$

となることを示しなさい．ただし，$\hat{\boldsymbol{r}}$ は r 方向の単位ベクトル (2.8)，$\hat{\boldsymbol{\theta}}$ は θ 方向の単位ベクトル (2.9) である．

［例題 3.11］ ベクトル関数の微分

$\boldsymbol{a}$, $\boldsymbol{b}$ を一定なベクトル，ω を定数とするとき，位置ベクトル $\boldsymbol{r}$ が

$$\boldsymbol{r} = \boldsymbol{a}\cos\omega t + \boldsymbol{b}\sin\omega t \tag{3.56}$$

ならば

$$\frac{d^2\boldsymbol{r}}{dt^2} + \omega^2\boldsymbol{r} = 0, \qquad \boldsymbol{r} \times \frac{d\boldsymbol{r}}{dt} = \omega\boldsymbol{a} \times \boldsymbol{b} \tag{3.57}$$

となることを示しなさい．

［解］

$$\frac{d\boldsymbol{r}}{dt} = -\omega\boldsymbol{a}\sin\omega t + \omega\boldsymbol{b}\cos\omega t, \qquad \frac{d^2\boldsymbol{r}}{dt^2} = -\omega^2\boldsymbol{a}\cos\omega t - \omega^2\boldsymbol{b}\sin\omega t \tag{3.58}$$

より，2 番目の式の右辺は $-\omega^2\boldsymbol{a}\cos\omega t - \omega^2\boldsymbol{b}\sin\omega t = -\omega^2(\boldsymbol{a}\cos\omega t + \boldsymbol{b}\sin\omega t) = -\omega^2\boldsymbol{r}$ となり，(3.57) の 1 番目の式を得る．

一方，

$$\begin{aligned}\boldsymbol{r} \times \frac{d\boldsymbol{r}}{dt} &= (\boldsymbol{a}\cos\omega t + \boldsymbol{b}\sin\omega t) \times (-\omega\boldsymbol{a}\sin\omega t + \omega\boldsymbol{b}\cos\omega t) \\ &= \boldsymbol{a}\cos\omega t \times \omega\boldsymbol{b}\cos\omega t + \boldsymbol{b}\sin\omega t \times (-\omega\boldsymbol{a}\sin\omega t)\end{aligned}$$

となるが，$-\boldsymbol{b}\times\boldsymbol{a}=\boldsymbol{a}\times\boldsymbol{b}$ に注意すれば，右辺は

$$\omega\,(\cos^2\omega t\,\boldsymbol{a}\times\boldsymbol{b}-\boldsymbol{b}\times\boldsymbol{a}\sin^2\omega t)=\omega\boldsymbol{a}\times\boldsymbol{b}\,(\cos^2\omega t+\sin^2\omega t)=\omega\boldsymbol{a}\times\boldsymbol{b}$$

となり，(3.57) の 2 番目の式を得る．

¶

問 3.13　位置ベクトル $\boldsymbol{r}$ が $\boldsymbol{r}=\boldsymbol{a}e^{\omega t}+\boldsymbol{b}e^{-\omega t}$ ならば $d^2\boldsymbol{r}/dt^2-\omega^2\boldsymbol{r}=0$ となることを示しなさい．

ベクトル関数の微分に関するいくつかの公式

スカラー関数 $q(t)$ とベクトル関数 $\boldsymbol{A}(t)$ の積 $q\boldsymbol{A}$ に対して成り立つ関係：

$$\frac{d}{dt}(q\boldsymbol{A})=\frac{dq}{dt}\boldsymbol{A}+q\frac{d\boldsymbol{A}}{dt} \tag{3.59}$$

スカラー積 (内積) $\boldsymbol{A}\cdot\boldsymbol{B}$ に対して成り立つ関係：

$$\frac{d}{dt}(\boldsymbol{A}\cdot\boldsymbol{B})=\frac{d\boldsymbol{A}}{dt}\cdot\boldsymbol{B}+\boldsymbol{A}\cdot\frac{d\boldsymbol{B}}{dt} \tag{3.60}$$

ベクトル積 (外積) $\boldsymbol{A}\times\boldsymbol{B}$ に対して成り立つ関係：

$$\frac{d}{dt}(\boldsymbol{A}\times\boldsymbol{B})=\frac{d\boldsymbol{A}}{dt}\times\boldsymbol{B}+\boldsymbol{A}\times\frac{d\boldsymbol{B}}{dt} \tag{3.61}$$

問 3.14　ベクトルの大きさ $|\boldsymbol{A}|$ が一定のとき，

$$\boldsymbol{A}\cdot\frac{d\boldsymbol{A}}{dt}=0 \tag{3.62}$$

となることを示しなさい．(3.62) は $\boldsymbol{A}=\boldsymbol{0}$ のときを除いて (つまり，$\boldsymbol{A}$ がゼロベクトルでなければ)，$\boldsymbol{A}$ と $d\boldsymbol{A}/dt$ が必ず直交することを意味している．

第4章

積　分

— グローバルな情報をみる望遠鏡 —

積分は，端的に表現すれば，微分の逆演算で，「微分積分学」と一括して称されるほどに2つは密接に結び付いている．このため，第3章の微分をしっかり理解しておくことが大切である．では，なぜ，微分積分学は重要なのか？　それは，自然科学や社会科学のさまざまな現象を精密に解析するときに不可欠なツールになるだけでなく，最も実用的な応用範囲が広い数学分野だからである．

4.1　1変数の積分

4.1.1　不定積分と定積分の違い

不定積分

関数 $F(x)$ に任意の定数 C を加えた $F(x) + C$ を x で微分すると，$\{F(x) + C\}' = F'(x) + C'$ は定数が消える（$C' = 0$）ので，$F'(x)$ となる．この $F'(x)$ は $F(x)$ の導関数である．この計算過程を逆にみて，はじめに導関数 $F'(x)$ がわかっているときに，$F'(x)$ のもとの関数 $F(x) + C$ を求める計算が**積分**である．そして，これを

$$\int F'(x)\,dx = F(x) + C \tag{4.1}$$

で表し，積分される関数 $F'(x)$ を**被積分関数**，答えに当たるもとの関数 $F(x)$ を**原始**（げんし）**関数**という．定数 C は**積分定数**とよばれるもので，任意の（つまり不定な）値がとれるから，(4.1) の積分を**不定積分**とよぶ．

なお，一般的には，(4.1) の被積分関数 $F'(x)$ は $f(x)$ という文字を使って

$$f(x) = \frac{dF(x)}{dx} \tag{4.2}$$

のように表し，不定積分を

$$\int f(x)\ dx = F(x) + C \tag{4.3}$$

のように書くことが多く，本書でも，この表記を用いる．また，$f(x)$ の不定積分を求めることを「$f(x)$ を x で積分する」といい，このとき，x を**積分変数**という．

例 4.1　積分記号　$6x$ の積分 (integral) が $3x^2 + C$ であることを，(4.1) の記号を使って

$$\int 6x\ dx = 3x^2 + C \tag{4.4}$$

と表す．なお，(4.4) の左辺はインテグラル・6 エックス・ディーエックスと読む．■

ここで，**積分の検算**（けんざん）について述べておこう．積分は微分の逆演算だから，積分の結果，つまり原始関数 $F(x)$ が正しいかどうかは，これを微分してみて，与えられた関数（被積分関数 $f(x)$）に一致するかを調べればわかる．例えば，例 4.1 では $F(x) = 3x^2 + C$ だから $F'(x) = 6x$ であり，確かに被積分関数 $f(x) = 6x$ と一致している．

不定積分と微分は互いに逆の演算だから，不定積分に関する公式は微分の公式から求めることができる．ここには，本書の中で必要な式のみを挙げておこう（C は積分定数）．

$$f(x) = x^n \quad \leftrightarrow \quad F(x) = \frac{x^{n+1}}{n+1} + C \quad (n \neq -1) \tag{4.5}$$

$$f(x) = \frac{1}{x} \quad \leftrightarrow \quad F(x) = \log|x| + C \tag{4.6}$$

$$f(x) = e^{ax} \quad \leftrightarrow \quad F(x) = \frac{1}{a}e^{ax} + C \tag{4.7}$$

$$f(x) = xe^{ax} \quad \leftrightarrow \quad F(x) = \frac{1}{a}\left(x - \frac{1}{a}\right)e^{ax} + C \tag{4.8}$$

$$f(x) = \log x \quad \leftrightarrow \quad F(x) = x\log x - x + C \tag{4.9}$$

$$f(x) = \frac{1}{x^2 + a^2} \quad \leftrightarrow \quad F(x) = \frac{1}{a}\tan^{-1}\frac{x}{a} + C \quad (a \neq 0) \tag{4.10}$$

問 4.1　(4.5) ～ (4.10) の $F(x)$ を微分したものが $f(x)$ になっているかを確認しなさい.

定積分

不定積分 (4.3) で原始関数 $F(x) + C$ を求めた後に，x の積分区間を $[a, b]$ として，変数 x に b を代入した値 $F(b) + C$ から，a を代入した値 $F(a) + C$ を引いた量 $\{F(b) + C\} - \{F(a) + C\} = F(b) - F(a)$ を考える. これを

$$\int_a^b f(x)\,dx = [F(x)]_a^b = F(b) - F(a) \tag{4.11}$$

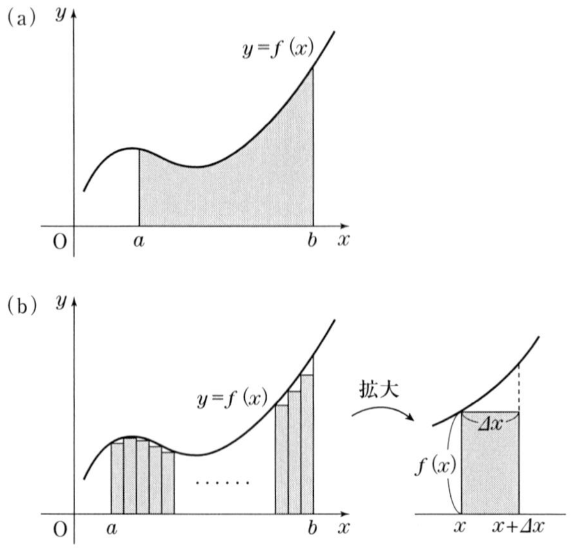

図 4.1

のように表す．(4.11) の右辺には不定な積分定数 C が現れないので，この積分を**定積分**とよぶ．そして，積分区間の a, b を**積分の限界**といい，a を**下限**，b を**上限**という．

定積分 (4.11) の図形的な意味は，図 4.1 (a) のように区間 $[a, b]$ の x 軸と関数 $f(x)$ で挟まれた**面積**である．この面積は，図 4.1 (b) のように，区間 $[a, b]$ 内でとった微小面積 $f(x)\,\Delta x$ の総和の $\Delta x \to 0$ における極限値で定義される．

積分変数とダミー変数　　積分変数は積分計算の途中だけに現れる (使われる) 変数だから，この変数を表す文字はどのようなものでもよい．例えば，(4.11) の積分変数 x を t や s に変えても，(4.11) の 2 番目と 3 番目の式は

$$[F(t)]_{t=a}^{t=b} = F(b) - F(a), \quad [F(s)]_{s=a}^{s=b} = F(b) - F(a) \qquad (4.12)$$

となり，結果は (4.11) と同じである．この例の x, t, s のように，計算の途中だけに現れる変数のことを**ダミー変数**とよぶ．

これに対して，定積分の下限 a と上限 b の変数は，入力データとして与えるから，使用する文字には特定の意味がある．そのため，下限や上限の文字は勝手に変えてはいけない．

微分積分の基本定理

次の 2 つが基本定理である．

$$\frac{d}{dx}\left(\int_c^x f(t)\,dt\right) = f(x), \qquad \frac{d}{dx}\left(\int_x^c f(t)\,dt\right) = -f(x) \qquad (4.13)$$

この定理の 1 番目の式は，定積分 (4.11) を使って

$$\frac{d}{dx}\left(\int_c^x f(t)\,dt\right) = \frac{d}{dx}(F(x) - F(c)) = \frac{d}{dx}F(x) = f(x) \qquad (4.14)$$

のように導ける ($F(c)$ は定数だから $F'(c) = 0$)．2 番目の式も同様の計算で導ける．

4.1.2 部分積分法

被積分関数が$f'g$という形になっていたり，あるいは，被積分関数をこのような形に変形してから，これを一部分ずつ積分する方法が**部分積分法**で，

$$\int f'(x)\,g(x)\,dx = f(x)\,g(x) - \int f(x)\,g'(x)\,dx \tag{4.15}$$

によって与えられる．まず，この公式を使って計算してみよう．

［例題 4.1］ 部分積分法

部分積分法 (4.15) を使って

$$\int xe^{ax}\,dx = \frac{1}{a}\left(x - \frac{1}{a}\right)e^{ax} + C \tag{4.16}$$

を示しなさい．

［解］ $xe^{ax} = x(e^{ax}/a)'$ であるから，$f = e^{ax}/a,\ g = x$ として (4.15) に代入すると

$$\int xe^{ax}\,dx = \frac{e^{ax}}{a}x - \int \frac{e^{ax}}{a}(x)'\,dx = \frac{e^{ax}}{a}x - \frac{e^{ax}}{a^2} + C \tag{4.17}$$

となり，(4.16) を得る．

¶

部分積分法 (4.15) の証明　この公式 (4.15) は，関数の積fgに対する微分公式$(fg)' = f'g + fg'$から次のように導かれる．まず，これを

$$f'(x)\,g(x) = \{f(x)\,g(x)\}' - f(x)\,g'(x) \tag{4.18}$$

のように書き換える．次に，この両辺を積分して不定積分

$$\int f'(x)\,g(x)\,dx = \int \{f(x)\,g(x)\}'\,dx - \int f(x)\,g'(x)\,dx \tag{4.19}$$

をつくる．ここで，右辺の第1項の不定積分は

$$\int \frac{d}{dx}(f(x)\,g(x))\,dx = \int d(f(x)\,g(x)) = f(x)\,g(x) \tag{4.20}$$

となることに注意すると，(4.19) は (4.15) となる．

問 4.2

$$\int \sin^2 x\, dx = \frac{1}{2}\left(x - \frac{1}{2}\sin 2x\right) + C \tag{4.21}$$

を示しなさい．

$f'(x) = 1$ の場合　意外に気づきにくいことだが，(4.15) の左辺の $f'(x)$ がない場合，つまり，被積分関数が $g(x)$ だけの場合に (4.15) を適用すると，非常に有効なときがある．「$f'(x)$ がない」とは「$f'(x) = 1$ の意味」である．このとき，$f(x) = x$ であるから (4.15) は

$$\int g(x)\, dx = x\, g(x) - \int x\, g'(x)\, dx \tag{4.22}$$

となる．いい換えれば，(4.22) の左辺をみたときに，$g(x)$ の前に1が隠れていると思って，部分積分の公式を適用するテクニックである．このテクニックは，$g(x)$ に比べて $x\, g'(x)$ がより簡単な形のときに有効である (例題 4.2 を参照)．

［例題 4.2］　$f' = 1$ を利用した部分積分法

$$\int \log x\, dx = x \log x - x + C \tag{4.23}$$

を示しなさい．

［解］　$f'(x) = 1$, $g(x) = \log x$ を (4.22) に代入すると

$$\int \log x\, dx = \int 1 \cdot \log x\, dx = x \log x - \int x (\log x)'\, dx = x \log x - \int x \cdot \frac{1}{x}\, dx$$
$$= x \log x - \int dx \tag{4.24}$$

より (4.23) を得る．

¶

問 4.3

$$\int x e^x\, dx = x e^x - e^x + C \tag{4.25}$$

を示しなさい．

4.1.3　置換積分法

関数 $f(x)$ の定積分がそのままの形では難しいときでも，積分変数 x を他の変数に置き換えると積分が簡単になることがある．それが**置換積分法**（ちかん）で，

$$\int_a^b f(x)\,dx = \int_\alpha^\beta f(\phi(t))\,\phi'(t)\,dt \tag{4.26}$$

によって与えられる．(4.26) のように，左辺を右辺の形に表すことを，積分変数 x を t に**置換する**という．まず，この公式を使って計算してみよう．

［例題 4.3］ 置換積分法

$$\int_0^1 x\sqrt{2x+1}\,dx \tag{4.27}$$

を置換積分法 (4.26) で計算しなさい．

［解］ $t = 2x+1$ とおくと，x の範囲 $x = [0, 1]$ が t の範囲 $t = [1, 3]$ に対応する．このとき，$dt/dx = 2$ より $dx = dt/2$ であり，また，$x = (t-1)/2$ であるから，公式 (4.26) より

$$\int_0^1 x\sqrt{2x+1}\,dx = \int_1^3 \frac{t-1}{2}\sqrt{t}\;\frac{dt}{2} = \frac{1}{4}\int_1^3 (t^{3/2} - t^{1/2})\,dt = \frac{2\sqrt{3}}{5} + \frac{1}{15} \tag{4.28}$$

となる．

¶

(4.26) の右辺を直観的に理解するには，変数変換 $x = \phi(t)$ の微分 $dx/dt = \phi'(t)$ を形式的に $dx = \phi'(t)\,dt$ と書いて，$x = \phi(t)$ とともに左辺の $f(x)\,dx$ に代入したものと考えればよいだろう．もっと厳密には，合成関数の微分公式を使って次のように証明する．

置換積分の公式 (4.26) の証明　まず，被積分関数 $f(x)$ の原始関数 $F(x)$ を $x = \phi(t)$ に置き換えた関数 $G(t) = F(\phi(t))$ を考える．この関数 $G(t)$ の t による微分は，合成関数の微分公式 (3.13) から

$$\frac{dG}{dt} = \frac{dF(\phi)}{d\phi}\frac{d\phi}{dt} = f(\phi)\,\phi' \tag{4.29}$$

となる．ここで2番目から3番目への移行で $dF(\phi)/d\phi = f(\phi)$ とおけるのは，原始関数 $F(x)$ の定義式 $dF(x)/dx = f(x)$ が変数 x を ϕ に置き換えても成り立つからである．

(4.2) より，(4.29) は $G(t)$ が関数 $f(\phi)\,\phi'$ の原始関数であることを意味するので，定積分の定義 (4.11) から

$$\int_\alpha^\beta f(\phi(t))\,\phi'(t)\,dt = G(\beta) - G(\alpha) \tag{4.30}$$

となる．$G(\alpha) = F(\phi(\alpha))$, $G(\beta) = F(\phi(\beta))$ であることと，$\phi(\alpha) = a$, $\phi(\beta) = b$ であることに注意すれば，(4.30) の右辺は

$$G(\beta) - G(\alpha) = F(\phi(\beta)) - F(\phi(\alpha)) = F(b) - F(a) = \int_a^b f(x)\,dx \tag{4.31}$$

となり，(4.26) が成り立つことになる．なお，x と t の変数変換は1対1の対応でなければならないことに注意しよう．

問 4.4

$$\int_0^1 x(1+x^2)^3\,dx \tag{4.32}$$

を計算しなさい．

問 4.5

$$\int_0^a xe^{-x^2}\,dx = \frac{1}{2}(1-e^{-a^2}) \qquad (a>0) \tag{4.33}$$

を示しなさい．

問 4.6

$$\int_0^{c/2} \sqrt{c^2-x^2}\,dx = c^2\left(\frac{\pi}{12}+\frac{\sqrt{3}}{8}\right) \quad (c：\text{正の定数}) \tag{4.34}$$

を示しなさい．

4.2 多重積分

4.2.1 2重積分

2変数関数 $z=f(x,\ y)$ を，図 4.2 (a) のような領域 D で積分する．これを

$$I=\iint_{\mathrm{D}} z\,dx\,dy=\iint_{\mathrm{D}} f(x,\ y)\,dx\,dy \tag{4.35}$$

と書き，**2重積分**という．2重積分は図 4.2 (b) からわかるように，$z=f(x,\ y)$ の曲面と xy 平面によって囲まれる部分の**体積**を表す．

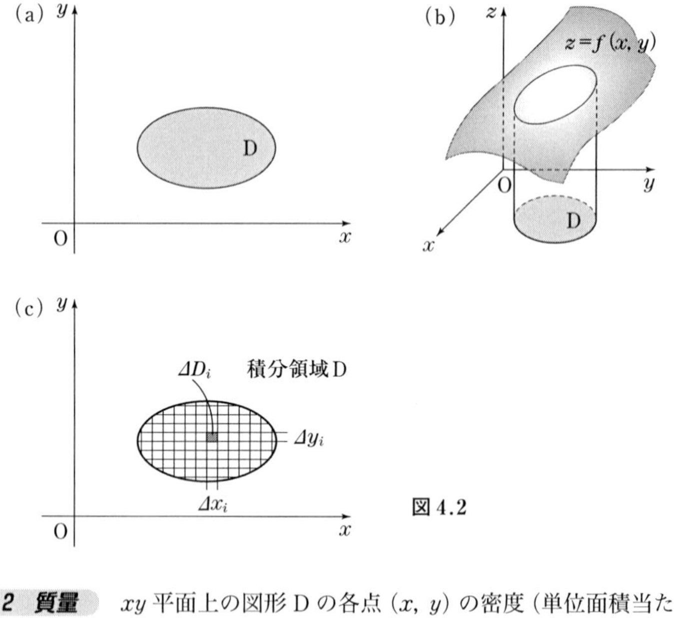

図 4.2

例 4.2 質量　xy 平面上の図形 D の各点 $(x,\ y)$ の密度 (単位面積当たりの質量) を表す関数 $\rho(x,\ y)$ が与えられているとき ($\rho\geq 0$)，

$$M=\iint_{\mathrm{D}} \rho(x,\ y)\,dx\,dy \tag{4.36}$$

は，図形 D の**質量**を表す．■

2重積分 (4.35) の導出　まず，領域Dを図4.2(c)のように細かいn個の網目に分割する．i番目の網目の微小面積を$\varDelta D_i = \varDelta x_i \varDelta y_i$とし，その内部の任意の点における$z$の値を$z_i$とすれば，$z_i \varDelta D_i$は微小領域の直方体の体積を表す．そこで，これらの総和

$$I_n = \sum_{i=1}^{n} z_i \varDelta D_i = \sum_{i=1}^{n} z_i \varDelta x_i \varDelta y_i \tag{4.37}$$

の極限（分割数$n \to \infty$）を考えると，この極限で微小領域の面積はゼロに近づくが，このとき極限値I_∞が存在すれば，その極限値が(4.35)の積分になる．

［例題 4.4］　重心

質量$M \neq 0$のとき，その重心（**質量中心**）の座標(X, Y)は

$$X = \frac{1}{M}\iint_{\mathrm{D}} x\,\rho(x, y)\,dx\,dy, \qquad Y = \frac{1}{M}\iint_{\mathrm{D}} y\,\rho(x, y)\,dx\,dy \tag{4.38}$$

で決まる．いま，図形Dを図4.3のような半径aの円の1/4の面積$(0 \leq y \leq \sqrt{1-x^2},\ 0 \leq x \leq 1)$とし，$\rho(x, y) = 1$（密度一定）のときの質量$M$と重心の座標$(X, Y)$を求めなさい．

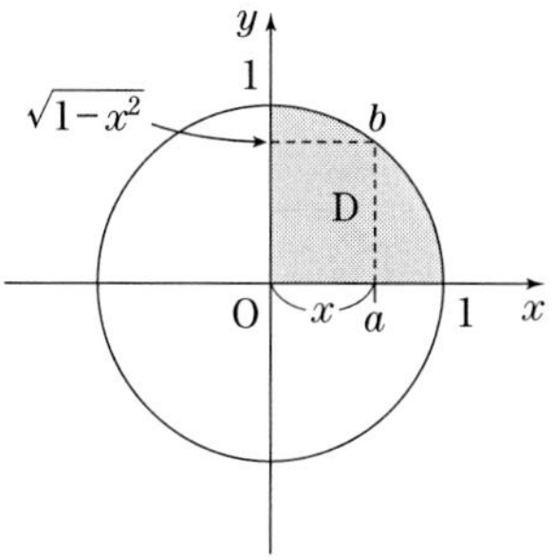

図 4.3

［解］　質量は(4.36)から

$$M = \iint_{\mathrm{D}} dx\,dy = \int_0^1 \left(\int_0^{\sqrt{1-x^2}} dy\right) dx = \int_0^1 \sqrt{1-x^2}\,dx = \int_0^{\pi/2} \cos^2\theta\,d\theta = \frac{\pi}{4} \tag{4.39}$$

である．3 番目の式で（　）内の y 積分を行なうときは，x が定数と見なされている（つまり，x は固定されている）ことに注意してほしい．つまり，図 4.3 の a から b までの y 区間で $\int_a^b dy = \int_0^{\sqrt{1-x^2}} dy$ を行なった後に，x の定積分を [0, 1] 区間で行なえば，a を 0 から 1 まで動かしたことになるので，D の全領域で積分できたことになる．4 番目から 5 番目への式変形では $x = \sin\theta$ と置き換えた．なお，(4.39) の結果は D の面積である (円の面積 $(\pi \times 1^2) \times 1/4 = \pi/4$)．

重心の座標は

$$X = \frac{4}{\pi}\iint_D x\,dx\,dy = \frac{4}{\pi}\int_0^1\left(\int_0^{\sqrt{1-x^2}} x\,dy\right)dx$$
$$= \frac{4}{\pi}\int_0^1 x\sqrt{1-x^2}\,dx = -\frac{4}{\pi}\int_1^0 z^2\,dz = \frac{4}{3\pi} \tag{4.40}$$

となる．4 番目から 5 番目への式変形では $z = \sqrt{1-x^2}$ と置き換えた．図 4.3 の図形 D の対称性から $Y = X = 4/3\pi \approx 0.42$ となり，$(X, Y) = (4/3\pi, 4/3\pi)$ を得る． ¶

問 4.7

$$\iint_D f(x, y)\,dx\,dy = \int_0^1\left\{\int_0^1 (x+2y)^2\,dx\right\}dy \tag{4.41}$$

を計算しなさい．ただし，積分領域 D は $0 \leq x \leq 1$，$0 \leq y \leq 1$ である．

4.2.2 ヤコビアン

例題 4.4 は直角座標 (x, y) を用いて計算したが，扱っている対象が円板なので，その形状から極座標 (r, θ) を使った方が計算は簡単になるだろう．実際，極座標 (r, θ) への変換式 $x = r\cos\theta$，$y = r\sin\theta$ を使うと，(4.40) の積分は (後で説明をするように)

$$\iint_D x\,dx\,dy = \iint_S (r\cos\theta)\,r\,dr\,d\theta = \int_0^{\pi/2}\cos\theta\,d\theta\int_0^1 r^2\,dr \tag{4.42}$$

のように簡単になる．

このように座標変換で被積分関数の x が $r\cos\theta$ となるのは (単なる置き換えだから) 当然だが，微小な積分領域 (いまの場合は微小面積である)

$dx\,dy$ がなぜ $r\,dr\,d\theta$ の形になるのかは自明ではないだろう．この疑問に対する答えが，これから述べるヤコビアンである．

ヤコビアン J の登場

一般に，ある変数（x, y とする）から別の変数（u, v とする）に変換することを**変数変換**とよび，これを

$$x = x(u, v), \quad y = y(u, v) \quad \text{または} \quad u = u(x, y), \quad v = v(x, y) \tag{4.43}$$

のように表す．このとき，xy 平面での微小面積 $dx\,dy$ と uv 平面での微小面積 $du\,dv$ の間には

$$dx\,dy = J(u, v)\,du\,dv \tag{4.44}$$

という関係が成り立つ．ここに登場する記号 J が**ヤコビアン**（Jacobian）とよばれるもので

$$J(u, v) = \frac{\partial x}{\partial u}\frac{\partial y}{\partial v} - \frac{\partial y}{\partial u}\frac{\partial x}{\partial v} = \begin{vmatrix} \dfrac{\partial x}{\partial u} & \dfrac{\partial x}{\partial v} \\ \dfrac{\partial y}{\partial u} & \dfrac{\partial y}{\partial v} \end{vmatrix} \equiv \frac{\partial(x, y)}{\partial(u, v)} \tag{4.45}$$

によって定義される量である．ただし，3 番目の式は行列式という形式で表したものである（8.1.2 項を参照）．4 番目の式は，この行列式をコンパクトに表す記号である．

この J は微小面積 $du\,dv$ と $dx\,dy$ の比を与えるもので，直観的にいえば，u, v から x, y へ変数変換したときの「点 (u, v) における面積の拡大率や縮小率」を表している．したがって，変数変換 (4.43) で関数 $f(x, y)$ を別の関数 $g(u, v) = f(x(u, v), y(u, v))$ に変換したとき，積分領域 D（xy 平面で定義）での f の積分と積分領域 R（uv 平面で定義）での g の積分との間には

$$\iint_{\mathrm{D}} f(x, y)\,dx\,dy = \iint_{\mathrm{R}} g(u, v)\,J(u, v)\,du\,dv \tag{4.46}$$

が成り立つ．

例 4.3　ヤコビアン　直交座標 (x, y) から極座標 (r, θ) への変換 $x = r\cos\theta$, $y = r\sin\theta$ では，(4.45) を $u = r$, $v = \theta$ とすればよいから，$J(r, \theta) = r$ になる．■

問 4.8　3次元極座標 $x = r\sin\theta\cos\phi$, $y = r\sin\theta\sin\phi$, $z = r\cos\theta$ のヤコビアン J は $J(r, \theta, \phi) = r^2\sin\theta$ であることを示しなさい．

（参考）　ヤコビアン (4.45) の導出

まず，図 4.4 (a) のように，uv 平面上に点 (u, v), $(u + du, v)$, $(u, v + dv)$, $(u + du, v + dv)$ を頂点とする長方形領域 R をとる．(4.43) の変数変換でこの長方形（面積 $dS = du\,dv$）は xy 平面内の領域 D に移るが，その形状は R と同じ長方形とは限らない．

いま，仮に図 4.4 (b) のような形になったとしよう．この形状は，du, dv が微小量であるなら，図 4.4 (c) のような平行四辺形 ABCD（面積 dS'）で十分に近似できると考えてよい．したがって，後はこの面積 dS' を求めればよい．

面積 dS' の計算には，平行四辺形の2辺 AB, AD をベクトル $\boldsymbol{a}$, $\boldsymbol{b}$ と見なして，そのベクトル積 $\boldsymbol{a} \times \boldsymbol{b}$ を利用すればよい．なぜなら，ベクトル積の大きさ $|\boldsymbol{a} \times \boldsymbol{b}|$ が，いま求めようとしている面積 dS' そのものになるからである（ベクトル積の (2.29) を参照）．平行四辺形の各頂点の座標を $A = (x_1, y_1)$, $B = (x_2, y_2)$, $C = (x_3, y_3)$, $D = (x_4, y_4)$ とすると，ベクトル $\boldsymbol{a}$, $\boldsymbol{b}$ の成分はそれぞれ $(a_1, a_2) =$

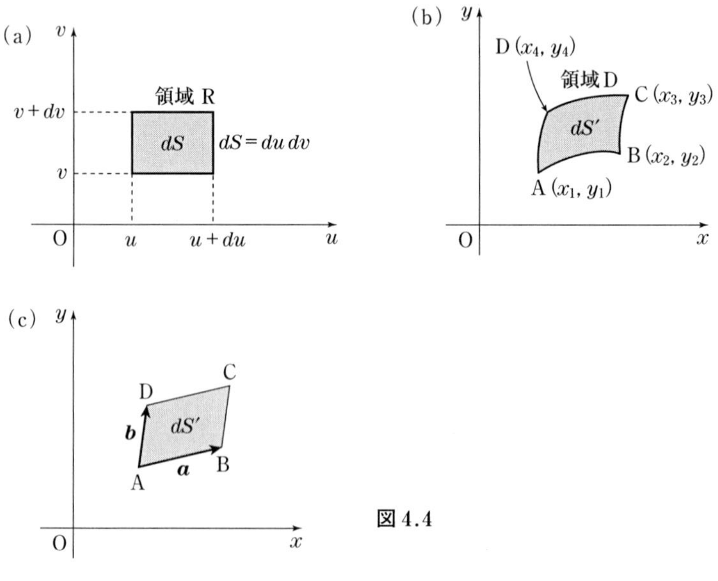

図 4.4

$(x_2 - x_1,\ y_2 - y_1)$，$(b_1,\ b_2) = (x_4 - x_1,\ y_4 - y_1)$ である．

図 4.4 (a)，(b) に示された座標を使えば，例えば，a_1 は $x_2 = x(u + du,\ v)$ と $x_1 = x(u, v)$ の差 $x_2 - x_1 = x(u + du,\ v) - x(u,\ v)$ である．これにテイラー展開 (3.48) を使えば，$a_1 = x_2 - x_1 = (\partial x/\partial u)\ du$ であることがわかる．同様の計算によって

$$a_1 = \frac{\partial x}{\partial u}du, \quad a_2 = \frac{\partial y}{\partial u}du, \quad b_1 = \frac{\partial x}{\partial v}dv, \quad b_2 = \frac{\partial y}{\partial v}dv \qquad (4.47)$$

であることがわかる．したがって，$dS' = |\boldsymbol{a} \times \boldsymbol{b}| = a_1b_2 - a_2b_1$ (2.3.2 項の例 2.6 の (2.37) を参照) に (4.47) を代入すれば $dS' = J\,du\,dv$ になるので，(4.44) と (4.45) を得る．

4.1 4.2 4.3 4.4

4.3 線 積 分

ある関数の値が曲線 C 上で与えられているとき，この関数を曲線 C に沿って積分する計算を**線積分**という．線積分は，例えば，力学で仕事と運動エネルギーを議論するときや電磁気学で電場内の仕事と位置エネルギー (電位) を計算するときなどに登場する重要な数学ツールの 1 つである．

4.3.1 スカラー関数の線積分

スカラー関数とは，変数の各値に対応して定まる関数値がスカラーであるような関数のことである．一般に，曲線 C に沿ったスカラー関数 $f(s)$ の線積分は

$$\int_{\mathrm{C}} f(s)\ ds \qquad (4.48)$$

で定義される．ここで，記号 C は線積分をとる積分経路を表している．線積分 (4.48) の意味を理解するために，次の簡単な例題 4.5 で考えよう．

［例題 4.5］ スカラー関数の線積分

図 4.5 のように，長さ方向に密度が変化する針金の全質量を求めなさい．

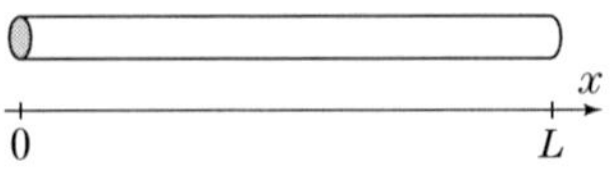

図 4.5

［解］ 図 4.6 のように，針金を n 個の線分に分け，各線分の線密度 λ はほぼ一定であるとする．i 番目の線分の質量 M_i は線密度 λ_i と長さ dx_i の積 $\lambda_i\,dx_i$ なので，針金の大まかな全質量 $\overline{M}$ は

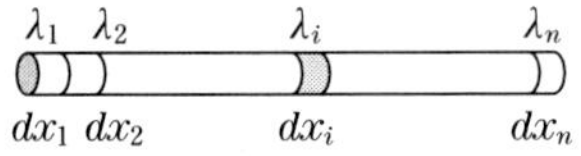

図 4.6

$$\overline{M} = \lambda_1\,dx_1 + \lambda_2\,dx_2 + \cdots + \lambda_n\,dx_n = \sum_{i=1}^{n} \lambda_i\,dx_i \tag{4.49}$$

で与えられる．

いま，この分割数 n を無限大に，そして，線分の長さ dx_i を無限小にすれば，針金の全質量は一定の極限値 M に近づく．この極限値が線積分

$$M = \int_0^L \lambda(x)\,dx \tag{4.50}$$

で，$\lambda(x)$ はスカラー関数なので，(4.50) を**スカラー関数の線積分**という．

¶

例題 4.5 では針金は直線であったが，図 4.7 (a) のように曲がっている場合は曲線 C に沿った座標 s をとり，図 4.6 と同じように線分に分割して総和を求めればよい (図 4.7 (b))．これが，(4.48) の線積分になる．

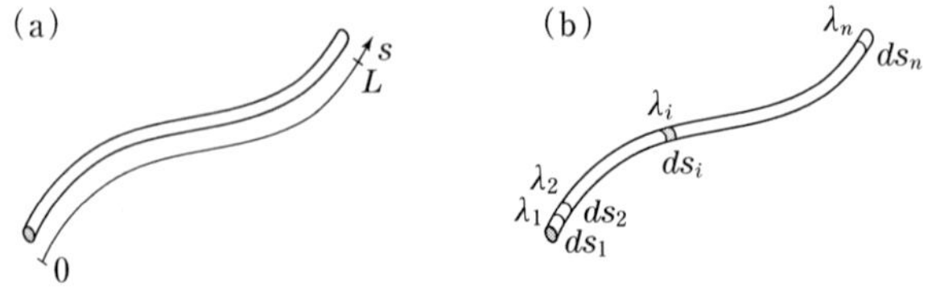

図 4.7

ひとくちメモ **〈線積分は面積ではない〉**　線積分 (4.48) の積分変数 s は曲線に沿って測った1次元の量だから，これは1次元の積分である．しかし，ここで誤解してほしくないことは，同じ1次元の積分である1変数関数 $f(x)$ の定積分 (4.11) とは表現しているものが違うことである．定積分は面積を表すが，線積分には面積の意味はない．

例 4.4　線積分　線積分 (4.48) は，$f(s)=1$ とおくと曲線Cの長さを与える．■

問 4.9　線積分

$$\int_{\mathrm{C}} \{(x-y)\,dx + y\,dy\} \tag{4.51}$$

の積分経路Cの始点を (1, 0)，終点を (2, 1) とする．積分経路を C_1 ((1, 0) → (2, 0)) と C_2 ((2, 0) → (2, 1)) に分けて計算しなさい（つまり，x 軸上を (2, 0) まで行き，そこから y 軸に平行に (2, 1) まで行く）．

4.3.2　ベクトル関数の線積分

次に，「ベクトル関数の線積分」を考えよう（なお，ベクトル関数の定義は3.4節「ベクトル関数の微分」を参照）．ただし，この表現は不正確で，実際に考えるのは，曲線C上の「ベクトル関数の接線成分に対する線積分」である．しかし，これをコンパクトに「ベクトル関数の線積分」と表現する．ベクトル関数の接線成分はスカラー関数であるから，その線積分 (4.48) がそのまま使えることになる．

そこで，ベクトル関数 $\boldsymbol{A}(x, y, z) = \boldsymbol{A}(\boldsymbol{r})$ の**接線成分**を $A_{\mathrm{t}}(\boldsymbol{r})$ とすれば

$$\int_{\mathrm{C}} A_{\mathrm{t}}(\boldsymbol{r})\,ds \tag{4.52}$$

で**ベクトル関数の線積分**は定義される．ここで，曲線Cの単位接線ベクトル $\hat{\boldsymbol{t}}$（ティー・ハットと読む）は，図4.8に示すように

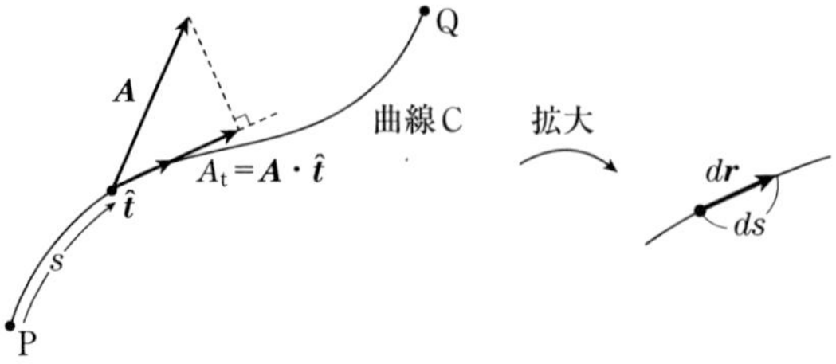

図 4.8

$$\hat{\boldsymbol{t}} = \frac{d\boldsymbol{r}}{ds} \tag{4.53}$$

であるから，接線成分 $A_t = \boldsymbol{A}\cdot\hat{\boldsymbol{t}}$ と $\hat{\boldsymbol{t}}\,ds = d\boldsymbol{r}$ に注意すれば，$A_t\,ds = \boldsymbol{A}\cdot\hat{\boldsymbol{t}}\,ds = \boldsymbol{A}\cdot d\boldsymbol{r}$ より，(4.52) は

$$\int_C A_t(\boldsymbol{r})\,ds = \int_C \boldsymbol{A}\cdot d\boldsymbol{r} \tag{4.54}$$

となる．なお，定義から明らかであるが，「ベクトル関数 $\boldsymbol{A}$ の線積分」の値がスカラーであることを忘れないようにしてほしい．

例 4.5　仕事　質点が力 $\boldsymbol{F}$ を受けて曲線 C 上を P から Q まで運動するとき，その間に力 $\boldsymbol{F}$ がする仕事 W は次式で定義される．

$$W = \int_C \boldsymbol{F}\cdot d\boldsymbol{r} \tag{4.55}$$

■

［例題 4.6］　積分経路に依存する線積分の値

ベクトル関数を $\boldsymbol{A} = y\boldsymbol{i} - x\boldsymbol{j}$ とする．xy 平面上で，始点（原点）O(0, 0) と終点 P(1, 1) を結ぶ次の 2 つの経路 C, C′ に沿っての $\boldsymbol{A}$ の線積分の値をそれぞれ求めなさい．

経路 C：　放物線 $y = x^2$ に沿った経路

経路 C′：　始点 O(0, 0) から点 Q(1, 0) を経由して終点 P(1, 1) まで行く経路

［解］ 経路 C は $y = x^2$ であるから

$$\int_C \boldsymbol{A}\cdot d\boldsymbol{r} = \int_C (y\,\boldsymbol{i} - x\,\boldsymbol{j})\cdot(dx\,\boldsymbol{i} + dy\,\boldsymbol{j}) = \int_C (y\,dx - x\,dy)$$
$$= \int_C [x^2\,dx - x\,d(x^2)] = \int_0^1 (x^2\,dx - x \times 2x\,dx)$$
$$= \int_0^1 (-x^2)\,dx$$
$$= -\frac{1}{3} \tag{4.56}$$

である．

一方，経路 C′ の場合，これを OQ, QP に分けて

$$\int_{C'} \boldsymbol{A}\cdot d\boldsymbol{r} = \int_{O\to Q} \boldsymbol{A}\cdot d\boldsymbol{r} + \int_{Q\to P} \boldsymbol{A}\cdot d\boldsymbol{r} \tag{4.57}$$

とし，OQ に沿っては $y = 0$, $dy = 0$ で，$\boldsymbol{A} = -x\boldsymbol{j}$, $d\boldsymbol{r} = dx\,\boldsymbol{i}$ より

$$\int_{O\to Q} \boldsymbol{A}\cdot d\boldsymbol{r} = \int_0^1 (-x\boldsymbol{j})\cdot dx\,\boldsymbol{i} = 0 \tag{4.58}$$

である．また，QP に沿っては $x = 1$, $dx = 0$ で，$\boldsymbol{A} = y\,\boldsymbol{i} - \boldsymbol{j}$, $d\boldsymbol{r} = dy\,\boldsymbol{j}$ より

$$\int_{Q\to P} \boldsymbol{A}\cdot d\boldsymbol{r} = \int_0^1 (y\,\boldsymbol{i} - \boldsymbol{j})\cdot dy\,\boldsymbol{j} = \int_0^1 (-dy) = -1 \tag{4.59}$$

となる．したがって，経路 C の結果とは異なる

$$\int_{C'} \boldsymbol{A}\cdot d\boldsymbol{r} = -1 \tag{4.60}$$

を得る（線積分の値が経路によって異なる理由は，9.2.2 項の「ポテンシャルと線積分」を参照）．

¶

例題 4.6 のように，積分経路の両端が同じでも，線積分の値は積分経路の幾何学的な形に依存するので，線積分の積分記号に定積分のような上限と下限を書いても意味がない．そのため，積分経路である記号 C（C は輪郭（りんかく）や曲線を意味する contour の頭文字である）を付けて，線積分であることを明示するのである．

4.4 面 積 分

面積分は線積分を2次元の平面に拡張したものであり，例えば，電磁気学の電場の電束や磁場の磁束の計算などに使われる重要な数学ツールの1つである．

4.4.1 スカラー関数の面積分

一般に，図4.9 (a) のような曲面Sは関数$f(\boldsymbol{r}) = f(x, y)$で表される．そして，この図のように，$x$, yのある値に対して，ただ1つの$f(x, y)$が対応するとき，この関数は**1価**であるという．さらに，$f(x, y)$が曲面上で滑らかな関数であれば，これを**1価連続な関数**とよぶ．

面積分は，簡単にいえば，「曲面S上の微小な面積 × その点での1価連続な関数$f(x, y)$の値」を曲面S全体で求め，それらの値の総和の極限値で定義したものである．数式で表せば，**スカラー関数fの面積分**は

$$\int_S f(x, y)\, dS \tag{4.61}$$

で定義される．

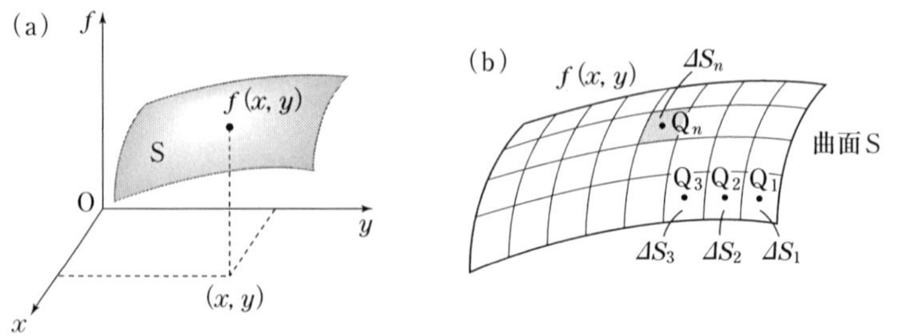

図4.9

例 4.6 面積分 面積分 (4.61) は, $f(x, y) = 1$ とおくと

$$\int_{\mathrm{S}} dS = \text{曲面 S の面積} \tag{4.62}$$

のように，曲面 S の面積を与える．これは，面積分の便利な応用である． ■

面積分 (4.61) の導出 1 価連続な関数で表された曲面 S を，図 4.9 (b) のように n 個の微小部分に分割し，それらの面積を ΔS_1, ΔS_2, …, ΔS_n とする．各 ΔS_i 上に任意の点 Q_i をとり，その点における f の値を $f_i = f(\boldsymbol{r}_i)$ とする．これらを使って，次のような総和

$$J_n = f_1\,\Delta S_1 + f_2\,\Delta S_2 + \cdots + f_n\,\Delta S_n = \sum_{i=1}^{n} f_i\,\Delta S_i \tag{4.63}$$

の極限 ($n \to \infty$) を考える．n を大きくしていくと，曲面 S の分割が細かくなるので ΔS_i はゼロに近づく（それぞれ，限りなく点に近づく）．このとき，(4.63) の級数 J_n の極限値 J_∞ が存在すれば，その極限値を曲面 S 上のスカラー関数 f の面積分とよび，(4.61) で表す．

なお, (4.63) で $f_i = 1$ とおくと, 微小面積 ΔS_i の単なる総和なので, (4.63) は曲面 S の全面積を求めていることになる．この極限をとった面積分が，例 4.6 の (4.62) に当たる．

ひとくちメモ **〈面積分は体積ではない〉** 面積分は 2 次元の積分ではあるが，2 重積分 (4.35) のように体積を表すわけではない．つまり，面積分には体積の意味はないことに注意してほしい．

ところで, 面積分 (4.61) のままでは, 実際にどのように計算すればよいかがわからない．実は，この面積分は曲面 S を xy 平面上に正射影して得られる領域 D に対する 2 重積分

$$\int_{\mathrm{S}} f(x, y, z)\, dS = \int_{\mathrm{D}} f(x, y, g(x, y))\sqrt{\left(\frac{\partial g}{\partial x}\right)^2 + \left(\frac{\partial g}{\partial y}\right)^2 + 1}\; dx\, dy \tag{4.64}$$

に書き換えることができる．そうすれば，面積分は普通の2重積分の計算になる．(4.64) の右辺に現れたルートの意味がわかりづらいかもしれないので，(4.64) の導出を示す前に簡単な例で「ルートの存在」を納得しておこう．

例 4.7 2重積分 (4.64) の右辺のルートが妥当な形だと実感するには，例えば，曲面Sが平面で xy 平面に平行である場合を想定すればよい．このとき，平面の傾きはゼロなので $\dfrac{\partial g}{\partial x} = \dfrac{\partial g}{\partial y} = 0$ となり，ルート内は1になるので通常の2重積分に戻る．このことから，平面に傾きがある場合や曲面の場合には，このルートがその影響を見積もってくれる項であることが推測できるだろう． ■

（参考） 2重積分 (4.64) の導出

曲面Sの方程式を $z = g(x,\ y)$ とするとき，面積分 (4.61) の計算は次のように行なう．

まず，面積分 (4.61) の導出で考えた曲面（図 4.9 (b)）の微小面積の1つを $\varDelta S$ とし，その単位法線ベクトルを $\hat{\boldsymbol{n}}$ とする (2.1 節の (2.6) を参照)．この $\hat{\boldsymbol{n}}$ の方向余弦を $l,\ m,\ n$ とする (2.2 節の (2.21) を参照) と，$\varDelta S$ の xy 平面上への正射影（これを $\varDelta D$ とすると $\varDelta D = \varDelta x\, \varDelta y$ である）は

$$\varDelta D = n\, \varDelta S \tag{4.65}$$

で与えられる．

いま，$F = z - g(x,\ y)$ とおけば，勾配（こうばい）ベクトル $\boldsymbol{\nabla} F$ の $x,\ y,\ z$ 成分 $(\partial F/\partial x,\ \partial F/\partial y,\ \partial F/\partial z)$ は（この勾配ベクトルは 9.2.1 項の (9.2) を参照）

$$\frac{\partial F}{\partial x} = -\frac{\partial g}{\partial x}, \qquad \frac{\partial F}{\partial y} = -\frac{\partial g}{\partial y}, \qquad \frac{\partial F}{\partial z} = \frac{\partial z}{\partial z} = 1 \tag{4.66}$$

であり，この勾配ベクトルの大きさ $|\boldsymbol{\nabla} F|$ は

$$|\boldsymbol{\nabla} F| = \sqrt{\left(\frac{\partial g}{\partial x}\right)^2 + \left(\frac{\partial g}{\partial y}\right)^2 + 1} \tag{4.67}$$

である ((9.3) を参照)．$\boldsymbol{\nabla} F$ は $\hat{\boldsymbol{n}}$ と同じ向きのベクトルであるから

$$n = \frac{\dfrac{\partial F}{\partial z}}{|\boldsymbol{\nabla} F|} = \frac{1}{|\boldsymbol{\nabla} F|} \tag{4.68}$$

となる（9.2.2 項の「等高線と等位面とポテンシャル」を参照）．したがって，(4.65) を $\varDelta S = \varDelta D/n$ と書いて，n に (4.68) を代入すれば，(4.63) の右辺は $\sum_i f_i\, \varDelta S_i = \sum_i f_i\, \varDelta D_i/n = \sum_i f_i\, |\boldsymbol{\nabla} F|\, \varDelta D_i = \sum f_i\, |\boldsymbol{\nabla} F|\, \varDelta x_i\, \varDelta y_i$ となるので，極限を考えれば2重積分 (4.64) になることがわかる．

［例題 4.7］ スカラー関数の面積分

半径 R の球の上半面を曲面 S として，面積分

$$\int_{\mathrm{S}} z\, dS = \pi R^3 \tag{4.69}$$

を示しなさい.

［解］ 球面を xy 平面上に正射影すると半径 R の円になるので，積分領域 D は円の内部 $(x^2 + y^2 \leq R^2)$ になる．球面の上半面を表す関数を g とすると，この g は球面を表す式 $x^2 + y^2 + z^2 = R^2$ を z について解いた

$$g(x, y) = \sqrt{R^2 - x^2 - y^2} \tag{4.70}$$

で与えられる．これから導関数を計算すれば

$$\frac{\partial g}{\partial x} = \frac{-x}{\sqrt{R^2 - x^2 - y^2}}, \qquad \frac{\partial g}{\partial y} = \frac{-y}{\sqrt{R^2 - x^2 - y^2}} \tag{4.71}$$

となるので，

$$\sqrt{\left(\frac{\partial g}{\partial x}\right)^2 + \left(\frac{\partial g}{\partial y}\right)^2 + 1} = \frac{R}{\sqrt{R^2 - x^2 - y^2}} \tag{4.72}$$

である．被積分関数の z は $z = \sqrt{R^2 - x^2 - y^2}$ であるから

$$\int_{\mathrm{S}} z\, dS = \int_{\mathrm{D}} \frac{zR}{\sqrt{R^2 - x^2 - y^2}}\, dx\, dy = \int_{\mathrm{D}} R\, dx\, dy = R \int_{\mathrm{D}} dx\, dy = R \times \pi R^2 \tag{4.73}$$

となり，(4.69) を得る．ただし，最後の式の計算は，領域 D の面積が円の面積 πR^2 であることを使った.

¶

［例題 4.8］ 面積分

図 4.10 のように，平面 $2x + 2y + z = 2$ が座標軸と交わる 3 点 A, B, C を結ぶ線分で囲まれた三角形を S とする．このとき，$f = x^2 + 2y + z - 1$ の S 上での面積分を計算しなさい.

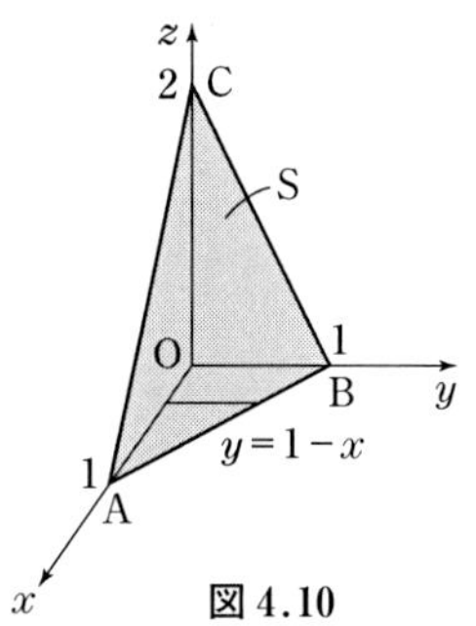

図 4.10

[解] 平面の方程式は $z = g(x, y) = 2 - 2x - 2y$ だから，$\partial g/\partial x = -2$，$\partial g/\partial y = -2$ より

$$\sqrt{\left(\frac{\partial g}{\partial x}\right)^2 + \left(\frac{\partial g}{\partial y}\right)^2 + 1} = \sqrt{(-2)^2 + (-2)^2 + 1} = 3 \tag{4.74}$$

となる．したがって，$dS = 3\,dx\,dy$ である．また，S 上では $f(x, y, g(x, y)) = x^2 + 2y + (2 - 2x - 2y) - 1 = (x-1)^2$ であるから，面積分は

$$\begin{aligned}\int_S f\,dS &= \int_D 3(x-1)^2\,dx\,dy = 3\int_0^1 \left\{\int_0^{1-x} (x-1)^2\,dy\right\} dx \\ &= -3\int_0^1 (x-1)^3\,dx = \frac{3}{4}\end{aligned} \tag{4.75}$$

となる．

¶

問 4.10 半径 R の球の表面積 $4\pi R^2$ を面積分を使って求めなさい．

4.4.2 ベクトル関数の面積分

次に，「ベクトル関数の面積分」を考えよう．ただし，この表現は不正確で，実際に考えるのは，曲面 S 上の「ベクトル関数の法線成分に対する面積分」である．しかし，これをコンパクトに「ベクトル関数の面積分」と表現する．ベクトル関数の法線成分はスカラーであるから，その面積分 (4.61) がそのまま使えることになる．

曲面 S が開いているとき　ベクトル関数 $\boldsymbol{A}(x, y, z) = \boldsymbol{A}(\boldsymbol{r})$ の**法線成分** A_n をつくるには，曲面 S の単位法線ベクトル $\hat{\boldsymbol{n}}$ (図 4.11 (a)) と図 4.11 (b) のように，$\boldsymbol{A}$ のスカラー積 $\boldsymbol{A}\cdot\hat{\boldsymbol{n}}$ をとればよい (ちなみに，A_n の添字は法線 (normal) の頭文字である)．したがって，この A_n をスカラー関数の面積分 (4.61) に代入すれば，開曲面 S 上での**ベクトル関数の面積分**は

$$\int_S A_n(x, y)\,dS = \int_S \boldsymbol{A}\cdot\hat{\boldsymbol{n}}\,dS \tag{4.76}$$

で定義される．$\hat{\boldsymbol{n}}\,dS$ は面積ベクトルである (これを $d\boldsymbol{S}$ と書く場合もある)．

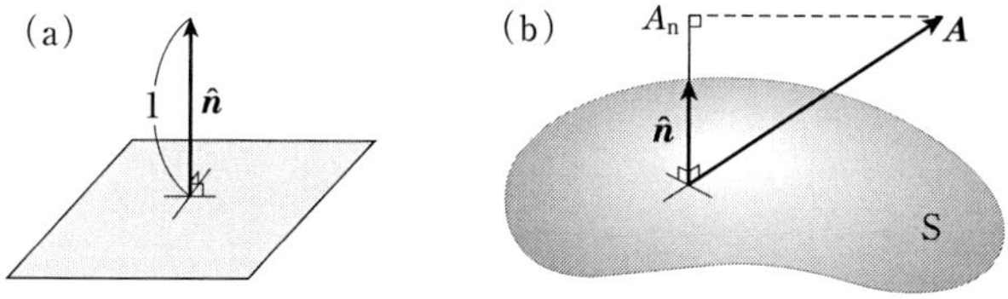

図 4.11

なお，この (4.76) から明らかだが，「ベクトル関数の面積分」の値がスカラーであることを忘れないでほしい.

曲面 S が閉じているとき　ゴム風船のように曲面 S が閉じている場合には，面積分する曲面 S が閉曲面であることを明示するために，(4.76) に

$$\oint_\mathrm{S} \boldsymbol{A}\cdot\hat{\boldsymbol{n}}\,dS = \oint_\mathrm{S} \boldsymbol{A}\cdot d\boldsymbol{S} \tag{4.77}$$

のような○印を $\int$ 記号に付ける．このような閉曲面での面積分 (4.77) は，物理や工学の問題でよく使われる．例えば，$\boldsymbol{A}$ を電場 $\boldsymbol{E}$ に変えれば，(4.77) は曲面 S を通過する全電束を表す (例 4.9 を参照).

例 4.8　面積分　$\boldsymbol{v}$ を流体の速度とするとき，曲面 S 上の $\boldsymbol{v}$ の面積分は，曲面 S を単位時間に通過する流体の体積を表す．また，$\boldsymbol{E}$ を電場とするとき，曲面 S 上の $\boldsymbol{E}$ の面積分は，曲面を通過する電束 (電気力線の数) を表す.　■

例 4.9　全電束　球面の中心に置いた正電荷 q から電場ベクトル $\boldsymbol{A} = q\hat{\boldsymbol{r}}/r^2$ (電気力線) が放射状に出ているとき，半径 R の球面 S を通る全電束は $4\pi q$ である．これは**電場のガウスの法則**の具体例に当たる (問 9.16 を参照).　■

問 4.11　例 4.9 を証明しなさい.

［例題 4.9］　面積分

例題 4.8 と同じ平面 S を考える．この S 上でベクトル関数 $\boldsymbol{A} = y\boldsymbol{i} + z\boldsymbol{j}$ の面積分を求めなさい.

［解］　単位法線ベクトル $\hat{\boldsymbol{n}}$ は例題 4.8 と同じだから，その向きは $-\partial g/\partial x$, $-\partial g/\partial y$, 1 と同じである．したがって，$\hat{\boldsymbol{n}}$ の成分 n_x, n_y, n_z は $n_x = 2/3$, $n_y = 2/3$, $n_z = 1/3$ となるから，

$$\boldsymbol{A}\cdot\hat{\boldsymbol{n}} = y \times \frac{2}{3} + z \times \frac{2}{3} + 0 \times \frac{1}{3} = \frac{2}{3}(y+z)$$

である．S 上では，$z = g(x,\ y) = 2 - 2x - 2y$ より

$$\boldsymbol{A}\cdot\hat{\boldsymbol{n}} = \frac{2}{3}(y+z) = \frac{2}{3}\{y + (2 - 2x - 2y)\} = \frac{2}{3}(2 - 2x - y)$$

である．また $dS = 3\,dx\,dy$ であるから，面積分は

$$\begin{aligned}\int_{\mathrm{S}} \boldsymbol{A}\cdot\hat{\boldsymbol{n}}\,dS &= \int_{\mathrm{D}} \frac{2}{3}(2 - 2x - y) \times 3\,dx\,dy = 2\int_0^1 \left\{\int_0^{1-y} (2 - 2x - y)\,dx\right\} dy \\ &= 2\int_0^1 (1 - y)\,dy = 1 \qquad (4.78)\end{aligned}$$

となる．

¶

問 4.12 半径 R の球面 S 上で一定のベクトル $\boldsymbol{A} = (0,\ 0,\ a)$ の面積分を求めなさい．

第5章

微分方程式

— 数学モデルをつくるツール —

自然科学から社会科学まで，対象が何であろうとも，その状態の変化・変動を精密に調べようとすれば，微分方程式が登場する．しかし，初等的（解析的）な方法で解ける微分方程式のタイプは限られており，現実の問題に現れる微分方程式の多くは複雑で，簡単には解けない．そのようなときは計算機に頼るしかないが，計算結果のチェックや数値シミュレーションを正しく行なうためには，微分方程式の理解と初等的な解法の習得が必要である．

5.1 5.2 5.3 5.4

5.1　微分方程式とは？

5.1.1　微分方程式のあらまし

微分方程式とは，未知の関数 y とその導関数 y', y'', y''', $\cdots$ を含む1つの関係式のことである．いま，未知の関数 $y(x)$ に対する微分方程式の例として

$$\text{(a)}\quad \frac{dy}{dx} = 3y, \qquad \text{(b)}\quad \frac{d^2y}{dx^2} + 2y = 0 \tag{5.1}$$

をみてみよう．

ここに現れる導関数はすべて常微分なので，この微分方程式を**常微分方程式**とよぶ．そして，常微分方程式に含まれる最高階の導関数が n 階であるとき，***n* 階常微分方程式**という．したがって，(a) は1階常微分方程式で，(b) は2階常微分方程式である．

さらに，最高階の導関数の次数 (degree) が p であれば，***n* 階 *p* 次の常微分方程式**と表現する．この表現を使えば，(a) は最高階の y' が1次なので

1階1次の常微分方程式であり，(b) は2階1次の常微分方程式である．

また，(5.1) の y, y', y'', $\cdots$ のように y に比例する項だけを含む，つまり，**1次式**だけを含む方程式のことを**線形微分方程式**という．したがって，(a) は1階の線形常微分方程式で，(b) は2階の線形常微分方程式である．

これに対して，y^2, yy', y'^2, $\cdots$ のような2次以上の項 (**非線形項**という) を含む方程式を**非線形微分方程式**といい，例えば，

$$\text{(c)}\quad y = 2xy' + yy'^2, \qquad \text{(d)}\quad xy^4y'' + xy'^2 = yy' \tag{5.2}$$

などである．

第5章と第6章では常微分方程式を扱うが，それらは (5.1) や (5.2) のようにいろいろな形をしている．そのため，常微分方程式を一般的に表現するときには

$$F(x, y, y', y'', \cdots) = 0 \tag{5.3}$$

のような式を使う (なお，これを $f(x,\ y,\ y',\ y'',\ \cdots) = 0$ と書くと多変数関数 f と誤解されるので，大文字 F を使うことが多い)．

第7章では，未知関数 u が2つ以上の変数をもつ多変数関数の微分方程式を扱う．この場合，方程式は u の偏微分導関数を含むので**偏微分方程式**という．

例 5.1 微分方程式をつくる

$$y = \frac{1}{2}ax^2 + bx + c \tag{5.4}$$

を x で2回続けて微分すると，$y'' = a$ となる．いい換えれば，(5.4) は2階微分方程式 $y'' = a$ の一般解 (5.1.2 項を参照) になる． ■

［例題 5.1］ 微分方程式

$y^2 = 4ax$ から定数を消去して微分方程式をつくりなさい．

［解］ $y^2 = 4ax$ を微分すると $2yy' = 4a$ なので，もとの方程式に代入すると $y^2 = 4ax = (2yy')\,x$ となり，両辺を y で割ると，微分方程式 $y = 2xy'$ を得る．

¶

問5.1 $y = a\sin\omega t + b\cos\omega t$ から定数 a, b を消去すると，微分方程式

$$\frac{d^2y}{dt^2} = -\omega^2 y \tag{5.5}$$

となることを示しなさい．

> **ひとくちメモ** **〈用語〉** 常微分方程式を簡単に**微分方程式**とよぶ慣習があるのは，そのようによんでも誤解されることがないからである．なぜなら，偏微分方程式を指す場合には，「偏」を省略することはほとんどないからである．本書でも，適宜この慣習に従う．

5.1.2 一般解と解曲線

一般解と特解

例えば，次の微分方程式

$$\frac{dy}{dx} = -\sin x \tag{5.6}$$

に $y = \cos x$ を代入すると，$y' = (\cos x)' = -\sin x$ だから，左辺と右辺は一致し，微分方程式 (5.6) を恒等的に満たす．このとき，$y = \cos x$ を (5.6) の**解**という．つまり，一般に微分方程式 $F(x,\ y,\ y',\ y'',\ \cdots) = 0$ を恒等的に満たす特定の関数 y がみつかれば，それが微分方程式の解である．

ここで，注意してほしいことは，微分方程式 (5.6) の解は $y = y_1 = \cos x$ だけでなく，これに定数を加えたものを含めると無数につくれるということである．なぜなら，定数の微分はゼロだからである．

例えば，次の y_2, y_3, y_4

$$y_2 = \cos x + 2, \qquad y_3 = \cos x - 1, \qquad y_4 = \cos x - 2.5 \tag{5.7}$$

もすべて解になる (図5.1)．そのため，C を**任意定数**として解 y を

$$y = \cos x + C \tag{5.8}$$

の形で与えれば，これが微分方程式 (5.6) の一般的な解になる．

このように，任意定数を含む解 (5.8) のことを**一般解**という．これに対し

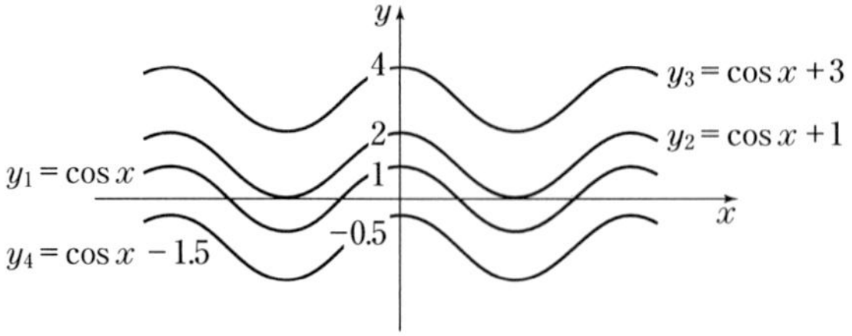

図5.1

て，(5.7) の4つの解は，この任意定数 C に特定の値を入れたものであり，このように任意定数を含まない解のことを**特解**という．

［例題5.2］ 一般解

$y = Cx^3$ は1階微分方程式 $xy' = 3y$ の一般解であることを示しなさい．ただし，C は任意定数である．

［解］ $y' = (Cx^3)' = 3Cx^2$ だから，これを微分方程式 $xy' = 3y$ の左辺に代入して，右辺の $3y$ に等しくなることを確かめればよい．$y' = 3Cx^2$ を左辺に代入すると $xy' = x(3Cx^2) = 3(Cx^3)$ であるが，$y = Cx^3$ だから，右辺は $xy' = 3y$ となり，右辺に一致する．

このように，$y = Cx^3$ は C の値にかかわらず常に $xy' = 3y$ を満たすから，一般解である．

¶

例 5.2 微分方程式 $y^2 = 2ax - a^2$ は1階微分方程式 $y = 2xy' - yy'^2$ の一般解，$y = ae^{kx} + be^{-kx}$ は2階微分方程式 $y'' = k^2x$ の一般解である． ■

では，(5.8) の任意定数 C はどこから現れるのだろうか．それを次に説明しよう．

微分方程式の積分と積分定数の個数

微分方程式 (5.6) の両辺を x で積分すると，一般解 (5.8) を得る．このとき，C は**積分定数**である．このように，微分方程式を“解いて”一般解を求めるための計算は，積分である．つまり，微分方程式を解くとは，積分をすることである．

1 階微分方程式を解くためには 1 回の積分が必要であるから，積分定数が 1 個現れる．(5.6) の一般解に任意定数 C が 1 個現れたのは，このためである．したがって，n 階微分方程式を解くときは n 回の積分を行なうから，一般解は n 個の任意定数を含むことになる．

なお，個別の問題を解くときには，この任意定数の値は問題に課せられた**初期条件**（例えば，時刻 $t=0$ で一般解が満たす条件）で決まる（例題 5.3 を参照）．

［例題 5.3］ 微分方程式の初期条件

問 5.1 の微分方程式 (5.5) の初期条件を $y(0)=2$, $y'(0)=0$ として，特解を求めなさい．

［解］ 微分方程式 (5.5) の一般解は $y(t)=a\sin\omega t+b\cos\omega t$ であるから，$y'(t)=\omega a\cos\omega t-\omega b\sin\omega t$ となる．初期条件から $y(0)=2=a\sin 0+b\cos 0=b$, $y'(0)=0=\omega a\cos 0-\omega b\sin 0=\omega a$ となるので，$a=0$, $b=2$ を得る．これから，特解は $y(t)=2\cos\omega t$ である．

¶

問 5.2 次の微分方程式の一般解を求めなさい．また，その一般解からカッコ内の初期条件を満たす特解を求めなさい．

$$\frac{dx(t)}{dt}=0 \qquad (\text{初期条件 } x(0)=1) \tag{5.9}$$

一般解と解曲線 微分方程式 (5.6) の特解 (5.7) を図 5.1 のようにグラフで表したとき，それぞれの曲線を**解曲線**（または**積分曲線**）という．このような解曲線は積分定数 C の値によっていくらでも描けるので，(5.8) は解曲線の集まり（**解曲線群**）を表しているともいえる．そのため，「微分方程式は解曲線群を表している」といってもよい．そして，解曲線群が一般解に相当する．

ちなみに，一般解に含まれる任意定数 C_i ($i=1, 2, \cdots, n$) に応じて解曲線がいくつもできることを「C_i をパラメータとして解曲線が**族** (family) をつくる」と表現する．そして，パラメータが n 個ある族を **n パラメータ族**とよぶ．例えば，図 5.1 は 1 パラメータ族の例である．

5.1 5.2 5.3 5.4

5.2 変数分離法

本節では，1 階 1 次の常微分方程式

$$y' = \frac{dy}{dx} = f(x, y) \tag{5.10}$$

を扱う．これは，(5.3) の $F(x, y, y') = 0$ を y' の方程式の形に書き換えたものである．この微分方程式の解法は $f(x, y)$ の形により，**変数分離法**，**積分因子法**，**定数変化法**などに分けられる．その内，「変数分離法」を 5.2 節で，「積分因子法」を 5.3 節で説明する．そして，「定数変化法」の説明は第 6 章で行なう．

5.2.1 変数分離型の方程式

微分方程式

$$\frac{dy}{dx} = X(x)\,Y(y) \tag{5.11}$$

を**変数分離型**とよぶ．変数分離型とよぶ理由は，(5.10) の $f(x, y)$ が x の関数 $X(x)$ と y の関数 $Y(y)$ に分離されている（分離できる）からである．もし $Y(y) \neq 0$ ならば，(5.11) の両辺を $Y(y)$ で割って

$$\frac{1}{Y(y)}\frac{dy}{dx} = X(x) \tag{5.12}$$

と書き換えることができる．

変数分離型 (5.12) に対する解法をこれから述べよう．

変数分離型 (5.12) の解法　微分記号 dy/dx を形式的に $dy \div dx$ のよ

うな分数と考え，分母の dx を払うと（両辺に dx を掛けると），(5.12) は

$$\frac{1}{Y(y)}\,dy = X(x)\,dx \qquad (5.13)$$

のように y だけの式と x だけの式に分離できる（ひとくちメモ〈微分記号〉を参照）．**変数分離法**は，このような変数分離された方程式の両辺を

$$\int^{y}\frac{1}{Y(u)}\,du = \int^{x} X(v)\,dv + C \qquad (C：積分定数) \qquad (5.14)$$

のようにそれぞれ積分して，一般解 y を求める方法である．

ところで，はじめに $Y(y) \neq 0$ を仮定して (5.12) としたが，(5.11) で $Y(y_0) = 0$ となる定数 y_0 があれば，$y = y_0$ は特解になる．なぜなら，y_0 は (5.11) の両辺を恒等的に満たす（任意定数を含まない）解だからである（つまり，(5.11) の左辺は $y' = (y_0)' = 0$ であり，(5.11) の右辺は $X(x)\,Y(y) = X(x)\,Y(y_0) = 0$ であるから，(5.11) は常に成り立つ）．

ひとくちメモ **〈微分記号〉**　微分記号 dy/dx には

(1)　導関数 $y'(x)$ の意味

(2)　微分 dy と微分 dx の比の意味

がある．そのため，変数分離型の (5.12) を (5.13) のように dy と dx を分けて式を変形してもよいのである．ちなみに，この微分記号はライプニッツによって提唱されたものである．

［例題 5.4］　変数分離型

微分方程式

$$\frac{dy}{dx} = \lambda y \qquad (\lambda：比例係数) \qquad (5.15)$$

の一般解が

$$y = Ae^{\lambda x} \qquad (A：積分定数) \qquad (5.16)$$

の形になることを示しなさい．

[解] (5.11) で $X(x) = \lambda$, $Y(y) = y$ とおき，(5.14) の積分を計算すると

$$\int^y \frac{1}{u}\,du = \int^x \lambda\,dv + C \quad \to \quad \log y = \lambda x + C \tag{5.17}$$

となる (C は積分定数)．したがって，一般解 y は

$$y = e^{\lambda x + C} = e^C e^{\lambda x} \tag{5.18}$$

となり，積分定数を $A = e^C$ に書き換えると (5.16) になる．

なお，(5.17) のように，積分変数をいつもダミー変数に書き換えるのは煩雑だから，誤解を生じなければ

$$\int^y \frac{1}{y}\,dy = \int^x \lambda\,dx + C \quad \to \quad \log y = \lambda x + C \tag{5.19}$$

のように，同じ文字を使って計算してもよい (この記述の方がポピュラーであるが，多重積分のようにいくつも積分変数が現れるときは，ダミー変数を使った方が計算ミスを防ぎやすい)．

(注) 積分定数は任意定数だから，(5.17) で C の代わりに $\log A$ としておけば，すぐに (5.16) の形になる．したがって，積分定数の関数形をうまく選ぶことも大切である．

¶

変数分離は微分方程式を解くときの基本である．どんな方程式でも，それを初等的な解法で解こうとする場合は，いろいろなテクニックを駆使して変数分離型に書き換えるのである．このとき，「書き換え (つまり，変数変換)」が解法のカギを握っており，方程式のタイプごとに特有のパターンがあるので，それらを学ぶことが大切である．

問 5.3 人口増加モデルとして，オランダの数理生物学者ヴェアフルストが

$$\frac{dy}{dt} = ay - by^2 \qquad (a > 0,\ b \geq 0) \tag{5.20}$$

という方程式を提唱した．これを**ロジスティック方程式**という．(5.20) の解は

$$y(t) = \frac{ay_0}{by_0 + (a - by_0)e^{-a(t-t_0)}} \tag{5.21}$$

で与えられることを示しなさい．ただし，y_0 は $t = t_0$ での $y(t)$ の値 (つまり，初期の人口値) である．(5.21) は図 5.2 のような S 字型の曲線を描き，これを**ロジスティック曲線**という．

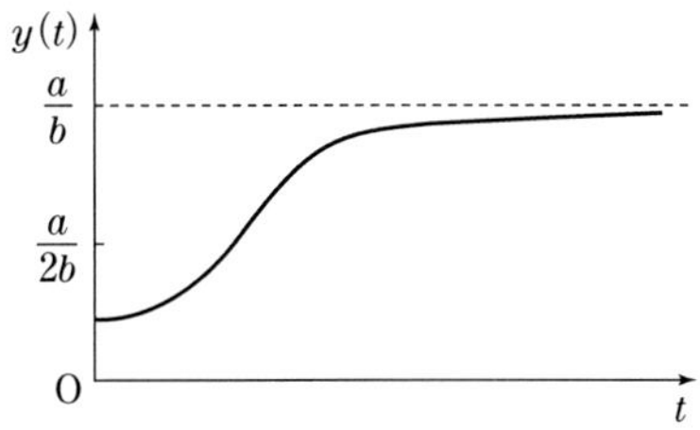

図 5.2

ひとくちメモ **〈ロジスティック曲線〉** ロジスティック曲線がS字型になるのは

$$\frac{d^2y}{dt^2} = \frac{d}{dt}\left(\frac{dy}{dt}\right) = \frac{d}{dt}(ay - by^2) = (a - 2by)\frac{dy}{dt} = (a - 2by)(a - by)y \tag{5.22}$$

からわかる．つまり，dy/dt は $y < a/2b$ のときに増加し，$y > a/2b$ のときに減少する．よって $y_0 < a/2b$ の場合，y のグラフは図 5.2 のような形を示す．

5.2.2 同次型の微分方程式

微分方程式

$$\frac{dy}{dx} = f\left(\frac{y}{x}\right) \tag{5.23}$$

を**同次型**という．

例 5.3 同次型 $2xyy' = x^2 + y^2$ や $(x^2 + y^2)y' = 2xy$ は同次型になる． ■

(5.23) は，(5.10) の $f(x, y)$ が y/x の関数の場合に当たる．同次型の微分方程式は，変数分離法を使って次のようにして解くことができる．

同次型 (5.23) の解法 関数 $f(y/x)$ が 1 変数関数 $f(u)$ になるように変数変換するのがポイントであるが，これは $y/x = u$ とおくことで変換できる．この変数変換で dy/dx は

$$\frac{dy}{dx} = \frac{d}{dx}(xu) = x\frac{du}{dx} + u \tag{5.24}$$

となるから，(5.23) は du/dx の微分方程式

$$\frac{du}{dx} = \frac{1}{x}\{f(u) - u\} \tag{5.25}$$

に変わる（ただし，$x \neq 0$ を仮定）.

これは変数分離型 (5.11) と同じ形をしていて，もし，$f(u_0) - u_0 = 0$ となる解 $u = u_0$ が存在すれば，$y = u_0 x$ が (5.23) の特解になる．これ以外の一般解は $f(u) - u \neq 0$ なので

$$\int \frac{dx}{x} = \int \frac{du}{f(u) - u} + C \tag{5.26}$$

を解くことで求められる（C は積分定数）．これより

$$\log x = \int \frac{du}{f(u) - u} + C \tag{5.27}$$

あるいは

$$x = Ae^{F(u)} \qquad \left(\text{ただし } F(u) = \int \frac{du}{f(u) - u}\right) \tag{5.28}$$

を得る．ここで，$A = e^C$ は積分定数である.

［例題 5.5］ 同次型

微分方程式

$$\frac{dy}{dx} = -\frac{x}{y} \tag{5.29}$$

の一般解が

$$x^2 + y^2 = A \qquad (A：\text{積分定数}) \tag{5.30}$$

であることを示しなさい.

［解］ (5.23) で $f(y/x) = -x/y$ とおいたものが (5.29) であるから，変数変換 $y/x = u$ より $f(u) = -1/u$ である．このとき，(5.27) の右辺の第 1 項は

$$-\int \frac{udu}{1+u^2} = -\frac{1}{2}\int \frac{dz}{1+z} = -\frac{1}{2}\log(1+z) = -\log\sqrt{1+u^2} \tag{5.31}$$

となる．ただし，積分の途中で $u^2 = z$ とおいた．したがって，(5.27) は

$$\log x\sqrt{1+u^2} = C \quad \rightarrow \quad x\sqrt{1+u^2} = e^C \quad \rightarrow \quad x^2\left(1+\frac{y^2}{x^2}\right) = e^{2C} \tag{5.32}$$

のように変形される．ここで，積分定数を $A = e^{2C}$ とおけば (5.30) になる．

¶

ひとくちメモ　**〈同次型の解曲線の幾何学的な意味〉**　同次型 (5.23) の $f(y/x)$ において $y/x = m$ と変数変換し（すなわち，直線 $y = mx$ で書き換えた式）

$$\frac{dy}{dx} = f(m) \tag{5.33}$$

をつくってみると，微分方程式 (5.33) の解の特徴がみえてくる．

微分方程式は解曲線群を表すから (5.1.2 項の「一般解と解曲線」を参照)，原点を通る直線 $y = mx$ と解曲線群との交点における微係数 y'（つまり，接線の傾き）はすべて同じ値 $f(m)$ になることを，(5.33) は表している．したがって，これらの交点におけるそれぞれの曲線の接線は互いに平行になる．実際に，図 5.3 のように (5.30) の解曲線群（たくさんの同心円）を描くと接線が平行であることがわかる．

このように，微分方程式 (5.33) の解曲線群は原点を相似の中心としたものになる．

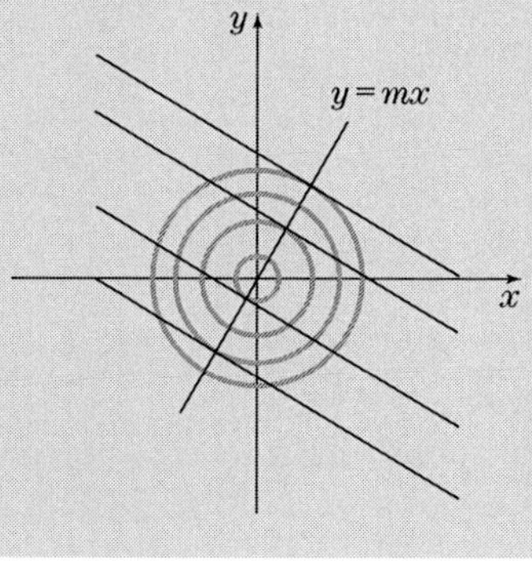

図 5.3

問 5.4　微分方程式

$$\frac{dy}{dx}=\frac{x^2+y^2}{2xy} \tag{5.34}$$

の一般解が

$$(x+A)^2-y^2=A^2 \qquad (A：積分定数) \tag{5.35}$$

であることを示しなさい．

5.1 5.2 5.3 5.4

5.3　積分因子（いんし）法

変数分離法では，(5.12) のように Y で「割り算」をするので，$Y \neq 0$ と $Y=0$ の場合分けが必要になる．しかし，このような場合分けは，Y が複雑な関数であれば厄介な計算になる．そこで，この割り算を避ける方法が望まれるが，これから説明する積分因数法が，この希望にかなった解法である．

基本的な考え方

この解法の基本的なアイデアを，例題 5.4 の (5.15) 式，$y'=\lambda y$ に使ってみてみよう．この式を $y'-\lambda y=0$（つまり，右辺を移項して「方程式 $=0$」）の形に変えてから，両辺に未知関数 μ を掛けた

$$\mu\left(\frac{dy}{dx}-\lambda y\right)=0 \tag{5.36}$$

が，

$$\frac{d(\mu y)}{dx}=0 \tag{5.37}$$

のように書けたとしよう．そうすれば，「$\mu y=$ 一定」だから，$\mu y=C$ となる（C は任意定数）．つまり，微分方程式 (5.15) の一般解は

$$y=\frac{C}{\mu}=C\mu^{-1} \tag{5.38}$$

で与えられる．

未知関数 μ の具体的な形　このμの具体的な形は，(5.36) と (5.37) の左辺を等しいとおくことによって決まる．つまり，$\mu y' - \mu\lambda y = (\mu y)' = \mu y' + \mu' y$ より

$$\frac{d\mu}{dx} = -\lambda\mu \quad \to \quad \mu(x) = Be^{-\lambda x} \tag{5.39}$$

である（B は任意定数で，この一般解は (5.16) を参照）．したがって，(5.38) より $y = (C/B)e^{\lambda x} = Ae^{\lambda x}$ となる（C/B は任意定数なので，別の任意定数 A と書き換えた）．これは (5.16) に一致する．

この例からわかるように，うまい関数 μ を探して微分方程式を $(\mu y)' = 0$ の形に書き換えれば「$\mu y =$ 一定」より解が求まる．このように微分方程式を $d(\cdots)/dx = 0$ の形に書き換えられるような役割を担った関数 μ のことを**積分因子**（または**積分因数**）という．そして，このような解法を**積分因子法**（または**積分因数法**）という．

次に，この積分因子法をもっと一般的な微分方程式で説明しよう．

5.3.1 線形の微分方程式

$P(x)$ を既知関数とするとき，微分方程式

$$\frac{dy}{dx} + P(x)y = 0 \tag{5.40}$$

を **1 階線形微分方程式**という．これに積分因数 μ を掛けて，とにかく

$$\mu\left\{\frac{dy}{dx} + P(x)y\right\} = \frac{d(\mu y)}{dx} = 0 \tag{5.41}$$

となる μ を探してみよう．つまり，

$$\frac{d(\mu y)}{dx} = \mu\left\{\frac{dy}{dx} + P(x)y\right\} \tag{5.42}$$

$$\frac{d(\mu y)}{dx} = 0 \tag{5.43}$$

を同時に満たすμを探す．

(5.42) の左辺を微分してから右辺と比べると，$\mu' y + \mu y' = \mu y' + \mu P y$ であるから

$$\frac{d\mu}{dx} = P\mu \tag{5.44}$$

を得る．このμに対する微分方程式 (5.44) は変数分離型だから

$$\int \frac{d\mu}{\mu} = \int^x P(u)\, du + \log C \qquad (\log C：積分定数) \tag{5.45}$$

の積分から，μは

$$\mu(x) = C \exp\left\{\int^x P(u)\, du\right\} \tag{5.46}$$

のように決まる．ただし，(5.45) でPの積分はダミー変数uを用いているので，積分記号の上限にxを付けている（このように書くと正しい結果が得られることは例 5.4 でわかる）．

一方，(5.43) より$\mu y = B$（ただしBは任意定数）とおけるから，$y = B/\mu$ より，微分方程式 (5.40) の解は

$$y(x) = A \exp\left\{-\int^x P(u)\, du\right\} \tag{5.47}$$

で与えられる（ただし，$A = B/C$は任意定数）．

例 5.4 積分因数 μ 微分方程式 (5.40) で$P(x) = -\lambda$とおくと，解は (5.47) から$y(x) = A\exp\{-\int^x P(u)\, du\} = A\exp(\int^x \lambda\, du) = Ae^{\lambda x}$となる．これは，(5.16) に一致する． ■

より一般的な1階線形微分方程式

次に，(5.40) の右辺に別の既知関数$Q(x)$をもった1階線形微分方程式

$$\frac{dy}{dx} + P(x)y = Q(x) \tag{5.48}$$

を考えよう．この場合，(5.41) に対応する式は

$$\mu\left\{\frac{dy}{dx}+P(x)y\right\}=\frac{d(\mu y)}{dx}=\mu\,Q(x) \tag{5.49}$$

であるから，(5.42) と

$$\frac{d(\mu y)}{dx}=\mu\,Q(x) \tag{5.50}$$

を同時に満たす μ を探せばよい．(5.50) を積分すると

$$\mu(x)\,y(x)=\int^{x}\mu(u)\,Q(u)\,du+B \qquad (B\text{：積分定数}) \tag{5.51}$$

となるから，微分方程式 (5.48) の解は

$$y(x)=\frac{1}{\mu(x)}\int^{x}\mu(u)\,Q(u)\,du+\frac{B}{\mu(x)} \tag{5.52}$$

となる．ここで，$\mu(x)$ に (5.46) を代入すれば，微分方程式 (5.48) の一般解は

$$y(x)=e^{-\int^{x}P(u)\,du}\int^{x}e^{\int^{u}P(v)\,dv}\,Q(u)\,du+Ae^{-\int^{x}P(u)\,du} \tag{5.53}$$

となる．ただし，任意定数 A は $A=B/C$ である．

［例題 5.6］ 線形微分方程式

積分因数法で，微分方程式

$$\frac{dy}{dx}-\frac{2y}{x+1}=(x+1)^{2} \tag{5.54}$$

を解きなさい．

［解］ (5.54) を (5.48) と比べると，これは $P(x)=-2y/(x+1)$，$Q(x)=(x+1)^{2}$ の場合に当たる．(5.46) の積分因子 μ を $\mu=Ce^{R}$ と書けば，R は

$$R=\int P(x)\,dx=\int\frac{-2}{x+1}\,dx=-2\log(x+1)=\log(x+1)^{-2} \tag{5.55}$$

となるから

$$e^{R}=e^{\log(x+1)^{-2}}=\frac{1}{(x+1)^{2}},\qquad \mu=Ce^{R}=\frac{C}{(x+1)^{2}} \tag{5.56}$$

である．一方，$Q(x) = (x+1)^2$ であるから，$\mu Q(x) = C$ となる．

したがって，一般解は (5.52) から

$$y = \frac{1}{\mu}\int^x \mu Q\,du + \frac{B}{\mu} = \frac{1}{Ce^R}\int^x C\,du + Ae^{-R}$$
$$= \frac{Cx}{Ce^R} + Ae^{-R} = e^{-R}(x+A) = (x+1)^2(x+A) \quad (5.57)$$

となる．

¶

問 5.5 $y' - 2xy = x$ を解きなさい．

5.3.2 完全型の微分方程式

微分方程式

$$Q(x, y)\,\frac{dy}{dx} + P(x, y) = 0 \quad (5.58)$$

のように，P, Q が2変数関数である場合にも，一般解を求めるのに積分因子法のアイデアが使えれば便利である．実は，3.3節で説明した全微分を利用すれば，これが実現できる．そのために，(5.58) の両辺に dx を掛けた方程式

$$P(x, y)\,dx + Q(x, y)\,dy = 0 \quad (5.59)$$

から出発するのがよい．これを，**完全型**という．

いま，仮に P, Q がある関数 $\Phi(x, y)$ を使って

$$P(x, y) = \frac{\partial\Phi(x, y)}{\partial x} = \Phi_x, \qquad Q(x, y) = \frac{\partial\Phi(x, y)}{\partial y} = \Phi_y \quad (5.60)$$

のように表せるならば，(5.59) は

$$\frac{\partial\Phi(x, y)}{\partial x}dx + \frac{\partial\Phi(x, y)}{\partial y}dy = 0 \quad (5.61)$$

のように，Φ の全微分 $d\Phi$ になるので，微分方程式 (5.59) は

$$d\Phi(x, y) = 0 \quad (5.62)$$

となる．したがって，(5.62) から微分方程式 (5.58) の一般解は単純に

$$\Phi(x, y) = C \qquad (C：積分定数) \tag{5.63}$$

となる（または，(5.63) を y について解いた $y = y(x, C)$）．(5.63) が (5.62) の解であることは，定数 C を偏微分するとゼロ ($\partial\Phi/\partial x = \partial C/\partial x = 0$, $\partial\Phi/\partial y = \partial C/\partial y = 0$) になることからわかる．

例 5.5　完全型　$3x^2y^2\,dx + 2x^3y\,dy = 0$ を (5.59) と比べると，$P = 3x^2y^2$, $Q = 2x^3y$ である．$\Phi_x = 3x^2y^2$, $\Phi_y = 2x^3y$ を満たす Φ は $\Phi = x^3y^2$ であるから，一般解は $x^3y^2 = C$ である．あるいは，$y = \pm\sqrt{C}x^{-3/2}$ である．■

完全型になるための条件　いま，$\Phi(x, y)$ が滑らかな関数であれば，Φ を x と y で微分する順序を変えても偏導関数の値は変わらないから，$\Phi_{yx} = \Phi_{xy}$ が成り立つ．そのため，微分方程式 (5.59) が完全型であるためには

$$\frac{\partial P}{\partial y} = \frac{\partial Q}{\partial x} \tag{5.64}$$

が成り立てばよい．

例 5.6　完全型の条件　例 5.5 の $P = 3x^2y^2$, $Q = 2x^3y$ は，$\partial P/\partial y = 6x^2y$, $\partial Q/\partial x = 6x^2y$ で，確かに (5.64) が成り立っていることがわかる．■

微分方程式 (5.59) が完全型でない場合の解き方

この場合，P, Q の間に (5.64) という関係は成り立たないので，微分方程式 (5.59) の両辺に適当な積分因数 $\mu(x, y)$ を掛けた

$$\mu P\,dx + \mu Q\,dy = 0 \tag{5.65}$$

に対して，(5.64) と等価な条件式

$$\frac{\partial(\mu P)}{\partial y} = \frac{\partial(\mu Q)}{\partial x} \tag{5.66}$$

が成り立つように μ を決めればよい ($\mu = 1$ のとき (5.66) は (5.64) に戻る)．この解き方を理解するために，次の例題 5.7 を解いてみよう．

［例題 5.7］　積分因子の決め方

微分方程式

$$3y\,dx + 2x\,dy = 0 \tag{5.67}$$

を解きなさい．

［解］　微分方程式 (5.67) は，実は例 5.5 の微分方程式 $3x^2y^2\,dx + 2x^3y\,dy = 0$ を x^2y で割った式である．ここでは，例 5.5 の解を知らないものとして (5.67) の解を考えてみよう．

(5.67) を (5.59) と比べると $P = 3y$, $Q = 2x$ だから

$$\frac{\partial}{\partial y}P = \frac{\partial}{\partial y}(3y) = 3, \qquad \frac{\partial}{\partial x}Q = \frac{\partial}{\partial x}(2x) = 2 \tag{5.68}$$

となり，(5.64) を満たさないから，(5.67) は完全型ではない．そこで，積分因子を $\mu = x^my^n$ と仮定して，(5.67) の両辺に掛けた式

$$3x^my^{n+1}\,dx + 2x^{m+1}y^n\,dy = 0 \tag{5.69}$$

をつくり，これが完全型になるように指数 m, n を決める．完全型になるためには，(5.64) の条件から

$$\frac{\partial}{\partial y}(3x^my^{n+1}) = 3(n+1)x^my^n, \qquad \frac{\partial}{\partial x}(2x^{m+1}y^n) = 2(m+1)x^my^n \tag{5.70}$$

の 2 つが等しければよいから

$$3(n+1)x^my^n = 2(m+1)x^my^n \ \rightarrow\ 3(n+1) = 2(m+1) \tag{5.71}$$

のような関係式を得る．これから，$n = 1$, $m = 2$ が求まるから，(5.67) の両辺に x^2y を掛けた式 $3x^2y^2\,dx + 2x^3y\,dy = 0$ を得る．この式は，例 5.5 と同じ式だから，一般解も $x^3y^2 = C$ となる．

（注）　指数 m, n を決める方程式 (5.71) からは，$n = 1$, $m = 2$ 以外に，$n = 3$, $m = 5$ や $n = 5$, $m = 8$ などの値も許されるが，これらの値を用いても同じ一般解になる．

¶

問 5.6

$$\frac{dy}{dx} = -\frac{2xy + x\cos x + \sin x}{x^2 + 1} \tag{5.72}$$

の一般解を求めなさい．そして，$y(0) = 3$ を満たす特解を求めなさい．

5.4　物理・工学への応用問題

［1］　気圧 p が高さ z の増加とともに減少する割合 $-dp/dz$ は，空気密度 ρ と重力加速度 g との積 ρg に等しい．断熱変化のとき $p = k\rho^{\gamma}$ の関係があるので，空気密度は $\rho = (p/k)^{1/\gamma}$ である（k は比例係数，γ は定圧比熱 c_p と定積比熱 c_v の比 c_p/c_v で，空気では $\gamma = 1.4$）．したがって，気圧変化は

$$\frac{dp}{dz} = -g\left(\frac{p}{k}\right)^{1/\gamma} \tag{5.73}$$

で与えられる．変数分離法を使って，この一般解が

$$\{p(z)\}^{1-1/\gamma} = -\left(1 - \frac{1}{\gamma}\right)\frac{g}{k^{1/\gamma}}z + C \tag{5.74}$$

となることを示しなさい．ただし，C は積分定数である．

［2］　速さ v に比例する抵抗力 γv（γ は抵抗の大きさを表す定数）を受けながら落下する雨粒（質量 m）の運動は

$$m\frac{dv}{dt} = -mg - \gamma v \tag{5.75}$$

で記述される．ただし，mg は雨粒にはたらく重力である．この一般解が

$$v(t) = C\exp\left(-\frac{\gamma}{m}t\right) - \frac{mg}{\gamma} \tag{5.76}$$

となることを示しなさい．ただし，C は積分定数である．

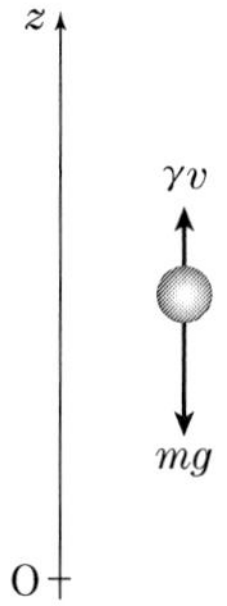

図 5.4

［3］　図 5.5 のように，電源 E にコイル L と抵抗 R を直列に接続した回路を ***LR* 回路**という．この回路を流れる電流 I は

$$\frac{dI}{dt} + \frac{R}{L}I = \frac{E}{L} \tag{5.77}$$

で記述される．いま，スイッチ S を時刻 t_0 に閉じると，時刻 t_0 から t までの間に回路に流れる電流 $I(t)$ が

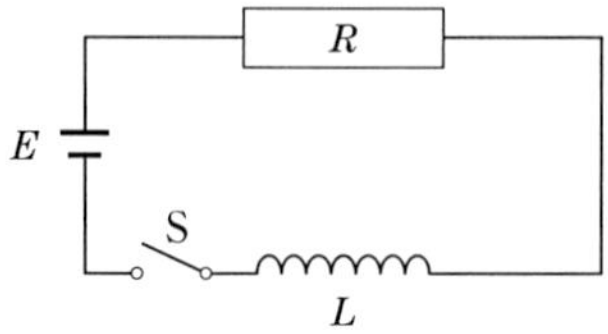

図 5.5

LR 回路

$$I(t) = e^{-Rt/L} \int_{t_0}^{t} \frac{E}{L} e^{Ru/L}\, du + Ae^{-Rt/L} \tag{5.78}$$

で与えられることを示しなさい．

［4］ 体積 V，圧力 p，内部エネルギー U の理想気体が断熱的（熱の出入りなし）に変化するとき，状態方程式

$$dU + p\,dV = 0 \tag{5.79}$$

が成り立つ．積分因子法を使って，この一般解が

$$S = C_v \log T + R \log V + S_0 \tag{5.80}$$

となることを示しなさい．ただし，$C_v = dU/dT$，S_0 は初期値である．この S を**エントロピー**という．

第6章

2階常微分方程式

― 振動現象を表現するツール ―

身の回りには振動をともなう現象がたくさんある．例えば，振り子，バネに結ばれたおもり，電気共振回路など．実は，このような振動を記述するには微分方程式は2階以上でなければならないから，2階常微分方程式を学ぶ必要がある．しかし，もっと重要なことは，一見異なってみえる現象が同じ形の微分方程式で記述できるという事実である．そのため，いくつかの代表的な2階微分方程式をマスターすれば，個別の現象の違いを超えて，それらの背後にある普遍的な構造が理解できるようになる．これこそ，微分方程式を理工学の重要な数学ツールとして学ぶ楽しさといえるだろう．

6.1　階数の引き下げ

2階常微分方程式を解いて，その解が初等関数で表せるとき，このことを解析的に解けるという．実際には，解析的に解けるケースはあまり多くないが，2階微分方程式が見かけ上1階微分方程式に変形できる，つまり，**階数の引き下げ**（**階数低下**という）ができる場合には解析的に解くことができる．ここでは，2つのケースを説明する．

y を含まない $F(x,\ y',\ y'')=0$ のタイプ

このタイプは，$y'=dy/dx=p$ とおくと $y''=dp/dx=p'$ となるので，$F(x,\ p,\ p')=0$ に変わる．これは p に対する1階微分方程式であるから，解析的に解ける．

[例題 6.1] 階数の引き下げ

微分方程式

$$y'' + \frac{2}{x}y' = 0 \tag{6.1}$$

を解きなさい.

[解] $y' = p$ とおくと, (6.1) は

$$\frac{dp}{dx} + \frac{2}{x}p = 0 \ \rightarrow \ \frac{dp}{p} + 2\frac{dx}{x} = 0 \tag{6.2}$$

のように, 変数分離型になる. これを積分すると

$$\log p + 2\log x = \log C_1 \ \rightarrow \ px^2 = C_1 \tag{6.3}$$

となるので, $p = C_1/x^2$ を得る (ただし, (6.3) で積分定数を $\log C_1$ とおいた). $y' = p$ であるから, $y' = C_1/x^2$ をもう一度 x で積分すれば

$$\frac{dy}{dx} = \frac{C_1}{x^2} \ \rightarrow \ dy = \frac{C_1}{x^2}dx \ \rightarrow \ \int dy = \int \frac{C_1}{x^2}dx \tag{6.4}$$

より, 一般解は

$$y = -\frac{C_1}{x} + C_2 \tag{6.5}$$

となる. ここで, C_1, C_2 は積分定数であるが, 積分定数が2個になるのは微分方程式が2階のためである (5.1.2項を参照).

¶

問 6.1 $y'' + 3y' = 6x$ を解きなさい.

x を含まない $F(y, y', y'') = 0$ のタイプ

このタイプは, $y' = dy/dx = p$ とおくと

$$y'' = \frac{dp}{dx} = \frac{dp}{dy}\frac{dy}{dx} = \frac{dp}{dy}p = p\frac{dp}{dy} \tag{6.6}$$

となるので, $F(y, p, p\,dp/dy) = 0$ に変わる. これは p に対する1階微分方程式であるから, 解析的に解ける.

［例題 6.2］ 階数の引き下げ

微分方程式

$$yy'' + y'^2 = 1 \tag{6.7}$$

を解きなさい．

［解］ $y' = p$, $y'' = p\,dp/dy$ を (6.7) に代入すると

$$yp\frac{dp}{dy} + p^2 = 1 \ \rightarrow\ \frac{p}{p^2-1}dp + \frac{dy}{y} = 0 \tag{6.8}$$

のように変数分離型になるので，積分すると

$$\int\frac{p}{p^2-1}dp = -\int\frac{dy}{y} + \log C \ \rightarrow\ \frac{1}{2}\log(p^2-1) + \log y = \log C \tag{6.9}$$

となる（ただし，積分定数を $\log C$ とおいた）．(6.9) を $\log\sqrt{p^2-1}\,y = \log C$ のようにまとめれば，両辺の log の引数は等しくなければならないから $y\sqrt{p^2-1} = C$ である．したがって，$p^2 - 1 = C^2/y^2$ より $p^2 = (y^2 + C^2)/y^2$ を得る．

これで p が求まったので，$y' = p$ に代入して x で積分すればよい．つまり，

$$\frac{dy}{dx} = \pm\frac{\sqrt{y^2+C^2}}{y} \ \rightarrow\ \pm\int\frac{y\,dy}{\sqrt{y^2+C^2}} = \int dx + C_2 \tag{6.10}$$

より（C_2 は積分定数とした），一般解は

$$\pm\sqrt{y^2+C^2} = x + C_2 \ \rightarrow\ y^2 + C^2 = (x+C_2)^2 \ \rightarrow\ y = \pm\sqrt{(x+C_2)^2 - C^2} \tag{6.11}$$

となる．

¶

これらの例題から推測できるように，「階数の引き下げ」の方法は，高階の微分方程式に対しても適用でき，それらの階数を 1 階下げることができる．

問 6.2 $y'' - y'^2/(y-1) = 0$ を解きなさい．

6.2 定数変化法

微分方程式をそのまま解こうとすると難しいが，その一部の項を捨てると，残りの微分方程式の解が簡単に求まることがある．その場合，求めた解を利用して，もとの微分方程式を解く強力な方法が「定数変化法」である．

6.2.1 基本的な考え方

定数変化法は1階微分方程式にも使えるので，このアイデアを次の1階微分方程式（5.2.1項の問5.3のロジスティック方程式(5.20)）

$$\frac{dy}{dx} = ay - by^2 \qquad (a > 0,\ b \geq 0) \tag{5.20}$$

で説明しよう．

いま仮に，by^2 の項が無視できれば，この微分方程式の解は $y = Ce^{ax}$ である（(5.16) を参照）．もちろん，解くべき微分方程式は (5.20) だから，この解は正しくないが，(5.20) を b や y が非常に小さい範囲内だけで考えれば，by^2 は ay に比べて無視できるから，この解は意味をもっている．しかし，$y = Ce^{ax}$ は x とともに指数関数的に増大するので，いずれ by^2 を無視できなくなり，解 $y = Ce^{ax}$ に何らかの修正が必要になる．

そこで，定数 C を x の未知関数 $C(x)$ と仮定して

$$y = C(x)\, e^{ax} \tag{6.12}$$

とおいた解が，(5.20) を満たす（つまり，解になる）ように $C(x)$ を決めれば，そのような修正ができるはずである．(6.12) のように，定数 C を関数 $C(x)$ に変える方法が**定数変化法**である．

C の決め方　解 (6.12) を (5.20) に代入すると，左辺は $y' = (Ce^{ax})' = C'e^{ax} + aCe^{ax}$ であるから，(5.20) は

$$C'e^{ax} + Cae^{ax} = a(Ce^{ax}) - b(Ce^{ax})^2 \tag{6.13}$$

となる．したがって，C に対する微分方程式

$$\frac{dC}{dx} = -bC^2 e^{ax} \tag{6.14}$$

を得る．(6.14) は変数分離型なので

$$C(x) = \frac{1}{\dfrac{b}{a}e^{ax} + A} \tag{6.15}$$

のように $C(x)$ が決まる (A は積分定数)．この $C(x)$ と (6.12) から，(5.20) の解は

$$y = \frac{e^{ax}}{\dfrac{b}{a}e^{ax} + A} \tag{6.16}$$

となる．

問 6.3 微分方程式 (6.14) から一般解 (6.15) を導きなさい．

問 6.4 初期値 ($x = 0$ のときの y の値) を $y(0) = y_0$ とすると，(6.16) は

$$y = \frac{ay_0}{by_0 + (a - by_0)e^{-ax}} \tag{6.17}$$

になることを示しなさい．これは，変数 x を t に変えれば (5.21) に一致する．

定数変化法のポイント　この例で着目してほしいことは，by^2 の項を捨てた (無視した) 微分方程式の解に定数変化法を使って，もとの方程式の解を求めたという点である．つまり，はじめに「捨てる項 (無視する項)」をうまく選ぶことが定数変化法のポイントになる．

では，どのようにして「捨てる項」を見つけるのか？　そのカギは，次に述べる「同次方程式」と「非同次方程式」の考え方の中にある．結論を先にいえば，非同次項を捨てるのである．このことを理解するために，まず同次方程式と非同次方程式の定義を述べよう．

同次方程式と非同次方程式の定義

同次方程式　(5.20) で $b = 0$ とおくと，y に比例しない (2次の) 項が落ちる．その結果，得られる方程式 $dy/dx = ay$ には，y を定数倍しても方程式の形が変わらない，という性質が現れる．例えば，y を $5y$ としても

$$\frac{d(5y)}{dx} = a(5y) \xrightarrow{\text{両辺を 5 で割る}} \frac{dy}{dx} = ay \qquad (6.18)$$

のように，全体をその定数5で割ると，もとの方程式と同じになる．このように未知関数 y を定数倍しても，もとの方程式と同じ形になるとき，これを**同次**であるといい，このような方程式を**同次方程式**という．

非同次方程式　これに対して，(5.20) で y を5倍すると

$$\frac{d(5y)}{dx} = a(5y) - b(5y)^2 \xrightarrow{\text{両辺を 5 で割る}} \frac{dy}{dx} = ay - 5by^2 \quad (6.19)$$

のように，もとの方程式とは異なったものになる．このような方程式を**非同次方程式**という．非同次となる原因は by^2 の項の存在による．そのため，このような項を**非同次項**という．

以上の話をまとめると，まず，非同次項を無視して同次方程式の解 $y = Ce^{ax}$ を求めて，次に，定数の係数 C を x の関数 $C(x)$ と仮定する．そして，非同次方程式に代入して $C(x)$ を決めると，正しい一般解が求まることになる．

例 6.1 非同次と同次方程式　$y'' + 2y' + 3y = 5\cos kx$ は非同次方程式で，$y'' + 2y' + 3y = 0$ は，これに対応した同次方程式である．■

［例題 6.3］ 定数変化法

$$\frac{dy}{dx} = ay + bx \qquad (a > 0,\ b > 0) \qquad (6.20)$$

の解を求めなさい．

［解］　非同次項は bx なので，この項を無視した同次方程式 $dy/dx = ay$ の解をはじめに求めればよいが，これは (5.16) と同じものである．そこで，定数変化法に従って (6.12) の $y = C(x)e^{ax}$ を (6.20) に代入し，積分すれば

$$\frac{dC}{dx} = bxe^{-ax} \quad \to \quad C(x) = -\frac{b}{a}\left(x + \frac{1}{a}\right)e^{-ax} + A \tag{6.21}$$

となる（A は積分定数）．これを (6.12) に代入すれば，(6.20) の一般解

$$y = -\frac{b}{a}\left(x + \frac{1}{a}\right) + Ae^{ax} \tag{6.22}$$

を得る．

¶

問6.5 (5.48) の 1 階線形微分方程式 $y' + Py = Q$ の一般解

$$y(x) = e^{-\int^x P(u)\,du}\int^x e^{\int^u P(v)\,dv}\,Q(u)\,du + Ae^{-\int^x P(u)\,du} \tag{5.53}$$

は，(5.40) の同次方程式 $y' + Py = 0$ の解 (5.47) を

$$y(x) = C(x)\exp\left\{-\int^x P(u)\,du\right\} \tag{6.23}$$

のように，係数 C を変数にした定数変化法でも導けることを示しなさい．

一般解 (5.53) の右辺の 2 項目は積分定数 A を含む解なので，同次方程式の一般解 (5.47) と同じものである．一方，(5.53) の右辺の 1 項目は非同次方程式 (5.48) に含まれた P, Q だけで書かれ，任意定数をもたないので，(5.48) に固有な解である．このような任意定数を含まない解のことを**特解**（特殊解）という（下の（参考）を参照）．

（参考） 非同次と同次方程式の解の関係

非同次微分方程式の一般解 y は，(5.53) のように，同次方程式の一般解（同次解）$y_{\rm g}$ と非同次微分方程式の特解 $y_{\rm p}$ の和

$$y(\text{一般解}) = y_{\rm p}(\text{特解}) + y_{\rm g}(\text{同次解}) \tag{6.24}$$

で与えられる．この理由は，次のように考えると納得できるだろう．

y と $y_{\rm p}$ はともに非同次方程式 (5.48) の解であるから

$$\frac{dy}{dx} + P(x)\,y = Q(x), \qquad \frac{dy_{\rm p}}{dx} + P(x)\,y_{\rm p} = Q(x) \tag{6.25}$$

を満たす．ここで，両者の差をとると

$$\frac{d(y-y_{\rm p})}{dx}+P(x)\,(y-y_{\rm p})=0 \xrightarrow{y-y_{\rm p}=Y\text{とおく}} \frac{dY}{dx}+P(x)\;Y=0 \tag{6.26}$$

となる．関数 Y に対する方程式 (6.26) は同次方程式であるから，この Y は同次方程式の一般解（同次解）$y_{\rm g}$ に他ならない．つまり，$Y=y_{\rm g}$ であるから (6.24) が成り立つ．なお，(6.24) は高階の非同次微分方程式でも成り立つ．

6.2.2 2階線形微分方程式

P, Q, R を既知関数とする2階線形微分方程式

$$\frac{d^2y}{dx^2}+P(x)\,\frac{dy}{dx}+Q(x)\,y=R(x) \tag{6.27}$$

の一般解 y は，(6.24) のように，(6.27) に対応した同次方程式

$$\frac{d^2y}{dx^2}+P(x)\,\frac{dy}{dx}+Q(x)\,y=0 \tag{6.28}$$

の一般解 $y_{\rm g}$ と非同次方程式 (6.27) の特解 $y_{\rm p}$ との和 $y=y_{\rm g}+y_{\rm p}$ で与えられる．

同次方程式 (6.28) の一般解 $y_{\rm g}$ は，(6.28) の2つの**基本解** y_1, y_2 を使って

$$y_{\rm g}=C_1y_1+C_2y_2 \qquad (C_1,\,C_2\text{ は積分定数}) \tag{6.29}$$

で与えられる．ただし，基本解とは互いに**1次独立な解**のことで，簡単にいえば，比 y_2/y_1 が x の関数になるものである（6.3.1項のひとくちメモ〈1次従属な解と1次独立な解〉を参照）．

例 6.2 同次方程式の基本解 2階線形同次微分方程式 $y''-4y'-5y=0$ の基本解は $y_1=e^{5x}$ と $y_2=e^{-x}$ である．（解の導出は例題6.4を参照） ■

一方，非同次方程式 (6.27) の特解 $y_{\rm p}$ は，次の2つの特解

$$y_{\rm p1}=-y_1\int\frac{R(x)\;y_2}{W}\,dx, \qquad y_{\rm p2}=y_2\int\frac{R(x)\;y_1}{W}\,dx \tag{6.30}$$

の和 $y_p = y_{p1} + y_{p2}$ で与えられる．ここで，W は

$$W = y_1 y_2' - y_1' y_2 = \begin{vmatrix} y_1 & y_2 \\ y_1' & y_2' \end{vmatrix} \tag{6.31}$$

で定義される量で，**ロンスキアン**という（6.3.3項のひとくちメモ〈ロンスキアン〉を参照）．なお，(6.31) の3番目の式は，2番目の式を行列式で表したものである（8.1.2項の「行列式の計算法」を参照）．

（参考） 特解 (6.30) の導出

非同次方程式 (6.27) の一般解 y は，定数変化法に従えば，同次方程式 (6.28) の一般解 (6.29) の y_g の定数係数 C_1, C_2 を変数に変えて求めることができる．そこで，C_1, C_2 を未知関数 $A_1(x)$, $A_2(x)$ に変えて，非同次方程式の解を

$$y = A_1(x)\, y_1 + A_2(x)\, y_2 \tag{6.32}$$

と仮定する．

まず，(6.32) を x で微分すれば

$$y' = (A_1 y_1' + A_2 y_2') + \underbrace{(A_1' y_1 + A_2' y_2)}_{\text{下記の理由でゼロにおく}\to(6.34)} \tag{6.33}$$

となるが，2つの未知関数 A_1, A_2 がもとの微分方程式 (6.27) を満たすように決めなければならないから，当然，A_1, A_2 に対する条件式は2ついる．そのため，(6.33) の右辺の2つ目のカッコ内の式がゼロであるという条件：

$$A_1' y_1 + A_2' y_2 = 0 \qquad (1\text{つ目の条件式}) \tag{6.34}$$

を A_1, A_2 の満たすべき1つ目の条件式とする（2つ目の条件式は，この後に出てくる (6.37) である）．なお，(6.34) のように条件を付けると，y'' を計算したときに A_1, A_2 の2階微分が現れず，A_1, A_2 を決める式が簡単になるメリットがある．

(6.34) を仮定したので，(6.33) は $y' = A_1 y_1' + A_2 y_2'$ となる．これをもう一度 x で微分して y'' を求めると

$$y' = A_1 y_1' + A_2 y_2' \quad \to \quad y'' = (A_1 y_1'' + A_2 y_2'') + (A_1' y_1' + A_2' y_2') \tag{6.35}$$

となる．もとの微分方程式 (6.27) に (6.32) の y と (6.35) の y' と y'' を代入して整理すると

$$\underbrace{A_1(y_1'' + P y_1' + Q y_1)}_{\text{同次方程式(6.28)の解だからゼロ}} + \underbrace{A_2(y_2'' + P y_2' + Q y_2)}_{\text{同次方程式(6.28)の解だからゼロ}} + \underbrace{(A_1' y_1' + A_2' y_2') = R}_{(6.37)\text{になる}} \tag{6.36}$$

となるので，(6.36) は

$$A_1' y_1' + A_2' y_2' = R \qquad (2\text{つ目の条件式}) \tag{6.37}$$

となる．したがって，2つの条件式 (6.34) と (6.37) からA_1', A_2'を計算すると

$$A_1'(x) = \frac{-R(x)\, y_2(x)}{y_1 y_2' - y_2 y_1'} = -\frac{Ry_2}{W}, \qquad A_2'(x) = \frac{R(x)\, y_1(x)}{y_1 y_2' - y_2 y_1'} = \frac{Ry_1}{W} \tag{6.38}$$

を得る（なお，この計算は 8.2 節のクラメルの公式を使うと簡単にできる．問 8.6 を参照）．

分母の W は (6.31) のロンスキアンであるが，いま y_1 と y_2 は基本解なので $W \neq 0$ であることが保証されている (6.3.3 項のひとくちメモ〈ロンスキアン〉を参照)．したがって，A_1, A_2 は (6.38) を積分して

$$A_1(x) = -\int \frac{Ry_2}{W}\, dx + C_1, \qquad A_2(x) = \int \frac{Ry_1}{W}\, dx + C_2 \tag{6.39}$$

のように求まる (C_1, C_1 は積分定数)．これらを (6.32) に代入すると，非同次方程式 (6.27) の特解 (6.30) になる（ただし，特解にするために，$C_1 = C_2 = 0$ とおく）．

問 6.6 非同次方程式

$$\frac{d^2y}{dx^2} - \frac{3}{x}\frac{dy}{dx} + \frac{3}{x^2}y = x^3 \tag{6.40}$$

の一般解を，同次方程式の基本解が x, x^3 であることを利用して求めなさい．

6.1 6.2 **6.3** 6.4

6.3 指数関数解

指数関数 e^x は何回微分しても e^x のままである．この特別な性質を利用すると，定数係数の線形同次微分方程式は指数関数で必ず解くことができる．

6.3.1 定数係数の線形同次方程式

ここで登場する微分方程式は，6.2.2 項の 2 階線形微分方程式 (2 階線形同次方程式) (6.28) の係数 $P(x)$, $Q(x)$ を定数 a, b に変えた

$$y'' + 2ay' + by = 0 \tag{6.41}$$

である．この微分方程式は，力学や電磁気学などでの単振動や減衰振動を記述するときに使われる基本的なものなので，この解法はしっかりマスターしてほしい．なお，y' の係数を $2a$ としているのは，後に出てくる特性方程式（(6.52)）とその解 (6.53) を簡単な形に書くためである．

この定数係数の同次方程式 (6.41) は，この後すぐにわかるように，指数関数を利用して必ず解ける．その手法は簡単で，(6.41) の解を定数 λ を含んだ次のような**指数関数解**

$$y(x) = e^{\lambda x} \tag{6.42}$$

であると仮定し，これが (6.41) を満たすように λ を決めるのである．具体的に，例題 6.4 で λ の決め方を，例題 6.5 で一般解のつくり方をみてみよう．

［例題 6.4］　指数関数による基本解

微分方程式

$$y'' - 4y' - 5y = 0 \tag{6.43}$$

の基本解（1 次独立な解）は

$$y_1 = e^{5x}, \qquad y_2 = e^{-x} \tag{6.44}$$

であることを示しなさい．

［解］　解 (6.42) を微分方程式 (6.43) に代入してから，$e^{\lambda x} \neq 0$ で割ると

$$e^{\lambda x}(\lambda^2 - 4\lambda - 5) = 0 \ \rightarrow \ \lambda^2 - 4\lambda - 5 = (\lambda - 5)(\lambda + 1) = 0 \tag{6.45}$$

のような λ に関する 2 次方程式を得る．この 2 次方程式 (6.45) の解は $\lambda = 5,\ -1$ であるが，λ がこの値をもつとき，(6.42) は微分方程式 (6.43) の解になる．したがって，いま $\lambda_1 = 5,\ \lambda_2 = -1$ とおいて

$$y_1 = e^{\lambda_1 x} = e^{5x}, \qquad y_2 = e^{\lambda_2 x} = e^{-x} \tag{6.46}$$

と書いた y_1 と y_2 が解である．そして，y_1 と y_2 の間に比例関係（つまり，「$y_2/y_1 =$ 定数」という関係）はないので，y_1 と y_2 は 1 次独立な解（基本解）である．（次頁のひとくちメモ〈1 次従属な解と 1 次独立な解〉を参照）．

¶

問 6.7　$y'' + 4y = 0$ の解を求めなさい．

ひとくち メモ　**〈1次従属な解と1次独立な解〉**　y_1 と y_2 が1次従属か1次独立かは，それらの間に比例関係があるかないかで判定する．比例関係があるとき，その比例定数を C とすれば，$y_2 = Cy_1$ である．これは，y_2 が y_1 に従属することなので，これを「2つの関数は**1次従属**である」という．いい換えれば，y_1 と y_2 の比が定数 $y_2/y_1 = C$ になるものが1次従属である．

それに対して，y_1 と y_2 に比例関係がないときを**1次独立**であるという．この場合は，y_1 と y_2 の比 y_2/y_1 は x の関数になる．この1次独立な解のことを**基本解**という．

まとめると，2つの関数 y_1 と y_2 が1次従属であるか1次独立であるかは

$$\frac{y_2}{y_1} = \begin{cases} \text{定数} & (1\text{次従属}) \\ x\text{の関数} & (1\text{次独立}) \end{cases} \tag{6.47}$$

で判定される（6.3.3項のひとくちメモ〈ロンスキアン〉を参照）．なお，例題6.4では $y_2/y_1 = e^{-6x}$ で x の関数だから，y_1 と y_2 は互いに1次独立である．

［例題6.5］　一般解は基本解の重ね合わせ

2階微分方程式（6.43）の一般解は

$$y = C_1 y_1 + C_2 y_2 = C_1 e^{5x} + C_2 e^{-x} \tag{6.48}$$

で与えられることを示しなさい．

［解］　微分方程式（6.43）の y を，Cy（C は任意定数）に置き換えても

$$(Cy)'' - 4(Cy)' - 5(Cy) = C(y'' - 4y' - 5y) = 0 \tag{6.49}$$

となるので，Cy も解になる．そのため，基本解 y_1 と y_2 に任意定数 C_1，C_2 を掛けた

$$C_1 y_1 = C_1 e^{\lambda_1 x} = C_1 e^{5x}, \qquad C_2 y_2 = C_2 e^{\lambda_2 x} = C_2 e^{-x} \tag{6.50}$$

も（6.43）の解である．（6.43）は2階微分方程式だから，一般解には2個の積分定数（任意定数）が必要である．したがって，これらの和（6.48）が（6.43）の一般解になる．

¶

例6.3　計算のチェック　計算のチェックとして，この一般解（6.48）を微分方程式（6.43）に代入してみると

$$y'' - 4y' - 5y = C_1(25 - 4 \times 5 - 5)e^{5x} + C_2(1 - 4 \times (-1) - 5)e^{-x} = 0 \tag{6.51}$$

となり，確かに微分方程式を満たす（解になっている）ことがわかる．　■

例題6.4と例題6.5からわかるように，2階の微分方程式の一般解は，1次独立な2つの解を足し合わせてつくることができる．このことを**1次独立な解の重ね合わせ**という．

指数関数解で必ず解けるための条件　指数関数解 $e^{\lambda x}$ が解になったのは，まず，微分方程式(6.43)が y とその導関数 y', y'' の1次式だけを含む線形微分方程式であることが1つの条件である．このような方程式を y について**線形**であるという．線形であれば，すべての項は(6.45)の左側の式のように，$e^{\lambda x}$ でくくることができる．もし，式の中に非線形項（例えば，y^2, $\sqrt{y}$, y'^2）が存在すれば，上述のことは成り立たない．

もう1つの条件は，線形微分方程式の係数がすべて定数である（つまり，x を含まない）ことである．なぜなら，x を含む係数が存在すると，(6.45)のような λ の2次方程式がつくれないからである．

したがって，微分方程式が(6.41)のような定数係数の線形同次方程式であれば，必ず指数関数解をもつことになる．

6.3.2　特性方程式と解のパターン

6.3.1項の例題6.4と例題6.5で示した解法をもっと一般的に説明しよう．指数関数解(6.42)を同次方程式(6.41)に代入して $e^{\lambda x}(\neq 0)$ で割ると

$$\lambda^2 + 2a\lambda + b = 0 \tag{6.52}$$

となる．この λ に関する2次方程式(6.52)を**特性方程式**とよぶ．その理由は，解の特徴や特性などが，この方程式によって決まるからである．

この特性方程式(6.52)の解は（λ の係数を $2a$ とおいたために，解の形が簡単になり）

$$\lambda_1 = -a + \sqrt{a^2 - b}, \qquad \lambda_2 = -a - \sqrt{a^2 - b} \tag{6.53}$$

で与えられる．そして，これらに対応する2つの指数関数解は

$$y_1 = e^{\lambda_1 x}, \qquad y_2 = e^{\lambda_2 x} \tag{6.54}$$

となる．

次に示すように，この2つの解は $\lambda_1 \neq \lambda_2$ と $\lambda_2 = \lambda_1 = \lambda$ の場合で性質が異なる．

$\lambda_1 \neq \lambda_2$ の場合　　このとき，$y_2/y_1 = e^{(\lambda_2 - \lambda_1)x}$ は x の関数だから，y_1 と y_2 は基本解である．したがって，線形同次方程式 (6.41) の一般解はこれらの重ね合わせ（例えば，(6.48)）になるが，(6.53) のルート内の a^2, b の大小関係で λ の場合分け（実数か複素数）が必要になる．

$a^2 > b$ の場合，λ_1, λ_2 は実数で，一般解は次式で与えられる．

$$y = C_1 e^{\lambda_1 x} + C_2 e^{\lambda_2 x} = e^{-ax}\left(C_1 e^{\sqrt{a^2-b}\,x} + C_2 e^{-\sqrt{a^2-b}\,x}\right) \qquad (6.55)$$

$a^2 < b$ の場合，λ_1, λ_2 は複素数で，一般解は次式で与えられる．

$$y = C_1 e^{\lambda_1 x} + C_2 e^{\lambda_2 x} = e^{-ax}\left(C_1 e^{i\sqrt{b-a^2}\,x} + C_2 e^{-i\sqrt{b-a^2}\,x}\right) \qquad (6.56)$$

この解はオイラーの公式 (1.29) と (1.30) を使って三角関数で書けるから，振動現象によく使われる．

［例題 6.6］ 複素数

$y'' + 4y = 0$ の一般解を求めなさい．

［解］ 特性方程式 (6.52) は $\lambda^2 + 4 = 0$ であるから，複素共役な2根 $\lambda_1 = 2i$, $\lambda_2 = -2i$ を得る．基本解は (6.54) より $y_1 = e^{\lambda_1 x} = e^{2ix}$, $y_2 = e^{\lambda_2 x} = e^{-2ix}$ である．したがって，一般解 y は $y = C_1 e^{2ix} + C_2 e^{-2ix}$ である（C_1, C_2 は任意定数）．これにオイラーの公式 $e^{\pm iax} = \cos ax \pm i \sin ax$ を使うと，$y = C_1(\cos 2x + i \sin 2x) + C_2(\cos 2x - i \sin 2x) = A \cos 2x + B \sin 2x$ と書ける（A, B は任意定数）．

なお，はじめから $y_1 = \cos 2x$, $y_2 = \sin 2x$ を基本解と考えて，一般解を書き下してもよい（6.3.3項の問6.9を参照）．

¶

$\lambda_2 = \lambda_1 = \lambda$ の場合　　このとき，$y_2/y_1 = e^{(\lambda_2 - \lambda_1)x} = 1$ なので，独立な解は1つしかないから，一般解がつくれない．実は，この場合の2つの基本解は

$$y_1 = e^{\lambda x}, \qquad y_2 = x e^{\lambda x} \qquad (6.57)$$

で，一般解はそれらの重ね合わせにより

$$y = (a + bx)e^{\lambda x} \qquad (a, b：任意定数) \qquad (6.58)$$

で与えられる．

なお，この基本解 (6.57) が1次独立であることは，$y_2/y_1 = x$ のように定数ではないことから明らかである ((6.47) を参照).

例 6.4 重根 $y'' - 2y' + y = 0$ の特性方程式は $\lambda^2 - 2\lambda + 1 = (\lambda - 1)^2 = 0$ で，解は $\lambda = 1$ (重根) だから，一般解は (6.58) より $y = (a + bx)e^x$ である. ■

問 6.8 一般解 (6.58) を $y = C(x)\,e^{\lambda x}$ (定数変化法) で求めなさい.

6.3.3 定数係数の非同次方程式

既知の関数 $R(x)$ (非同次項) を同次方程式 (6.41) の右辺に加えた**非同次方程式**

$$y'' + 2ay' + by = R(x) \tag{6.59}$$

は，強制振動などに登場する微分方程式である. この微分方程式は，6.2.2 項で扱った2階線形微分方程式 (6.27) の P, Q を $P = 2a$, $Q = b$ に置き換えたものである. そのため，(6.59) の一般解も (6.27) の解 (同次方程式の一般解 (6.29) と 非同次方程式の特解 (6.30) の和) で与えられることになる.

［例題 6.7］ 非同次方程式

非同次方程式

$$y'' - 4y' - 5y = 15 \tag{6.60}$$

の一般解を求めなさい.

［解］ (6.60) を満たす y であれば何でも特解になるから，$y = C$ (定数) を (6.60) に代入すると，$C'' - 4C' - 5C = 15$ は $C'' = C' = 0$ より $-5C = 15$ となるから，$C = -3$ であることがわかる. つまり，$y = -3$ が特解になる.

そこで，(6.60) の解を $y = Y - 3$ とおけば，(6.60) は，

$$Y'' - 4Y' - 5Y = 0 \tag{6.61}$$

となる (特解に関する (6.24) を参照). これは例題 6.4 の同次方程式 (6.43) と同じものだから，この一般解は (6.48) と同じで $Y = C_1e^{5x} + C_2e^{-x}$ となる. したがって，(6.60) の一般解 $y = Y - 3$ は

$$y = C_1e^{5x} + C_2e^{-x} - 3 \tag{6.62}$$

のように決まる．

¶

問6.9
$$y'' + 4y = \cos 2x \tag{6.63}$$
を解きなさい

ひとくちメモ **〈ロンスキアン〉** 1次従属の場合，$y_2/y_1 = C$（定数）である（$y_1 \neq 0$とする）から，この両辺をxで微分して，整理すると

$$\frac{y_1 y_2' - y_2 y_1'}{y_1^2} = C' = 0 \quad \rightarrow \quad W(y_1, y_2) = y_1 y_2' - y_2 y_1' = 0 \tag{6.64}$$

となる．ここで注目してほしいことは，右側の式が(6.31)のロンスキアン$W(y_1, y_2)$と同じものになることである．したがって，ロンスキアンがゼロ($W = 0$)になるときは，y_1, y_2が1次従属であることを意味する．

6.4 物理・工学への応用問題

［1］ 図6.1(a)のような単振動（質量m，バネ定数k）の運動方程式

$$\frac{d^2x}{dt^2} + \omega^2 x = 0 \qquad \left(\omega^2 = \frac{k}{m}\right) \tag{6.65}$$

を初期条件$x(0) = 1$, $x'(0) = 0$のもとで解くと，図6.1(b)のような振動になることを示しなさい．

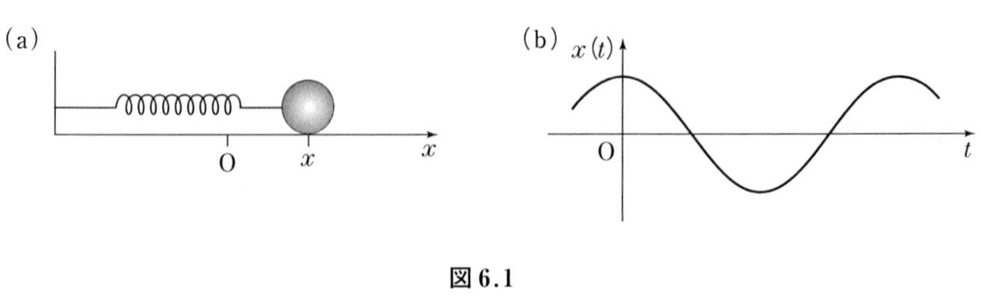

図6.1

［2］ 抵抗の大きさ (γ) と角振動数の2乗 (ω^2) の大小関係によって，運動方程式

$$\frac{d^2x}{dt^2} + 2\gamma\frac{dx}{dt} + \omega^2 x = 0 \qquad \left(\omega^2 = \frac{k}{m}\right) \tag{6.66}$$

の解が，図6.2のように (a) 過減衰，(b) 臨界減衰，(c) 減衰振動の3種類に分類されることを示しなさい．

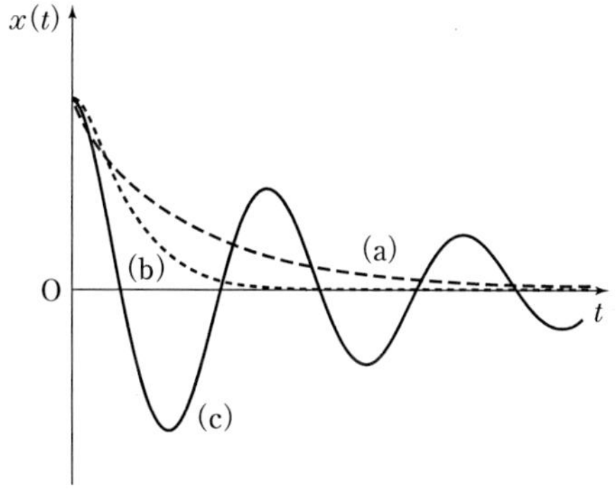

図 6.2

［3］ 図6.3のように，交流電源 V に抵抗 R，コイル L，コンデンサー C を直列に接続した回路を ***RLC* 直列回路**という．電源 V を $V(t) = E_0 \sin \omega t$ とすると，この RLC 直列回路に流れる電流 $I(t)$ は微分方程式

$$\frac{d^2I}{dt^2} + \frac{R}{L}\frac{dI}{dt} + \frac{1}{LC}I = \frac{1}{L}\frac{dV}{dt} = \frac{\omega E_0}{L}\cos \omega t \tag{6.67}$$

で記述される．時間が十分に経った後での解（つまり，減衰振動は消えて，強制振動だけを表す (6.67) の特解）を求めなさい．

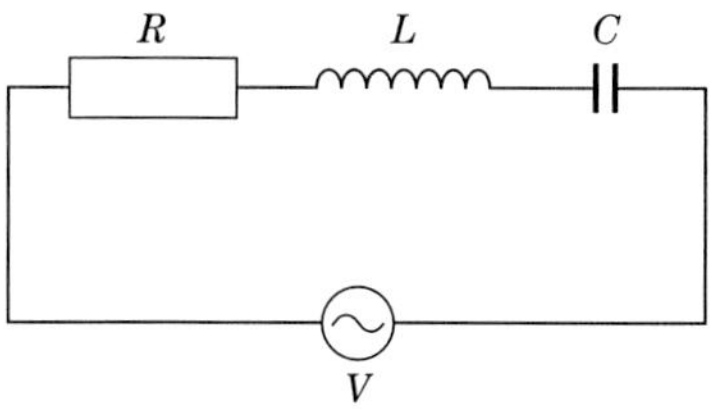

図 6.3

［4］ **ロトカ - ボルテラの生存競争モデル**の簡単なケースとして

$$\frac{dx}{dt} = x - xy \tag{6.68}$$

$$\frac{dy}{dt} = -y + xy \tag{6.69}$$

を考える．ここで，x は被食者（えさになる個体種），y は捕食者（x の天敵になる個体種）の個体数密度である（$x \geq 0$，$y \geq 0$）．

（1） $dx/dt = 0$, $dy/dt = 0$ となる x, y の値 x^*, y^* を**固定点**（平衡点）という．(6.68) と (6.69) から $(x^*, y^*) = (0, 0)$ と $(x^*, y^*) = (1, 1)$ である．平衡点 $(x^*, y^*) = (1, 1)$ の周りでの解を調べるために，$x = x^* + X$, $y = y^* + Y$ として (6.68) と (6.69) を X, Y に対する方程式に書き換える（つまり，(6.68) と (6.69) を線形近似する）．この方程式を解いて X と Y が調和振動的に変化することを示しなさい．ただし，X, Y は微小量として，$XY \approx 0$ とする．

（2） (6.68) と (6.69) から，この系には

$$F(x, y) = xe^{-x}\,ye^{-y} = 一定 \tag{6.70}$$

となる量（**保存量**）が存在することを示しなさい．

第 7 章

偏微分方程式

— 時空現象を表現するツール —

偏微分方程式は，1 変数に対する常微分方程式を多変数にまで拡張したもので，時空間の中で生じるさまざまな現象，例えば，音や波の伝播（でんぱ），あるいは，熱の伝導など，一般に空間（座標）と時間に依存する現象を記述するときに不可欠なツールである．偏微分方程式の仕組みがわかったとき，偏微分の面白さと重要性もわかったことになるだろう．

7.1　偏微分方程式とは？

常微分方程式と偏微分方程式の違い

5.1.2 項で述べたように，常微分方程式の一般解には必ず任意定数が現れる．それに対して，偏微分方程式の一般解には必ず任意関数が現れる．これが，両者の大きな違いである．これを具体例でみてみよう．

［例題 7.1］　偏微分方程式の一般解

未知関数 $u(x,\ y)$ に対する偏微分方程式

$$\frac{\partial u(x,\ y)}{\partial x} = 1 \tag{7.1}$$

の一般解が

$$u(x,\ y) = x + v(y) \tag{7.2}$$

であることを示しなさい．ただし，$v(y)$ は任意関数である．

[解] 偏微分方程式 (7.1) を解くことは，これを x で積分することなので

$$u(x,\, y) = \int 1\, dx = x + v(y) \tag{7.3}$$

となる．ここに現れた $v(y)$ は変数 y だけの任意関数で，これが常微分方程式の場合の任意定数に対応するものである．

¶

このように1階偏微分方程式を解くと，1つの任意関数を含む解が得られる．これが偏微分方程式の**一般解**である．もし n 階偏微分方程式であれば，その一般解には n 個の任意関数が含まれる．

［例題 7.2］ 偏微分方程式の一般解

$$b\,\frac{\partial u(x,\, y)}{\partial x} = a\,\frac{\partial u(x,\, y)}{\partial y} \tag{7.4}$$

の解が，任意関数 f を用いて $u = f(ax + by)$ と書けることを示しなさい．ここで $a,\, b$ は定数である．

[解] 変数を $s(x,\, y) = ax + by$ とおいて微分を実行すると

$$\frac{\partial u(x,\, y)}{\partial x} = \frac{df(s)}{ds}\,\frac{\partial s(x,\, y)}{\partial x} = f'a, \qquad \frac{\partial u(x,\, y)}{\partial y} = \frac{df(s)}{ds}\,\frac{\partial s(x,\, y)}{\partial y} = f'b \tag{7.5}$$

となる．左側の式に b を掛け，右側の式に a を掛けると，(7.4) が成り立つことがわかる．

¶

この例題から推測できるように，独立変数の数が減らせるならば (7.4) のようなタイプの偏微分方程式は解析的に解くことができる（この場合，2変数 $x,\, y$ が1変数 s になった（問 7.1 を参照））．(7.4) で $y = t$（時間）として，$a = 1$，$b = -v$ とした $f(x - vt)$ や $a = 1$，$b = v$ とした $f(x + vt)$ は，波動方程式の進行波の解になる（(7.8) を参照）．

問 7.1 独立変数 $x,\, y$ が別の独立変数 $s,\, t$ と変数変換 $s = s(x,\, y)$，$t = t(x,\, y)$ でつながっているとして，(7.4) の一般解が $u = f(ax + by)$ となることを示しなさい．

初期条件と境界条件　一般解に含まれる任意関数を，特定の関数にしたものが**特解**である．特解を求めるには，**初期条件**と**境界条件**が必要である．初期条件は時刻 $t = 0$ における関数の値で与えられる条件であり，境界条件は境界における関数の値で与えられる条件である．

一般に，初期条件や境界条件を満たす解を求める問題を偏微分方程式の**境界値問題**という．偏微分方程式を使って現象を解析するときに大切なことは，その現象の物理的な要請に合った条件で特解を決めることである．

例 7.1　初期条件　(7.2) の初期条件を $u(0,\ y) = 0.5\,y^2$ とすれば

$$u(x,\ y) = x + 0.5\,y^2 \qquad ((7.2)\ \text{の特解}) \tag{7.6}$$

が特解になる．■

グラフによる特解の解釈

図 7.1 (a) の曲面は (7.6) のプロットである．この曲面が偏微分方程式 (7.1) の特解になるので，この図形的な意味を少し考えてみよう．$\partial u/\partial x$ は，

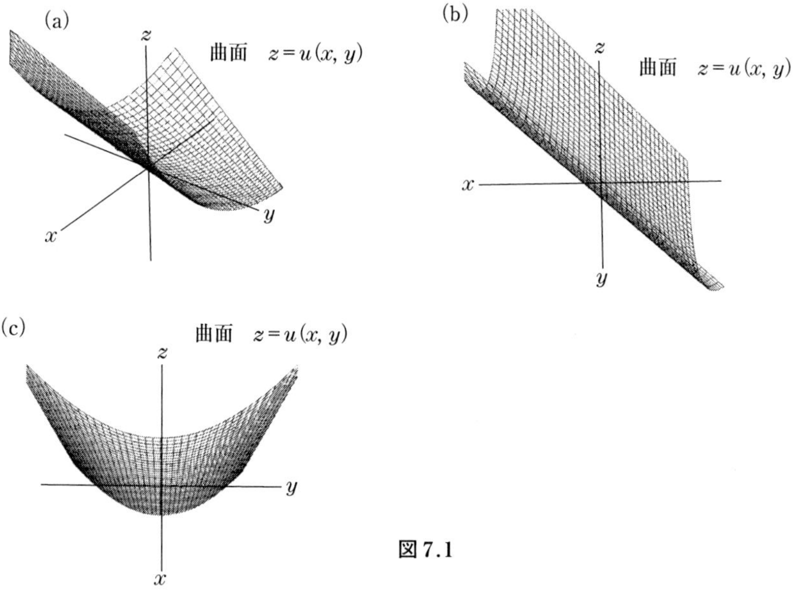

図 7.1

y を固定したときの x に関する微分であるから，図 7.1 (b) のように y 軸の方向からみると，zx 平面に平行な面上に傾き 1 の直線（つまり，$z = x$）が並んでみえる（y 軸方向からみることは，「$y =$ 定数」の平面と曲面 u との交線をみていることに対応する）.

一方，図 7.1 (c) のように x 軸方向からみれば，yz 平面に平行な面上に放物線 $z = 0.5\,y^2$ が並んでみえる．この放物線 $z = v(y)$ の各点から，傾き 1 の直線群を引くことにより曲面 u ができている．これらの事実を偏微分方程式 (7.1) は表していることになる．ただし，$v(y)$ は（ここでは放物線を選んだが）もともと勝手に選んでよいから，(7.1) の解に任意関数が含まれるのである.

7.2 波動方程式

未知関数 $u(x,\ t)$ に対する次の偏微分方程式

$$\frac{\partial^2 u}{\partial t^2} = v^2 \frac{\partial^2 u}{\partial x^2} \tag{7.7}$$

を**波動方程式**という．その理由は，$u(x,\ t)$ を波の変位や振幅と見なすと，この式が x 方向に速さ v で伝播する波動を表すからである．そのため，(7.7) によって音波や電磁波，弦の振動などの波動現象を記述することができる（ただし，(7.7) は 1 つの方向（ここでは x 方向）だけに伝播する波動の式だから，厳密にいえば **1 次元の波動方程式**である）.

例 7.2 v は速さ v が速さであることは，次のような (7.7) の次元解析（長さ $=$ L，質量 $=$ M，時間 $=$ T）からわかる．$u,\ t,\ x,\ v$ の次元を $[u]$，$[t]$，$[x]$，$[v]$ として (7.7) の次元解析式 $[u]/[t^2] = [v^2]\,[u]/[x^2]$ をつくると，$[u]/\mathrm{T}^2 = [v^2]\,[u]/\mathrm{L}^2$ から $[v^2] = \mathrm{L}^2/\mathrm{T}^2$ となるので，v が速さの次元 L/T をもっていることがわかる. ■

(7.7) の解の直観的な理解

波動方程式 (7.7) の解は，高校学校の数学で習う「関数の平行移動」を利用すると，次のように直観的に導ける．

いま，ある場所での波形が関数 $f(x)$ で表せるとしよう．これが $x = a$ だけ右に移動したとすれば，「関数の平行移動」の考えから，その波形は $f(x - a)$ で与えられる．そこで，$a = vt$ として $t = 0, 1, 2, 3, \cdots$ と時間を進めれば，図 7.2 に示すように，$f(x)$ は $a = 0, v, 2v, 3v, \cdots$ の位置に波形を変えずに一定の速さ v で右方向 (x 軸の正方向) に移動する．

一方，$-x$ 方向に進む波を考えることもできる．関数 $g(x)$ の波形が $x = -a$ だけ移動すれば，これは $g(x + a)$ で与えられる．したがって，x 軸を左右の方向に伝わる波動 u は，互いに独立な 2 つの任意関数 f, g の重ね合わせ

$$u(x, t) = f(x - vt) + g(x + vt) \tag{7.8}$$

で与えられる．

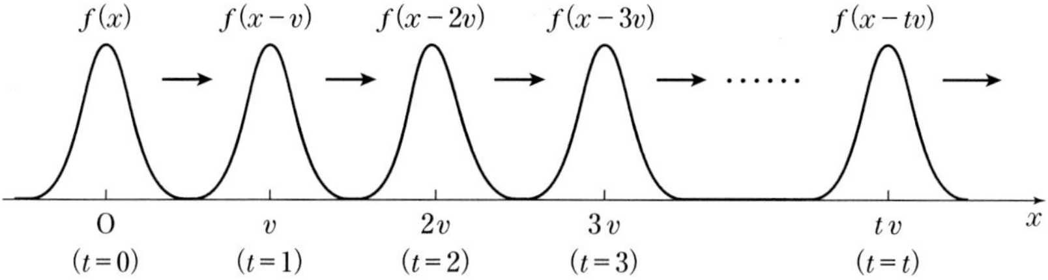

図 7.2

［例題 7.3］ ダランベールの解

(7.8) が波動方程式 (7.7) の一般解になることを示しなさい．なお，この一般解を**ダランベールの解**とよぶ．

［解］ $u(x, t)$ は 2 変数関数なので，本来 $u(x, t)$ は x と t に独立に依存している．しかし，これが (7.8) のように $x - vt$ や $x + vt$ を 1 つの変数として関数 f, g で書けるということは，この u が本質的に 1 変数関数であることを意味する．そこで，まず変数を $p = x - vt$ とおいて，$u(x, t) = f(p)$ が波動方程式 (7.7) を満た

すことを示そう．

そのために，u を t で微分すると

$$\frac{\partial u}{\partial t}=\frac{\partial f(x-vt)}{\partial t}=\frac{\partial p}{\partial t}\frac{df(p)}{dp}=(-v)\frac{df(p)}{dp}=-vf'(p) \qquad (7.9)$$

$$\frac{\partial^2 u}{\partial t^2}=\frac{\partial}{\partial t}(-vf')=\frac{\partial p}{\partial t}\frac{d(-vf')}{dp}=(-v)^2\frac{df'}{dp}=v^2 f''(p) \qquad (7.10)$$

となる．一方，$u(x, t)=f(p)$ を x で微分すると

$$\frac{\partial u}{\partial x}=\frac{\partial p}{\partial x}\frac{df(p)}{dp}=\frac{df(p)}{dp}=f'(p), \qquad \frac{\partial^2 u}{\partial x^2}=f''(p) \qquad (7.11)$$

となるので，この $f''(p)$ を使って (7.10) の右辺の $f''(p)$ を書き換えれば，波動方程式 (7.7) に一致する．

同様に，$u(x, t)=g(x+vt)$ の場合も，$q=x+vt$ とおいて同じ計算を行なえば，$g(q)$ が波動方程式 (7.7) と一致することがわかる．

したがって，$u(x, t)=f(p)+g(q)$ は

$$\frac{\partial^2 u}{\partial t^2}=v^2 f''+v^2 g'', \qquad \frac{\partial^2 u}{\partial x^2}=f''+g'' \qquad (7.12)$$

となるので，(7.8) が波動方程式 (7.7) を満たすことがわかる．

¶

ひとくちメモ **〈進行波〉** 波動方程式の $u(x, t)$ を $f(x-vt)$ のような1変数関数に仮定することは，物理的には進行波の存在を仮定することになる．しかし，数学的には偏微分方程式を常微分方程式に変えることを意味し，これによって偏微分方程式が簡単に解けるようになる．

問 7.2 $u(x, t)=A\cos(kx-\omega t)$ を波動方程式 (7.7) の解として，波の伝わる速さ v を ω と k で表しなさい．

(参考) 波動方程式 (7.7) の導出 ―弦の方程式を用いて―

図 7.3 (a) のように x 軸方向に張られた弦 (線密度 ρ，張力 T) が垂直方向に微小な振動を起こしたとき，弦の平衡位置からの微小変位 $u(x, t)$ は

$$\frac{\partial^2 u}{\partial t^2}=\frac{T}{\rho}\frac{\partial^2 u}{\partial x^2} \qquad (7.13)$$

と表される．これが弦を伝わる横波の波動方程式であるが，波の速さは $v=\sqrt{T/\rho}$ なので (7.7) と同じ形である．

(7.13) の導出　図7.3(b) のように，点 x における弦の接線と x 軸とのなす角度を θ，点 $x + \Delta x$ における接線と x 軸とのなす角度を $\theta + \Delta\theta$ とすると，張力 T は接線方向を向いているため，微小部分にはたらく張力の鉛直方向成分 f は

$$f = T\sin(\theta + \Delta\theta) - T\sin\theta \tag{7.14}$$

となる．微小振動を仮定しているため，$\theta \ll 1$ と見なせるので，点 x では

$$\sin\theta \approx \tan\theta = \left(\frac{\partial u}{\partial x}\right)_x \tag{7.15}$$

である．また，点 $x + \Delta x$ では

$$\begin{aligned}\sin(\theta + \Delta\theta) \approx \tan(\theta + \Delta\theta) &= \left(\frac{\partial u}{\partial x}\right)_{x+\Delta x} = \frac{\partial}{\partial x}u(x + \Delta x, t) \\ &= \frac{\partial}{\partial x}\left(u + \Delta x\frac{\partial u}{\partial x}\right) = \left(\frac{\partial u}{\partial x}\right)_x + \Delta x\left(\frac{\partial^2 u}{\partial x^2}\right)_x\end{aligned} \tag{7.16}$$

のようになる．ただし，途中で $u(x + \Delta x, t)$ を $u(x + \Delta x, t) = u + \Delta x(\partial u/\partial x)$ のようにテイラー展開 (3.48) している．

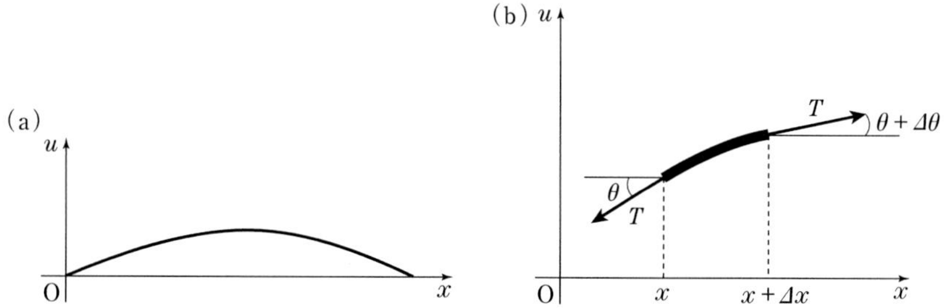

図7.3

(7.15) と (7.16) を使って (7.14) の右辺を書き換えると

$$f = T\Delta x\frac{\partial^2 u}{\partial x^2} \tag{7.17}$$

となる．

一方，弦の微小部分の質量は，単位長さ当たりの質量を ρ としたとき $\rho\Delta x$ であり，また弦の加速度は $\partial^2 u/\partial t^2$ で表せる．したがって，ニュートンの運動方程式（質量 × 加速度 = 力）を使うと，

$$\rho\Delta x\frac{\partial^2 u}{\partial t^2} = T\Delta x\frac{\partial^2 u}{\partial x^2} \tag{7.18}$$

となり，両辺を $\rho\Delta x$ で割ると (7.13) を得る．

7.1 7.2 7.3 7.4 7.5

7.3　熱伝導方程式

未知関数 $u(x,\ t)$ に対する偏微分方程式

$$\frac{\partial u}{\partial t} = \kappa \frac{\partial^2 u}{\partial x^2} \tag{7.19}$$

を**熱伝導方程式**という．その理由は，$u(x,\ t)$ を**温度**と見なすと，この式が x 方向に伝わる熱や温度の変化を表すからである（このとき κ を**温度伝導率**または温度拡散率という）．あるいは，$u(x,\ t)$ を**濃度**と見なせば，(7.19) は x 方向に物質が拡散する現象を表すから，**拡散**（かくさん）**方程式**ともいう（このとき κ を**拡散率**という）．

例 7.3　熱伝導方程式の解　熱伝導方程式 (7.19) の解として

$$u(x,\ t) = \frac{1}{2\sqrt{\pi\kappa t}}\, e^{-\frac{x^2}{4\kappa t}} \tag{7.20}$$

があることは，直接 (7.19) に代入して計算すれば確認できる．■

（参考）　(7.19) の物理的な導出

熱は常に高温側から低温側に流れる．いま，図 7.4 のように x 軸に沿って置かれた一様な太さの針金があり，その内部の温度を $u(x,\ t)$ とする．そして，左側を高温側として，$x = a$ の断面（面積 A）を通して時間 Δt の間に領域 D（長さ Δx）に流入する熱量を $Q(a)$ とすると，「熱の流れは温度勾配に比例する」という**フーリエの熱伝導の法則**に従えば，この熱量 Q は

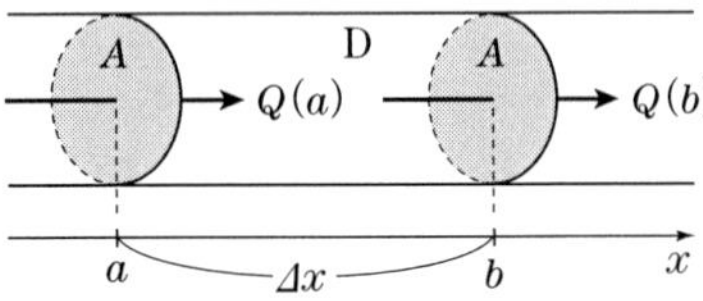

図 7.4

$$Q(a) = -\beta A\, \Delta t \left(\frac{\partial u}{\partial x}\right)_a \qquad (\beta : 熱伝導率) \tag{7.21}$$

で与えられる．

ここで，マイナスの符号を付けたのは，x 軸の正方向に流れる熱量 Q を正に定義するためである．つまり，x の正方向に進むにつれて温度 u は減少するので，温度勾配 $\partial u/\partial x$ は負になる．そのため，-1 を掛けた $-\partial u/\partial x\,(> 0)$ によって，熱量の

符号の定義に合わせたのである．一方，$x = b$ の断面を通って領域 D の右側に流出する熱量は $Q(b)$ で与えられる．

したがって，領域 D 内に流れ込んだ正味の熱量 $\varDelta Q$ は「(a から流入した熱量) − (b から流出した熱量)」になるから

$$\begin{aligned}\varDelta Q &= Q(a) - Q(b) = \beta A\,\varDelta t\left\{\left(\frac{\partial u}{\partial x}\right)_b - \left(\frac{\partial u}{\partial x}\right)_a\right\}\\ &= \beta A\,\varDelta t\left\{\frac{\partial u(a+\varDelta x,\,t)}{\partial x} - \frac{\partial u(a,\,t)}{\partial x}\right\} = \beta A\,\varDelta t\,\varDelta x\left(\frac{\partial^2 u}{\partial x^2}\right)_a \end{aligned} \tag{7.22}$$

となる．ただし，途中の計算で $u(a + \varDelta x, t)$ をテイラー展開して

$$\frac{\partial}{\partial x}u(a+\varDelta x,\,t) = \frac{\partial}{\partial x}\left\{u(a,\,t) + \varDelta x\frac{\partial u(a,\,t)}{\partial x}\right\} = \left(\frac{\partial u}{\partial x}\right)_a + \varDelta x\left(\frac{\partial^2 u}{\partial x^2}\right)_a \tag{7.23}$$

のように式を変形した．

この熱量 $\varDelta Q$ が，領域 D の温度を $\varDelta u$ だけ上昇させる．また，熱力学で学ぶように，**熱容量**を C とすると

$$\varDelta Q = C\,\varDelta u = mc\,\varDelta u = (\rho A\,\varDelta x)c\,\varDelta u \tag{7.24}$$

と表せる．ここで，熱容量 C は物体の質量 m と比熱 c の積 $C = mc$ であり，質量 m は $m = \rho A\,\varDelta x$ であることを使った（ρ は物体の密度）．時間 $\varDelta t$ の間の微小部分 D の温度変化 $\varDelta u$ は，$x = a$ の断面で評価すれば

$$\varDelta u = u(a,\,t+\varDelta t) - u(a,\,t) = \left(\frac{\partial u}{\partial t}\right)_{x=a}\varDelta t \tag{7.25}$$

であるから，(7.24) は

$$\varDelta Q = (\rho A\,\varDelta x)c\left(\frac{\partial u}{\partial t}\right)_a\varDelta t = \rho c\left(\frac{\partial u}{\partial t}\right)_a(A\,\varDelta x\,\varDelta t) \tag{7.26}$$

となる．これが (7.22) に等しいので (7.26) = (7.22) として，両辺を $A\,\varDelta x\,\varDelta t$ で割って $\kappa = \beta/\rho c$ とおくと，熱伝導方程式 (7.19) が導かれる．なお，この導出で $x = a$ の断面を設定したが，この位置は任意にとれるので，a を x に変えることができることに注意してほしい．

［例題 7.4］　常微分方程式に変える

熱伝導方程式 (7.19) の $u(x,\,t)$ が

$$u(x,\,t) = X(x)\,T(t) \tag{7.27}$$

のように，x と t の関数に分離できると仮定すれば，熱伝導方程式 (7.19) は

$$\frac{dT}{dt} = -\kappa\alpha^2 T, \qquad \frac{d^2X}{dx^2} = -\alpha^2 X \tag{7.28}$$

のような2つの常微分方程式になることを示しなさい．ただし，α は定数である．

[解]　(7.27) を (7.19) に代入すると

$$X\frac{dT(t)}{dt} = \kappa\frac{d^2X}{dx^2}T \ \rightarrow \ \frac{1}{\kappa T}\frac{dT(t)}{dt} = \frac{1}{X}\frac{d^2X}{dx^2} \tag{7.29}$$

のような方程式を得る．これは，左辺が t だけの関数で右辺が x だけの関数であるから，この等式が成り立つためには，両辺ともに定数でなければならない．その定数を $-\alpha^2$ とおけば，(7.29) は (7.28) となる．

¶

例題7.4のように変数分離を仮定すると，偏微分方程式が常微分方程式に変わり，簡単に解けるようになる．このため，変数分離の仮定がよく使われる．境界条件を与えて，具体的に解く方法を問7.3でみてほしい．

問7.3　x 軸上に置かれた全長 L の針金 $(0 \leq x \leq L)$ を伝わる熱を考える．境界条件

$$u(0, t) = 0, \qquad u(L, t) = 0 \tag{7.30}$$

のとき，熱伝導方程式 (7.28) の解は

$$u(x, t) = \sum_{n=1}^{\infty} u_n = \sum_{n=1}^{\infty} c_n \left(\sin\frac{n\pi x}{L}\right)\exp\left\{-\kappa\left(\frac{n\pi}{L}\right)^2 t\right\} \tag{7.31}$$

で与えられることを示しなさい（c_n は任意定数）．

7.4　ラプラス方程式とポアソン方程式

未知関数 $u(x, y)$ に対する次の偏微分方程式

$$\frac{\partial^2 u}{\partial x^2} + \frac{\partial^2 u}{\partial y^2} = 0 \tag{7.32}$$

を**ラプラス方程式**，この右辺に関数 q を加えた

$$\frac{\partial^2 u}{\partial x^2} + \frac{\partial^2 u}{\partial y^2} = -q \tag{7.33}$$

を**ポアソン方程式**という．これらは，例えば，電磁気学の静電ポテンシャルや流体力学の速度ポテンシャルを記述するときに使われる方程式である．

熱伝導方程式からの導出

熱伝導方程式 (7.19) は x 方向だけの式であったが，これを 2 次元的な温度分布 $u(x,\ y,\ t)$ に拡張すると

$$\frac{\partial u}{\partial t} = \kappa\left(\frac{\partial^2 u}{\partial x^2} + \frac{\partial^2 u}{\partial y^2}\right) \tag{7.34}$$

となる (係数 κ は (7.19) と同じものである)．

さらに，熱源がある場合には，その熱源を κq で表すと

$$\frac{\partial u}{\partial t} = \kappa\left(\frac{\partial^2 u}{\partial x^2} + \frac{\partial^2 u}{\partial y^2}\right) + \kappa q \tag{7.35}$$

となる．

熱伝導の問題において，時間が十分に経過して，温度分布が時間的に変化しない状態を**定常状態**という．このとき u は t に依存しなくなるので，$\partial u/\partial t = 0$ である．これを (7.34) と (7.35) の左辺に代入すれば，2 次元のラプラス方程式 (7.32) とポアソン方程式 (7.33) になる．

定常的な流れ

$\partial u/\partial t = 0$ のとき，図 7.4 の微小領域 D に流れ込む熱量は全体としてゼロである．これは，$x = a$ から流入した熱がすべて $x = b$ から流出することを意味するので，熱が微小領域 D を**定常的**に流れている状態に対応する．したがって，ラプラス方程式 (7.32) は定常的な熱伝導状態や拡散状態を記述する式である．

一方，ポアソン方程式 (7.33) は，電磁気学における静電ポテンシャルや流

体力学での速度ポテンシャルなどを記述する式である．

例 7.4 電位 2次元平面上の電位を $\phi(x, y)$，電荷分布を $\rho(x, y)$ とすると，電場のガウスの法則は

$$\frac{\partial^2 \phi}{\partial x^2} + \frac{\partial^2 \phi}{\partial y^2} = -\frac{\rho}{\varepsilon_0} \tag{7.36}$$

で与えられる（ε_0 は真空の誘電率）．これはポアソン方程式 (7.33) と同じものである．

■

7.1節で述べたように，偏微分方程式で初期条件や境界条件を満たす解を求めることを境界値問題という．しかし，ラプラス方程式 (7.32) は時間 t を含まないから，時間変化しない定常状態を表す．そのため，ラプラス方程式を解くときに使うのは境界条件（空間領域の境界における条件）だけである．

例 7.5 境界条件 厚さ l の一様な板 ($0 \leq x \leq l$) があるとしよう．温度 u がこの境界面 ($x = 0$ または $x = l$) においてゼロならば，境界条件は $u = 0$ である．あるいは，もし境界面で熱の出入りがない（つまり断熱的である）ならば，温度勾配がないので境界条件は $\partial u/\partial x = 0$ である． ■

［例題 7.5］ 断熱的な細長い棒

細長い棒の両端 $x = 0$, $x = l$ に境界条件 $u(0) = u(l) = 0$ を課して，定常状態になるまで待っていると，棒の内部の温度はゼロ ($u(x) = 0$) になることを示しなさい．ただし，棒の両端は断熱的であるとする．

［解］ 定常状態になっている x 軸方向の熱伝導を考えればよいから，$d^2u(x)/dx^2 = 0$ を解けばよい．これを解くと $u(x) = ax + b$ (a, b は任意定数) となる．断熱的な境界面なので，$du/dx = 0$ を満たさなければならないから $u'(0) = a = 0$ である．また，$u(0) = a \times 0 + b = b = 0$ である．したがって，$u(x) = 0$ を得る．

¶

偏微分方程式のタイプ

この章で扱う微分方程式は，定数係数をもった2階偏微分方程式で，線形かつ同次な場合である．この方程式を一般的に表せば

$$a\frac{\partial^2 u}{\partial x^2} + 2b\frac{\partial^2 u}{\partial x\,\partial y} + c\frac{\partial^2 u}{\partial y^2} + d\frac{\partial u}{\partial x} + e\frac{\partial u}{\partial y} + fu = 0 \quad (7.37)$$

となる．この (7.37) は，係数 a, b, c で定義した $D = b^2 - ac$ の符号によって3つの型（**双曲型** ($D > 0$)，**放物型** ($D = 0$)，**楕円型** ($D < 0$)）の偏微分方程式に分類される．なお，これらの呼称は，2次曲線 $ax^2 + 2bxy + cy^2 = 1$ がそれぞれ双曲線，放物線，楕円になることに由来する．

問7.4　D を計算して，波動方程式 (7.7) が双曲型，熱伝導方程式 (7.19) が放物型，ラプラス方程式 (7.32) が楕円型に属することを確かめなさい．

7.5　物理・工学への応用問題

［1］　1次元の波動方程式 (7.7) を2次元に拡張した波動方程式

$$\frac{\partial^2 u}{\partial t^2} = v^2\left(\frac{\partial^2 u}{\partial x^2} + \frac{\partial^2 u}{\partial y^2}\right) \quad (7.38)$$

は**長方形の膜の振動**を記述する．

（1）　$u(x, y, t)$ を $u = U(x, y)\,T(t)$ のように変数分離すると，任意の定数 λ を用いて (7.38) が

$$\Delta U + \lambda U = 0 \quad \left(\Delta = \frac{\partial^2}{\partial x^2} + \frac{\partial^2}{\partial y^2}\right), \quad \frac{d^2 T}{dt^2} + \lambda v^2 T = 0 \quad (7.39)$$

のように書けることを示しなさい．ここで，(7.39) の U に関する微分方程式を**ヘルムホルツ方程式**という．

（2）　xy 平面に長方形の膜（横 a, 縦 b）を張れば，$U(x, y)$ は $U = X(x)\,Y(y)$ のように変数分離できる．また，振動は $T(t) = e^{i\omega t}$ で表せる．境界条件を $X(0) = X(a) = 0$，$Y(0) = Y(b) = 0$ とすれば

$$U(x, y) = \sum_m \sum_n A_{mn} \sin\left(\frac{m\pi}{a}x\right) \sin\left(\frac{n\pi}{b}y\right), \quad \text{周期} = \frac{2}{v\sqrt{\dfrac{m^2}{a^2} + \dfrac{n^2}{b^2}}} \tag{7.40}$$

となることを示しなさい．ただし，A_{mn} は展開係数で，m と n は整数値をとる．

［**2**］ 非線形波動方程式

$$\frac{\partial u}{\partial t} + u\frac{\partial u}{\partial x} = 0 \tag{7.41}$$

の一般解は任意関数 f を使って $u = f(x - ut) = f(\xi)$ と書けることを示しなさい．ただし，$1 + t\,(df/d\xi) \neq 0$ とする．なお，この結果は u が大きいところでは波の速さ $v = u$ が大きいことを示す（(7.8) を参照）．したがって，例えば，釣り鐘状の初期波形があれば，山頂の方がすそ野よりも大きい速さをもつため，時間とともに山の前方がだんだんと急になっていく（これを「波の突ったち」という）．これが**非線形波動**の特徴である．

［**3**］ 1次元の波動方程式 (7.7) を次の初期条件

$$u(x, 0) = F(x), \quad \left.\frac{\partial u(x, t)}{\partial t}\right|_{t=0} = G(x) \tag{7.42}$$

のもとで解くと

$$u(x, t) = \frac{1}{2}F(x - vt) + \frac{1}{2}F(x + vt) + \frac{1}{2v}\int_{x-vt}^{x+vt} G(s)\,ds \tag{7.43}$$

となることを示しなさい．これを**ストークスの波動公式**という．

［**4**］ 図7.5のように区間 $0 < x < d$ で $V(x) = U$ であり，それ以外では $U = 0$ であるようなポテンシャルの壁があるとする．このとき，ボールのエネルギー E が U よりも小さいと，ボールは壁で跳ね返される．しかし，電子のようなミクロな粒子は波の性質をもっているため，ポテンシャル内部に浸み込み，ポテンシャルの壁が十分に薄ければ，粒子は壁を通過する．これを量子力学的な**トンネル効果**という．このとき，ポテンシャル内の電子の運動は**シュレーディンガー方程式**

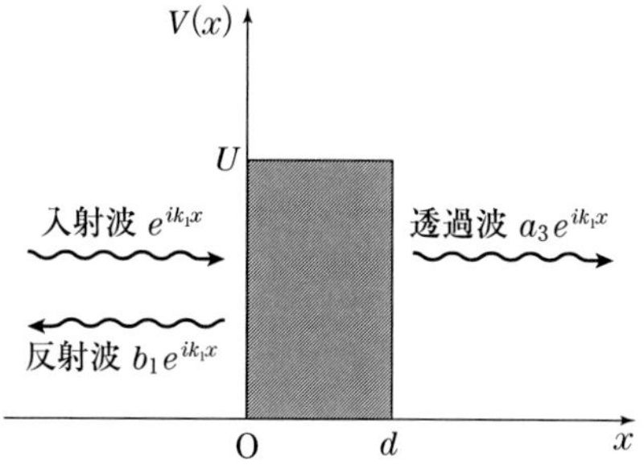

図 7.5

$$\frac{d^2\Psi}{dx^2}+\frac{8\pi^2 m}{h^2}(E-U)\Psi=0 \tag{7.44}$$

で記述される．ここで Ψ（プサイと読む）は**波動関数**とよばれるもので，電子の存在確率を表す量である．

いま，Ψ の具体形を

$$\left.\begin{aligned}\Psi_1&=a_1e^{ik_1x}+b_1e^{-ik_1x} && (x<0)\\ \Psi_2&=a_2e^{ik_2x}+b_2e^{-ik_2x} && (0<x<d)\\ \Psi_3&=a_3e^{ik_1x} && (d<x)\end{aligned}\right\} \tag{7.45}$$

とおこう（ただし，計算を簡単にするために $a_1=1$ とおく）．そして，ポテンシャルの境界 $x=0$, $x=d$ で Ψ が連続であるという境界条件

$$\left.\begin{aligned}\Psi_1(0)&=\Psi_2(0), &\quad \Psi_2(d)&=\Psi_3(d)\\ \Psi_1'(0)&=\Psi_2'(0), &\quad \Psi_2'(d)&=\Psi_3'(d)\end{aligned}\right\} \tag{7.46}$$

を課そう．そうすれば，トンネリングする粒子に対応する透過波の振幅 a_3 が

$$a_3=\frac{4k_1k_2e^{-ik_1d}}{(k_1+k_2)^2e^{-ik_2d}-(k_1-k_2)^2e^{ik_2d}} \tag{7.47}$$

となること，透過率 $D=a_3{}^*a_3$（$a_3{}^*$ は a_3 の複素共役）が

$$D=\frac{4k_1k^2}{4k_1{}^2k^2+(k_1{}^2k^2)^2\sinh^2 kd} \tag{7.48}$$

のように，双曲線関数 (1.83) を用いて表せることを示しなさい．ただし，$k_1=\sqrt{2mE}/\hbar$, $k_2=\sqrt{2m(E-U)}/\hbar=ik$, $k=\sqrt{2m(U-E)}/\hbar$, $\hbar=h/2\pi$ である．

第8章

行　列

— 情報を整理・分析するツール —

行列という日常的な言葉からは，いろいろなものが思い浮ぶだろう．例えば，遠足に向かう小学生たちの長い列や，教室の中に整然と並べられた机や椅子．一方，数学でいう行列は，「数字」や「文字」の単なる並びであるが，ベクトルとも密接に関係する特別な量である．そのため，行列は自然科学や社会科学のさまざまな現象を整理し分析するときに不可欠なツールである．

8.1 8.2 8.3 8.4 8.5 8.6

8.1　行列と行列式

数や文字を

$$(4 \ \ 7),\quad \begin{pmatrix} 1 \\ 8 \end{pmatrix},\quad \begin{pmatrix} a & b \\ c & d \end{pmatrix},\quad \begin{pmatrix} 8 & 7 & 1 \\ 9 & 1 & 8 \\ 5 & 1 & 4 \end{pmatrix},\quad \begin{pmatrix} 1 & 9 & 4 & 9 \\ 0 & 9 & 1 & 8 \\ 2 & 7 & 1 & 8 \end{pmatrix} \qquad (8.1)$$

のように括弧で囲んだものを**行列**とよび，その各々の数や文字を行列の**成分**あるいは**要素**という．行列の成分の**横の並び**を**行**，**縦の並び**を**列**という．

行は上から順に第1行，第2行，… といい，列は左から第1列，第2列，… という．そして，m 個の行と n 個の列からなる行列を **m 行 n 列の行列**，または，**$m \times n$ 行列**という．特に，行が1個だけの **$1 \times n$ 行列**を **n 次の行ベクトル**，列が1個だけの **$m \times 1$ 行列**を **m 次の列ベクトル**という．

例 8.1　行列　行列 (8.1) は，左から 1×2 行列 (2次の行ベクトル)，2×1 行列 (2次の列ベクトル)，2×2 行列，3×3 行列，3×4 行列である．■

いま，行列 A の第 i 行と第 j 列の交点にある **(i, j) 成分** (要素) を a_{ij} で表

すと，$m \times n$ 行列は

$$A = \begin{pmatrix} a_{11} & a_{12} & \cdots & a_{1n} \\ a_{21} & a_{22} & \cdots & a_{2n} \\ \vdots & \vdots & & \vdots \\ a_{m1} & a_{m2} & \cdots & a_{mn} \end{pmatrix} \tag{8.2}$$

のように表される．そして，行と列の個数が等しい $\boldsymbol{n \times n}$ **行列**のことを $\boldsymbol{n}$ **次の正方行列**という．

例 8.2 正方行列　行列 (8.1) の 2×2 行列は 2 次の正方行列，3×3 行列は 3 次の正方行列である． ■

8.1.1 行列の計算法

行列の加減　行列の加減は同じ $m \times n$ 行列で定義される．2 つの $m \times n$ 行列 A, B の和 $A + B$ は，それぞれの成分の和になる．同様に，差 $A - B$ は，それぞれの成分の差になる．

例 8.3 行列の加減

$$A = \begin{pmatrix} 5 \\ 1 \end{pmatrix}, \quad B = \begin{pmatrix} 8 \\ 3 \end{pmatrix} \quad \to \quad A + B = \begin{pmatrix} 5+8 \\ 1+4 \end{pmatrix} = \begin{pmatrix} 13 \\ 5 \end{pmatrix} \tag{8.3}$$

■

数と行列の積　$m \times n$ 行列の行列 A と数 s との積 sA は，そのすべての要素 a_{jk} に s を掛けた $m \times n$ 行列 $sA = (sa_{jk})$ となる．

例 8.4 数と行列の積　2×2 行列で $s = 2$ の場合の例：

$$A = \begin{pmatrix} -10 & 9 \\ -3 & -6 \end{pmatrix} \quad \to \quad 2A = \begin{pmatrix} 2 \times (-10) & 2 \times 9 \\ 2 \times (-3) & 2 \times (-6) \end{pmatrix} = \begin{pmatrix} -20 & 18 \\ -6 & -12 \end{pmatrix} \tag{8.4}$$

■

行列の積　$m \times p$ 行列 $A = (a_{jk})$ と $p \times n$ 行列 $B = (b_{jk})$ の積 $AB = C$

は，行列 C の要素が $c_{jk} = a_{j1}b_{1k} + a_{j2}b_{2k} + \cdots + a_{jn}b_{nk}$ で与えられる $m \times n$ 行列となる．ただし，注意してほしいことは，積 AB が定義されるのは A の列と B の行の数が等しい場合だけということである．

例 8.5　行列の積　2×1 行列 A と 1×2 行列 B の積 AB が 2×2 行列になる例：

$$A = \begin{pmatrix} 2 \\ 5 \end{pmatrix}, \quad B = \begin{pmatrix} \alpha & \beta \end{pmatrix} \quad \to \quad AB = \begin{pmatrix} 2 \times \alpha & 2 \times \beta \\ 5 \times \alpha & 5 \times \beta \end{pmatrix} = \begin{pmatrix} 2\alpha & 2\beta \\ 5\alpha & 5\beta \end{pmatrix} \tag{8.5}$$

■

行列の積の非可換性　一般に行列 A と B の積は掛ける順序によるので，

$$AB \neq BA \tag{8.6}$$

である．

例 8.6　行列の積の非可換性　2×2 行列 A, B の場合の例：

$$AB = \begin{pmatrix} 1 & 2 \\ 0 & 1 \end{pmatrix}\begin{pmatrix} \alpha & 0 \\ \gamma & \delta \end{pmatrix} = \begin{pmatrix} \alpha + 2\gamma & 2\delta \\ \gamma & \delta \end{pmatrix} \tag{8.7}$$

$$BA = \begin{pmatrix} \alpha & 0 \\ \gamma & \delta \end{pmatrix}\begin{pmatrix} 1 & 2 \\ 0 & 1 \end{pmatrix} = \begin{pmatrix} \alpha & 2\alpha \\ \gamma & 2\gamma + \delta \end{pmatrix} \tag{8.8}$$

■

結合則　$A\,(BC) = (AB)\,C$ が成り立つ．

分配則　$(A + B)C = AC + BC, \qquad C(A + B) = CA + CB \qquad (8.9)$

が成り立つ．なお，$(A + B)^2$ の計算は，$(A + B)^2 = (A + B)\,(A + B) = A^2 + AB + BA + B^2$ となるが，一般に $AB \neq BA$ であるから $(A + B)^2 = A^2 + 2AB + B^2$ にならないことに注意しよう．

問 8.1

$$A = \begin{pmatrix} 2 & -1 \\ 1 & 3 \end{pmatrix}, \quad B = \begin{pmatrix} 1 & 1 \\ 3 & 4 \end{pmatrix}, \quad C = \begin{pmatrix} 1 & 2 \\ 0 & 1 \end{pmatrix} \tag{8.10}$$

として，分配則が成り立つことを確認しなさい．

8.1.2 行列式の計算法

行列式 (determinant) は正方行列だけに定義されるもので，n 次の正方行列を A とすると，その行列式は $|A|$ や $\det A$ (ディタミナント・エーと読む) などの記号を使って

$$|A| = \begin{vmatrix} a_{11} & a_{12} & \cdots & a_{1n} \\ a_{21} & a_{22} & \cdots & a_{2n} \\ \vdots & \vdots & & \vdots \\ a_{n1} & a_{n2} & \cdots & a_{nn} \end{vmatrix} \equiv D(n) \tag{8.11}$$

のように定義する．なお，これ以降は (8.11) の n 次行列式 $|A|$ を $D(n)$ で適宜(てきぎ)表すことにする．

行列式は単なる数で，行列とは全く異なるものである．2 次の正方行列の行列式の計算は

$$D(2) = \begin{vmatrix} a & b \\ c & d \end{vmatrix} = ad - bc \tag{8.12}$$

となる．

例 8.7 2 次の正方行列の行列式

$$A = \begin{pmatrix} 2 & -1 \\ 1 & 3 \end{pmatrix} \quad \rightarrow \quad |A| = \begin{vmatrix} 2 & -1 \\ 1 & 3 \end{vmatrix} = 2 \times 3 - (-1) \times 1 = 7 \tag{8.13}$$

■

また，3 次の正方行列の行列式の場合は

$$D(3) = \begin{vmatrix} a_1 & b_1 & c_1 \\ a_2 & b_2 & c_2 \\ a_3 & b_3 & c_3 \end{vmatrix} = a_1 \begin{vmatrix} b_2 & c_2 \\ b_3 & c_3 \end{vmatrix} - b_1 \begin{vmatrix} a_2 & c_2 \\ a_3 & c_3 \end{vmatrix} + c_1 \begin{vmatrix} a_2 & b_2 \\ a_3 & b_3 \end{vmatrix} \tag{8.14}$$

となる．もちろん，4 次以上の行列式も同様に計算できるが，具体的に計算

式を書くと長々しい式になり煩雑である．そこで，余因子（よいんし）というものを使った方法が考え出されたのであるが，それを次に紹介する．

余因子　　まず，(8.11) で定義した n 次の行列式 $D(n)$ から特定の1行と1列を取り除いた1次だけ小さな行列式（$n-1$ 次の行列式）を考える．具体的には，i 行 j 列を取り除いた $n-1$ 次の小行列式 $D(n-1)$ を M_{ij} とする．これを**小行列**（しょうぎょうれつ）という．さらに，この小行列 M_{ij} に $(-1)^{i+j}$ を掛けてつくった行列式

$$C_{ij} = (-1)^{i+j} M_{ij} \tag{8.15}$$

を，$\boldsymbol{a_{ij}}$ **の余因子**という．

［例題 8.1］　余因子の計算

(8.12) の $D(2)$ は，a_{ij} の余因子 C_{ij} を使って

$$D(2) = a_{11}C_{11} + a_{12}C_{12} \tag{8.16}$$

と表せることを示しなさい．

［解］　$D(2) = ad - bc = ad + b\cdot(-c)$ の a, b は $a = a_{11}$, $b = a_{12}$ である．一方，d は $M_{11} = d$ より $C_{11} = (-1)^2 M_{11} = M_{11} = d$ と書ける．同様に，c は $M_{12} = c$ で，$-c$ は $C_{12} = (-1)^3 M_{12} = -M_{12} = -c$ と書けるので，(8.16) となる．

¶

例えば，例 8.7 の (8.13) の行列式に (8.16) を適用すれば，確かに $D(2) = a_{11}C_{11} + a_{12}C_{12} = 2\times 3 + (-1)\times(-1) = 7$ となることがわかる．

また，(8.14) の3次の正方行列式 $D(3)$ の場合は，$a_1 = a_{11}$, $b_1 = a_{12}$, $c_1 = a_{13}$ であるから

$$D(3) = a_{11}C_{11} + a_{12}C_{12} + a_{13}C_{13} \tag{8.17}$$

と表せる．したがって，$D(2)$，$D(3)$ の結果から推測して，(8.11) の $D(n)$ の場合は

$$D(n) = a_{11}C_{11} + a_{12}C_{12} + a_{13}C_{13} + \cdots + a_{1n}C_{1n} = \sum_{k=1}^{n} a_{1k}C_{1k} \tag{8.18}$$

のように表せることがわかるだろう．

たすき掛けルール

(8.12) の $D(2) = ad - bc$ は，図 8.1(a) のような「たすき掛けルール」で覚えるのがよい．3 次の行列式 (8.17) は，行列要素で表すと

$$D(3) = a_1b_2c_3 + b_1c_2a_3 + c_1a_2b_3 - c_1b_2a_3 - b_1a_2c_3 - a_1c_2b_3 \quad (8.19)$$

であるが，これも図 8.1(b) の「たすき掛けルール」で簡単に求まる．ただし，このルールは 4 次以上では使えない（試しに $D(4)$ をたすき掛けで機械的に計算すると，(8.18) の正しい結果に辿り着かないことがわかるだろう）．

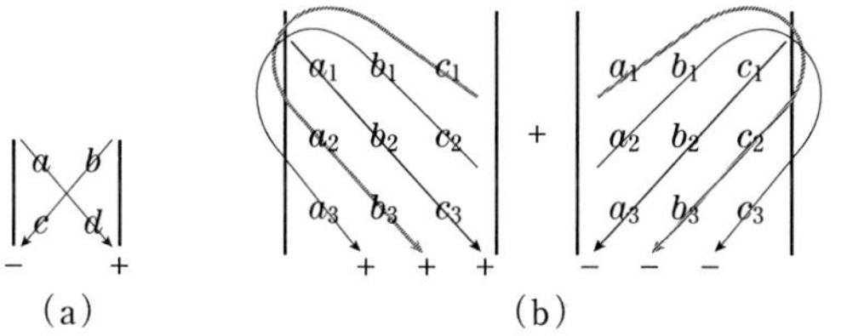

図 8.1

問 8.2 (8.1) の 3 × 3 行列の行列式を「たすき掛けルール」で計算しなさい (8.1.3 項の例 8.14 の (8.29) を参照)．

8.1.3 行列式の性質

ここで列挙する性質は，n 次の正方行列式 ($n \geq 2$) に対して成り立つものである．しかし，抽象的な表現もあってわかりづらいので，最も簡単な 2 次の行列式 (2 × 2 行列式) で具体例もみていくことにしよう．

性質 1　行列式 A の値と，この行列式の行と列を入れかえた行列式 (**転置行列**：transposed matrix) ${}^tA$ (A^{T} とも書く) の値は同じ，つまり，

$$|A| = |{}^tA| \quad (8.20)$$

である．

例 8.8　2×2 行列 A と ${}^tA$ は

$$A = \begin{pmatrix} a & b \\ c & d \end{pmatrix}, \qquad {}^tA = \begin{pmatrix} a & c \\ b & d \end{pmatrix} \tag{8.21}$$

である．行列式の計算は (8.12) から

$$|A| = \begin{vmatrix} a & b \\ c & d \end{vmatrix} = ad - bc = ad - cb = \begin{vmatrix} a & c \\ b & d \end{vmatrix} = |{}^tA| \tag{8.22}$$

のように，積 bc の順番を入れ替えると $|A| = |{}^tA|$ になる．■

性質 2　2 つの列 (または行) を入れ替えると，行列式の値は符号を変える．

例 8.9　(8.12) の $D(2)$ は

$$\begin{vmatrix} a & b \\ c & d \end{vmatrix} = ad - bc = -(bc - ad) = -\begin{vmatrix} b & a \\ d & c \end{vmatrix} \tag{8.23}$$

のように，1 列と 2 列を入れ替えると値の符号が変わる．1 行と 2 行を入れ替えても同じ結果を得る．■

性質 3　2 つの列 (または行) の各成分が比例すれば，行列式の値はゼロである．

例 8.10　(8.12) の $D(2)$ で $b = ka$, $d = kc$ (k は比例定数) とすると

$$\begin{vmatrix} a & b \\ c & d \end{vmatrix} = ad - bc = a(kc) - (ka)c = ack - ack = 0 \tag{8.24}$$

となる．■

性質 4　2 つの列 (または行) が等しい行列式の値はゼロである．これは，性質 3 の特別な場合で，$k = 1$ のときに当たる．

性質 5　1 つの列 (または行) を k 倍すると，行列式の値は k 倍になる．

例 8.11　(8.12) の 1 列目を k 倍してみると

$$\begin{vmatrix} ka & b \\ kc & d \end{vmatrix} = kad - bkc = k(ad - bc) = k\begin{vmatrix} a & b \\ c & d \end{vmatrix} \tag{8.25}$$

となり，この性質が成り立つ．■

性質 6　1つの列（または行）の各成分が2つの数の和の形であるとき，行列式は2つの行列式の和で書ける．

例 8.12　2×2 行列式の場合，

$$\begin{vmatrix} a + a' & b \\ c + c' & d \end{vmatrix} = \begin{vmatrix} a & b \\ c & d \end{vmatrix} + \begin{vmatrix} a' & b \\ c' & d \end{vmatrix} \tag{8.26}$$

である．なぜなら，(8.26) の左辺を $(a + a')d - b(c + c') = (ad - bc) + (a'd - bc')$ と変形すれば，2つの行列式に分けられるからである．■

性質 7　1つの列（または行）に，定数倍した別の列（または行）を加えても行列式の値は変わらない．

例 8.13　2×2 行列式の場合，k 倍した2列目を1列目に加えても

$$\begin{vmatrix} a + kb & b \\ c + kd & d \end{vmatrix} = \begin{vmatrix} a & b \\ c & d \end{vmatrix} \tag{8.27}$$

となる．なぜなら，(8.27) の左辺は

$$\begin{vmatrix} a + kb & b \\ c + kd & d \end{vmatrix} = \begin{vmatrix} a & b \\ c & d \end{vmatrix} + \begin{vmatrix} kb & b \\ kd & d \end{vmatrix} = \begin{vmatrix} a & b \\ c & d \end{vmatrix} + k\begin{vmatrix} b & b \\ d & d \end{vmatrix} \tag{8.28}$$

のように，真ん中の式が (8.26) から導かれ，そして，最右辺の2番目の式（k が掛かった式）が性質4よりゼロになるからである．■

例 8.14　性質7を使って，行列式の成分を1つでもゼロにできれば，行列式の計算が楽になる．次の3次行列式は，「たすき掛けルール」で計算できるが

$$\begin{aligned} \begin{vmatrix} 8 & 7 & 1 \\ 9 & 1 & 8 \\ 6 & 1 & 4 \end{vmatrix} &= \begin{vmatrix} 8 & 7 & 1 \\ 9 & 1 & 8 \\ 6 - 9/2 & 1 - 1/2 & 4 - 8/2 \end{vmatrix} = \begin{vmatrix} 8 & 7 & 1 \\ 9 & 1 & 8 \\ 3/2 & 1/2 & 0 \end{vmatrix} \\ &= 8 \times 1 \times 0 + 1 \times 9 \times 1/2 + 8 \times 7 \times 3/2 \\ &\quad - 1 \times 1 \times 3/2 - 8 \times 8 \times 1/2 - 9 \times 7 \times 0 \\ &= 55 \end{aligned} \tag{8.29}$$

のように，ゼロを含む形に書き換えてから計算した方が簡単であり，計算ミスも防げるだろう．■

性質 8　正方行列 A, B の行列式の積の間には

$$|AB| = |A||B| \tag{8.30}$$

という関係が成り立つ．

例 8.15　2 × 2 行列でこれを簡単に確かめるために，行列 A, B を

$$A = \begin{pmatrix} a & 0 \\ 0 & d \end{pmatrix}, \quad B = \begin{pmatrix} a' & 0 \\ 0 & d' \end{pmatrix}, \quad AB = \begin{pmatrix} aa' & 0 \\ 0 & dd' \end{pmatrix} \tag{8.31}$$

としよう（このように行列要素をゼロとおいても，一般性を失わない）．このとき，行列式 $|AB|$ は

$$|AB| = \begin{vmatrix} aa' & 0 \\ 0 & dd' \end{vmatrix} = aa'dd' = (ad)(a'd') = |A||B| \tag{8.32}$$

のように書けるから，確かに (8.30) が成り立つ．■

単位行列

I は**単位行列**を表す記号で，**対角成分**（$i = j$ の成分 a_{ij} のこと）が 1 で，それ以外の成分はすべてゼロになる行列である．例えば，3 次の正方行列の場合は

$$I = \begin{pmatrix} 1 & 0 & 0 \\ 0 & 1 & 0 \\ 0 & 0 & 1 \end{pmatrix} \tag{8.33}$$

である．

逆行列の存在

n 次の正方行列 A に対して，$|A| \neq 0$ とする．このとき

$$AA' = A'A = I \tag{8.34}$$

となる行列 A' が存在する．

逆行列の求め方

(8.34) の性質をもつ A' を A の**逆行列**とよび，一般に A^{-1} と書く．逆行列を求めるには，正方行列 A の成分 a_{ij} に対する余因子 C_{ij} を使って

$$A^{-1} = \frac{1}{|A|} \begin{pmatrix} C_{11} & C_{21} & \cdots & C_{n1} \\ C_{12} & C_{22} & \cdots & C_{n2} \\ \vdots & \vdots & & \vdots \\ C_{1n} & C_{2n} & \cdots & C_{nn} \end{pmatrix} \tag{8.35}$$

のように，書き表せばよい．

行列 A が逆行列をもつとき，その行列は**正則**（せいそく）**である**という．いい換えれば，**正則行列**は逆行列をもつ行列のことである．ここで注意してほしいことは，逆行列 (8.35) からわかるように，**もし行列式 $|A|$ がゼロであれば（割り算ができないので），逆行列は存在しない**ことである．

[例題 8.2]

$$A=\begin{pmatrix}1 & 2\\ -3 & -1\end{pmatrix} \tag{8.36}$$

の逆行列を求めなさい．

[解]　行列式は $|A|=1\times(-1)-2\times(-3)=5$ で，余因子は $C_{11}=-1$，$C_{12}=-(-3)=3$，$C_{21}=-2$，$C_{22}=1$ であるから，逆行列は

$$A^{-1}=\frac{1}{5}\begin{pmatrix}-1 & -2\\ 3 & 1\end{pmatrix} \tag{8.37}$$

となる．

¶

[例題 8.3]

n 次の正方行列 A で $|A|\neq 0$ とする．このとき，

$$|A^{-1}|=\frac{1}{|A|} \tag{8.38}$$

であることを示しなさい．

[解]　行列式の積の性質 (8.30) より，$|A||A^{-1}|=|AA^{-1}|$ である．これに $AA^{-1}=I$ を代入すれば，$|A||A^{-1}|=|I|$ より (8.38) を得る．

¶

逆行列の式 (8.35) を 2×2 行列 A の場合で確かめておこう．

$$A=\begin{pmatrix}a & b\\ c & d\end{pmatrix},\quad A^{-1}=\frac{1}{|A|}\begin{pmatrix}C_{11} & C_{21}\\ C_{12} & C_{22}\end{pmatrix}=\frac{1}{|A|}\begin{pmatrix}d & -b\\ -c & a\end{pmatrix} \tag{8.39}$$

より

$$A^{-1}A = \frac{1}{|A|}\begin{pmatrix} d & -b \\ -c & a \end{pmatrix}\begin{pmatrix} a & b \\ c & d \end{pmatrix} = \frac{1}{|A|}\begin{pmatrix} ad-bc & 0 \\ 0 & ad-bc \end{pmatrix}$$
$$= \frac{1}{|A|}\begin{pmatrix} |A| & 0 \\ 0 & |A| \end{pmatrix} = \begin{pmatrix} 1 & 0 \\ 0 & 1 \end{pmatrix} = I \qquad (8.40)$$

となる．AA^{-1} も同様にして $AA^{-1} = I$ であることが確認できる．

問 8.3 次の行列 A から右側の逆行列 A^{-1} を導きなさい．

$$A = \begin{pmatrix} \cos\theta & \sin\theta \\ -\sin\theta & \cos\theta \end{pmatrix}, \qquad A^{-1} = \begin{pmatrix} \cos\theta & -\sin\theta \\ \sin\theta & \cos\theta \end{pmatrix} \qquad (8.41)$$

8.2 クラメルの公式で連立1次方程式を解く

2次方程式や3次方程式には解の公式がある．例えば，2次方程式 $ax^2 + bx + c = 0$ $(a \neq 0)$ の場合，解の公式は

$$x = \frac{-b \pm \sqrt{b^2 - 4ac}}{2a} \qquad (8.42)$$

である．それでは，連立1次方程式にも解の公式はあるのだろうか．

実は，これから説明するクラメルの公式が，これに相当するのである．この公式を一般的に導くにはかなりのステップが必要で，論理の道に迷いやすいので，ここでは最も簡単な2元連立1次方程式を使って具体的に導こう（目標の公式は (8.49) である）．

いま，x と y に対する2元連立1次方程式

$$\begin{cases} ax + by = p \\ cx + dy = q \end{cases} \qquad (8.43)$$

を初等的に解くと

$$x = \frac{pd - qb}{ad - bc}, \qquad y = \frac{qa - pc}{ad - bc} \qquad (8.44)$$

を得る．

問 8.4　(8.44) を導きなさい．

ところで，(8.44) の分母は (8.12) の行列式 $D(2) = ad - bc$ と同じものである．これをヒントにして，分子の方も行列式に書き換えると，x の分子 (D_x とする) と y の分子 (D_y とする) は，それぞれ

$$D_x = pd - qb = \begin{vmatrix} p & b \\ q & d \end{vmatrix}, \qquad D_y = qa - pc = \begin{vmatrix} a & p \\ c & q \end{vmatrix} \tag{8.45}$$

のように書ける．これらを使って (8.44) を書き直せば

$$x = \frac{D_x}{D}, \qquad y = \frac{D_y}{D} \tag{8.46}$$

のような形になる．この (8.46) をもう少しスマートに表現したものがクラメルの公式である．

問 8.5　(8.45) の D_x, D_y を余因子で表すと $D_x = pC_{11} + qC_{21}$, $D_y = pC_{12} + qC_{22}$ となることを示しなさい．

以上の話から，2 元連立 1 次方程式 (8.43) を

$$\begin{pmatrix} a & b \\ c & d \end{pmatrix}\begin{pmatrix} x \\ y \end{pmatrix} = \begin{pmatrix} p \\ q \end{pmatrix} \tag{8.47}$$

のように行列に書き換えるのが，解の公式に辿り着くカギになると予想できるだろう．

そこで，もう少し見通しよくするために，(8.47) を

$$\begin{pmatrix} a_{11} & a_{12} \\ a_{21} & a_{22} \end{pmatrix}\begin{pmatrix} x_1 \\ x_2 \end{pmatrix} = \begin{pmatrix} b_1 \\ b_2 \end{pmatrix} \tag{8.48}$$

のように書き換えてみよう．つまり，変数 x, y を $x_1 = x$, $x_2 = y$ とおき，定数 p, q を $b_1 = p$, $b_2 = q$ のように，それぞれ文字を統一して通し番号を付ける．この記号を用いると，解 (8.44) は

$$x_1 = \frac{D_1}{D} = \frac{\begin{vmatrix} b_1 & a_{12} \\ b_2 & a_{22} \end{vmatrix}}{\begin{vmatrix} a_{11} & a_{12} \\ a_{21} & a_{22} \end{vmatrix}}, \qquad x_2 = \frac{D_2}{D} = \frac{\begin{vmatrix} a_{11} & b_1 \\ a_{21} & b_2 \end{vmatrix}}{\begin{vmatrix} a_{11} & a_{12} \\ a_{21} & a_{22} \end{vmatrix}} \tag{8.49}$$

となる．ここで，分子を余因子で表せば

$$D_1 = b_1 a_{22} - b_2 a_{12} = b_1 C_{11} + b_2 C_{21} = \sum_{k=1}^{2} b_k C_{k1} \tag{8.50}$$

$$D_2 = a_{11} b_2 - a_{21} b_1 = b_2 C_{22} + b_1 C_{12} = \sum_{k=1}^{2} b_k C_{k2} \tag{8.51}$$

である．この (8.49) が2元1次連立方程式に対する**クラメルの公式**である．

問 8.6　6.2.2 項の A_1' と A_2' に関する結果 (6.38) を，2つの条件式 (6.34) と (6.37) にクラメルの公式 (8.49) を使って導きなさい．

n 次連立方程式のクラメルの公式は，(8.50)，(8.51) から推測できるように

$$D_l = \sum_{k=1}^{n} b_k C_{kl} \qquad (l = 1, 2, \cdots, n) \tag{8.52}$$

となる．次に，$n = 3$ の場合を具体的に示しておこう．

3元連立1次方程式のクラメルの公式

3元連立1次方程式

$$\begin{cases} a_{11}x_1 + a_{12}x_2 + a_{13}x_3 = b_1 \\ a_{21}x_1 + a_{22}x_2 + a_{23}x_3 = b_2 \\ a_{31}x_1 + a_{32}x_2 + a_{33}x_3 = b_3 \end{cases} \tag{8.53}$$

を行列で表すと

$$\begin{pmatrix} a_{11} & a_{12} & a_{13} \\ a_{21} & a_{22} & a_{23} \\ a_{31} & a_{32} & a_{33} \end{pmatrix} \begin{pmatrix} x_1 \\ x_2 \\ x_3 \end{pmatrix} = \begin{pmatrix} b_1 \\ b_2 \\ b_3 \end{pmatrix} \tag{8.54}$$

となる．解 x_1, x_2, x_3 はクラメルの公式より

$$x_1 = \frac{D_1}{D}, \qquad x_2 = \frac{D_2}{D}, \qquad x_3 = \frac{D_3}{D} \tag{8.55}$$

である．ここで，

$$D = \begin{vmatrix} a_{11} & a_{12} & a_{13} \\ a_{21} & a_{22} & a_{23} \\ a_{31} & a_{32} & a_{33} \end{vmatrix}, \quad D_1 = \begin{vmatrix} b_1 & a_{12} & a_{13} \\ b_2 & a_{22} & a_{23} \\ b_3 & a_{32} & a_{33} \end{vmatrix}$$
$$D_2 = \begin{vmatrix} a_{11} & b_1 & a_{13} \\ a_{21} & b_2 & a_{23} \\ a_{31} & b_3 & a_{33} \end{vmatrix}, \quad D_3 = \begin{vmatrix} a_{11} & a_{12} & b_1 \\ a_{21} & a_{22} & b_2 \\ a_{31} & a_{32} & b_3 \end{vmatrix} \tag{8.56}$$

である．確かに，$D_1 = \sum_{k=1}^{3} b_k C_{k1}$，$D_2 = \sum_{k=1}^{3} b_k C_{k2}$，$D_3 = \sum_{k=1}^{3} b_k C_{k3}$ であることがわかる．

［例題 8.4］

連立1次方程式

$$\begin{cases} x + y + z = 3 \\ x - 2y + 3z = 5 \\ x + y - 2z = 1 \end{cases} \tag{8.57}$$

をクラメルの公式を使って解きなさい．

［解］　(8.57) を行列で表すと

$$\begin{pmatrix} 1 & 1 & 1 \\ 1 & -2 & 3 \\ 1 & 1 & -2 \end{pmatrix} \begin{pmatrix} x \\ y \\ z \end{pmatrix} = \begin{pmatrix} 3 \\ 5 \\ 1 \end{pmatrix} \tag{8.58}$$

となる．クラメルの公式に必要な行列式を計算すると

$$D = \begin{vmatrix} 1 & 1 & 1 \\ 1 & -2 & 3 \\ 1 & 1 & -2 \end{vmatrix} = 9, \quad D_1 = \begin{vmatrix} 3 & 1 & 1 \\ 5 & -2 & 3 \\ 1 & 1 & -2 \end{vmatrix} = 23$$
$$D_2 = \begin{vmatrix} 1 & 3 & 1 \\ 1 & 5 & 3 \\ 1 & 1 & -2 \end{vmatrix} = -2, \quad D_3 = \begin{vmatrix} 1 & 1 & 3 \\ 1 & -2 & 5 \\ 1 & 1 & 1 \end{vmatrix} = 6 \tag{8.59}$$

となる．これらより，解は

$$x = \frac{D_1}{D} = \frac{23}{9}, \quad y = \frac{D_2}{D} = -\frac{2}{9}, \quad z = \frac{D_3}{D} = \frac{6}{9} = \frac{2}{3} \tag{8.60}$$

となる．

¶

8.1 8.2 8.3 8.4 8.5 8.6

8.3　線形変換

物理で線形変換に最初に出会うのは，力学で物体の相対運動や回転運動などを扱うときの座標変換や座標の回転などであろう．しかし，この線形変換が最も威力を発揮するのは，理工学の問題によく登場する線形微分方程式（つまり，運動方程式）の解法に適用されるときである．このとき，コアになるアイデアが「固有ベクトル」と「固有値」である．

8.3.1　線形変換とは？

x と y の間に比例関係があるとき，比例定数を a とすれば $y = ax$ という1次式が成り立つ．これは1個の変数 (x) から別の1個の変数 y への変換である．このような比例関係を2個の変数 x_1, x_2 から別の2個の変数 y_1, y_2 への変換に拡張することは可能で，比例定数 a に対応するものを a_{11}, a_{12}, a_{21}, a_{22} とすれば

$$\begin{cases} y_1 = a_{11}x_1 + a_{12}x_2 \\ y_2 = a_{21}x_1 + a_{22}x_2 \end{cases} \tag{8.61}$$

という1次式になる．これを x_1, x_2 から y_1, y_2 への**線形変換**（**1次変換**）または**写像**（しゃぞう）という．

ちなみに，この変換に「線形」という用語がつく理由は，(8.61) が x_1, x_2 の非線形項（例えば，x_1^2, x_2^2）を含まず，線形な x_1, x_2 の項だけを含む式

(つまり, 1次式) でできているためである (6.3.1項の「指数関数解で必ず解けるための条件」を参照).

この線形変換 (8.61) をさまざまな問題に適用するときには,

$$\boldsymbol{R} = A\boldsymbol{r} \tag{8.62}$$

のようなベクトル $\boldsymbol{R}$, $\boldsymbol{r}$ と行列 A を使って表す方が便利である. ここで

$$\boldsymbol{R} = \begin{pmatrix} y_1 \\ y_2 \end{pmatrix}, \quad \boldsymbol{r} = \begin{pmatrix} x_1 \\ x_2 \end{pmatrix}, \quad A = \begin{pmatrix} a_{11} & a_{12} \\ a_{21} & a_{22} \end{pmatrix} \tag{8.63}$$

である. 線形変換 (8.62) がこれからの話で最も重要になるので, まず, (8.62) の意味するところを例題 8.5 で確認しておこう.

[例題 8.5]

ベクトル $\boldsymbol{r} = 3\boldsymbol{i} + 1\boldsymbol{j}$ が, 次の行列

$$A = \begin{pmatrix} 0 & 1 \\ 5 & 4 \end{pmatrix} \tag{8.64}$$

によって, $\boldsymbol{R} = 1\boldsymbol{i} + 19\boldsymbol{j}$ に変換されることを示しなさい.

[解] 行列 A によるベクトル $\boldsymbol{r} = x\boldsymbol{i} + y\boldsymbol{j}$ からベクトル $\boldsymbol{R} = X\boldsymbol{i} + Y\boldsymbol{j}$ への線形変換は, (8.62) より

$$\begin{pmatrix} X \\ Y \end{pmatrix} = \begin{pmatrix} 0 & 1 \\ 5 & 4 \end{pmatrix}\begin{pmatrix} x \\ y \end{pmatrix} = \begin{pmatrix} y \\ 5x + 4y \end{pmatrix} \tag{8.65}$$

である. (8.65) の右辺に $(x, y) = (3, 1)$ を代入すると, $(X, Y) = (1, 19)$ を得る. つまり, この変換は xy 平面上の点 $(x, y) = (3, 1)$ を別の点 $(X, Y) = (1, 19)$ に移す操作である. これをベクトルで書くと, $\boldsymbol{r} = x\boldsymbol{i} + y\boldsymbol{j}$ から $\boldsymbol{R} = X\boldsymbol{i} + Y\boldsymbol{j}$ への変換になる.

¶

例題 8.5 の結果から推測できるように, (8.62) の $\boldsymbol{r}$ と $\boldsymbol{R}$ を図示すると, 図 8.2 のように, 向きも長さも異なるベクトルになる. このように, ベクトル $\boldsymbol{r}$ を線形変換した後のベクトル $\boldsymbol{R}$ は, 一般に変換前のベクトル $\boldsymbol{r}$ とは別のベクトルになる.

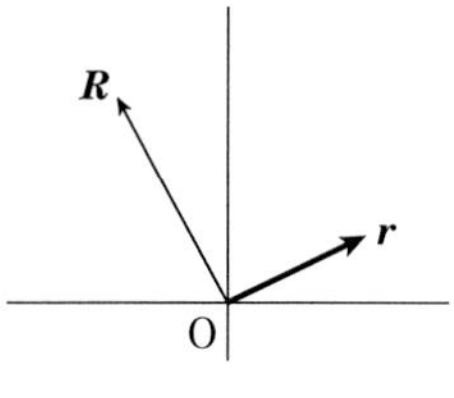

図 8.2

このような場合，線形変換は平面上の１つの点を別の１つの点に移す操作だと考えてよい．

8.3.2 線形変換は何に使う？

線形変換の威力は線形微分方程式に適用したときに発揮される．このとき必要になる道具が「固有ベクトル」と「固有値」だが，いささか抽象的な量であるため，これらの必要性やメリットがわからなければ，学ぶ意欲もあまりわかないだろう．そこで，まず，具体例からはじめて，その後で，固有ベクトルと固有値の具体的な計算方法を説明しよう．

線形微分方程式と線形変換

線形微分方程式は線形変換 $\boldsymbol{R} = A\boldsymbol{r}$ とどのように関係するのかを 6.3.1 項の例題 6.4 で扱った２階線形微分方程式

$$y'' - 4y' - 5y = 0 \tag{6.43}$$

で考えてみよう．

なお，この微分方程式 (6.43) は，この後 8.5 節の終わりまで何度も形を変えながら登場する (例えば，(8.68)，(8.101)，(8.114)) ことを予告しておきたい．なぜ何度も登場するのか？　その理由は，線形変換を説明するために，(解法や解の性質を理解した) 同一の微分方程式を用いた方が余計な労力を払うことなく，簡明直截（ちょくせつ）に線形変換の核心に迫れると考えるからである．そのため，これから出会う微分方程式はほとんど (6.43) に似た形だけである．

この微分方程式は未知関数 y に対する１個の式 (１次元の式) であるから，2×2 行列を使った線形変換 $\boldsymbol{R} = A\boldsymbol{r}$ と関係させるためには，(6.43) を２個の式 (２次元の式) に変える必要がある．そのために，新しい変数を

$$y_1 = y, \qquad y_2 = y' \tag{8.66}$$

のように定義して，(6.43) を２個の式

$$y_1' = y_2, \qquad y_2' = 4y_2 + 5y_1 \tag{8.67}$$

に書き換えれば，(6.43) は行列を用いて

$$\begin{pmatrix} y_1' \\ y_2' \end{pmatrix} = \begin{pmatrix} 0 & 1 \\ 5 & 4 \end{pmatrix}\begin{pmatrix} y_1 \\ y_2 \end{pmatrix} \tag{8.68}$$

と書ける．

また，例題 6.4 で示したように，(6.43) は指数関数解をもつので

$$y_1 = v_1 e^{\lambda x}, \qquad y_2 = v_2 e^{\lambda x} \tag{8.69}$$

を (8.68) に代入して，$e^{\lambda x}(\neq 0)$ で両辺を割れば

$$\begin{pmatrix} \lambda v_1 e^{\lambda x} \\ \lambda v_2 e^{\lambda x} \end{pmatrix} = \begin{pmatrix} 0 & 1 \\ 5 & 4 \end{pmatrix}\begin{pmatrix} v_1 e^{\lambda x} \\ v_2 e^{\lambda x} \end{pmatrix} \ \rightarrow \ \lambda\begin{pmatrix} v_1 \\ v_2 \end{pmatrix} = \begin{pmatrix} 0 & 1 \\ 5 & 4 \end{pmatrix}\begin{pmatrix} v_1 \\ v_2 \end{pmatrix} \tag{8.70}$$

のように，微分方程式 (8.68) は行列の代数式に変わる．

ここで，(8.69) の係数 v_1, v_2 を

$$\boldsymbol{v} = \begin{pmatrix} v_1 \\ v_2 \end{pmatrix} \tag{8.71}$$

のようにベクトル $\boldsymbol{v}$ で表すと，(8.70) の右側の式は

$$\lambda\boldsymbol{v} = A\boldsymbol{v} \tag{8.72}$$

となる．この形がポイントである．右辺 $A\boldsymbol{v}$ は行列 A による $\boldsymbol{v}$ の線形変換を表しているから，左辺の $\lambda\boldsymbol{v}$ は線形変換後のベクトルである．これを $\boldsymbol{V}$ で表して

$$\boldsymbol{V} = \lambda\boldsymbol{v} \tag{8.73}$$

とすれば，(8.72) は変換後のベクトル $\boldsymbol{V}$ が変換前のベクトル $\boldsymbol{v}$ の λ 倍になることを教えている．いい換えれば，$\boldsymbol{V}$ は $\boldsymbol{v}$ に比例する．つまり，(8.72) の線形変換は，2 つのベクトル $\boldsymbol{V}$, $\boldsymbol{v}$ の大きさが異なるだけで，同じ方向のベクトルをつくる変換である．これを (8.62) の $\boldsymbol{R} = A\boldsymbol{r}$ と比べると，$\boldsymbol{V} = A\boldsymbol{v}$ が特別な変換であることがわかる．なぜなら，(8.62) の $\boldsymbol{R}$ は $\boldsymbol{r}$ に比例せず，$\boldsymbol{r}$ とは全く異なるベクトルだからである．

(8.73) を図示すると，$\lambda > 0$ の場合は図 8.3 (a) であり，$\lambda < 0$ の場合は図 8.3 (b) である．この比例定数 λ は，(8.73) に着目すれば，$\boldsymbol{v}$ がどれだけ

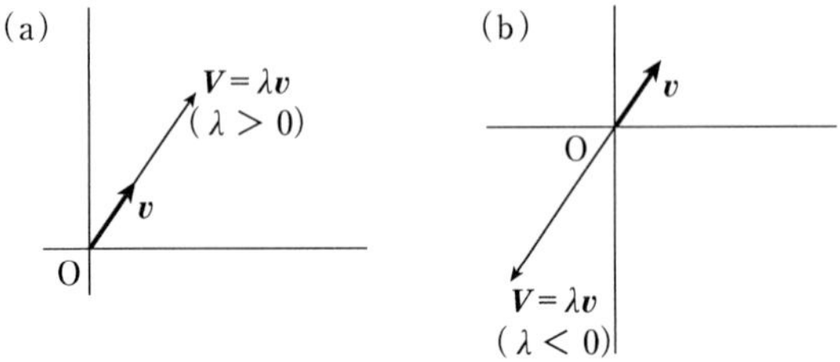

図 8.3

伸びるか，あるいは縮むかを決める**倍率**のようなパラメータだと解釈できる．

微分方程式の解は“特別な”線形変換 (8.72) で求まる

線形微分方程式 (6.43) の解は，特別な線形変換 (8.72) を満たすベクトル $\boldsymbol{v}$ を求めれば (つまり，係数 v_1, v_2 を求めれば)，(8.69) から求まる．この例から推測できるように，線形微分方程式を解く問題は，与えられた行列 A に対する特別な線形変換 (8.72) を満たす特別な $\boldsymbol{v}$ と倍率 λ を求める問題に帰着する．なぜならば，(8.68) の行列 A の要素は，問題にしている線形微分方程式 (6.43) の別表現だからである．

このような特別なベクトル $\boldsymbol{v}$ と倍率 λ は，解くべき微分方程式を特徴づける固有な量であるから，ベクトル $\boldsymbol{v}$ を**固有ベクトル**，λ を**固有値**という．そして，特別な線形変換 (8.72) から固有ベクトルと固有値を求める問題を**固有値問題**という．

以上の例から，固有ベクトルと固有値の重要性が理解できたであろう．そこで，いまからやるべきことは，(8.72) の $A\boldsymbol{v}=\lambda\boldsymbol{v}$ の関係を満たす $\boldsymbol{v}$ の求め方を学ぶことである．ちなみに，$A\boldsymbol{v}=\lambda\boldsymbol{v}$ を言葉で表現すれば，「固有ベクトル $\boldsymbol{v}$ は行列 A の作用をスカラー (ふつうの数) λ と同じ作用に変えてしまう特別なベクトルである」ともいえるだろう．

8.4　固有値と固有ベクトル

8.4.1　固有値を求めよう

素朴なアプローチ

図 8.4 のように，座標の原点を始点にとって，固有ベクトル $\boldsymbol{v}$ の座標を点 P$(x,\ y)$，変換後のベクトル $\boldsymbol{V}$ の座標を Q$(X,\ Y)$ とする．このとき，(8.73) の $\boldsymbol{V} = \lambda \boldsymbol{v}$ から，両者の間には

$$X = \lambda x, \qquad Y = \lambda y \tag{8.74}$$

の関係が成り立つ．

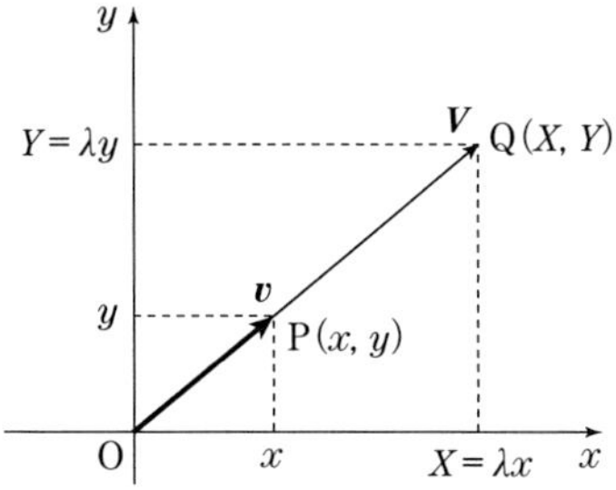

図 8.4

一方，(8.72) の $A\boldsymbol{v} = \lambda \boldsymbol{v}$ の 2×2 行列 A を

$$A = \begin{pmatrix} a & b \\ c & d \end{pmatrix} \tag{8.75}$$

とすると，(8.72) は

$$\begin{pmatrix} a & b \\ c & d \end{pmatrix}\begin{pmatrix} x \\ y \end{pmatrix} = \lambda \begin{pmatrix} x \\ y \end{pmatrix} \tag{8.76}$$

と書ける．この (8.76) から $ax + by = \lambda x$, $cx + dy = \lambda y$ となるので，変形して

$$(\lambda - a)x = by, \qquad (\lambda - d)y = cx \tag{8.77}$$

を得る．

図8.4からわかるように，ベクトル $\boldsymbol{v}$ の傾き y/x と $\boldsymbol{V}$ の傾き Y/X は等しくて，これらは (8.77) から

$$\frac{Y}{X} = \frac{y}{x} = \frac{\lambda - a}{b}, \qquad \frac{Y}{X} = \frac{y}{x} = \frac{c}{\lambda - d} \tag{8.78}$$

のように2通りに表せる．当然，これら2通りの表現は同じ内容でなければならないから，それを保証するためには，両者を等しいとおかなければならない．その結果，λ に関する2次方程式

$$(\lambda - a)(\lambda - d) = bc \ \ \rightarrow \ \ \lambda^2 - (a + d)\lambda + ad - bc = 0 \tag{8.79}$$

ができるので，固有値 λ をこの式を満たすように決めれば，傾き $Y/X = y/x$ が保証されることになる．つまり，固有値 λ は (8.79) の解であるから，解の公式 (8.42) より

$$\lambda_1 = \frac{1}{2}\{(a + d) + \sqrt{(a + d)^2 - 4(ad - bc)}\} \tag{8.80}$$

$$\lambda_2 = \frac{1}{2}\{(a + d) - \sqrt{(a + d)^2 - 4(ad - bc)}\} \tag{8.81}$$

である．

この結果からわかることは，λ_1, λ_2 が異なる値であれば，図8.4のベクトルの傾き y/x の方向は2つ存在することになるから，(8.72) の $A\boldsymbol{v} = \lambda\boldsymbol{v}$ を満たす固有ベクトル $\boldsymbol{v}$ が2つ存在することになるということである（固有ベクトルが2つ存在する直観的な理由は，8.4.3項の「$\boldsymbol{R} = A\boldsymbol{r}$ と $\lambda\boldsymbol{v} = A\boldsymbol{v}$ の関係」を参照）．固有値 $\lambda_1(\lambda_2)$ に対応した固有ベクトルを $\boldsymbol{v}_1(\boldsymbol{v}_2)$ とすると，$\boldsymbol{v}_1$ の傾き y_1/x_1 と $\boldsymbol{v}_2$ の傾き y_2/x_2 はそれぞれ，(8.78) の左側の式から

$$\frac{y_1}{x_1} = \frac{\lambda_1 - a}{b}, \qquad \frac{y_2}{x_2} = \frac{\lambda_2 - a}{b} \tag{8.82}$$

である（もちろん，(8.78) の右側の式を使っても最終結果は変わらない）．

［例題 8.6］ 固有値の計算

2 × 2 行列

$$A = \begin{pmatrix} a & b \\ c & d \end{pmatrix} = \begin{pmatrix} 0 & 1 \\ 5 & 4 \end{pmatrix} \tag{8.83}$$

の固有値 λ が

$$\lambda_1 = 5, \qquad \lambda_2 = -1 \tag{8.84}$$

となることを示しなさい．

［解］ $a + d = 4$, $ad - bc = -5$ であるから，固有値 λ_1 は (8.80) から $\lambda_1 = 5$ となり，固有値 λ_2 は (8.81) から $\lambda_2 = -1$ となる．

¶

固有値方程式を使ったアプローチ

$A\boldsymbol{v} = \lambda\boldsymbol{v}$ を行列で表した (8.76) の固有値 λ を，2 × 2 行列の単位行列 I で書き換えると

$$\begin{pmatrix} a & b \\ c & d \end{pmatrix}\begin{pmatrix} x \\ y \end{pmatrix} = \lambda\begin{pmatrix} 1 & 0 \\ 0 & 1 \end{pmatrix}\begin{pmatrix} x \\ y \end{pmatrix} \ \rightarrow \ \left\{\begin{pmatrix} a & b \\ c & d \end{pmatrix} - \lambda\begin{pmatrix} 1 & 0 \\ 0 & 1 \end{pmatrix}\right\}\begin{pmatrix} x \\ y \end{pmatrix} = 0 \tag{8.85}$$

と書けるので，(8.76) は

$$(A - \lambda I)\boldsymbol{v} = 0 \tag{8.86}$$

と，簡潔に表せる．これを**固有値方程式**という．

固有値方程式 (8.86) は，$\boldsymbol{v} = 0$ と $\boldsymbol{v} \neq 0$ の 2 つの解をもっているが，$\boldsymbol{v} = 0$ は「意味のない解」(これを**自明な解** (トリビアルな解) という) であるから，これを除く必要がある．自明な解 $\boldsymbol{v} = 0$ は，(8.86) の係数行列 $A - \lambda I$ が逆行列をもつときに現れる．なぜなら，逆行列 $(A - \lambda I)^{-1}$ があれば (8.86) に左から掛けると $(A - \lambda I)^{-1}(A - \lambda I)\,\boldsymbol{v} = I\boldsymbol{v} = 0$ より $\boldsymbol{v} = 0$ となるからである．したがって，それを避けるためには，逆行列が存在しなければよい．つまり，$A - \lambda I$ の行列式がゼロであるという条件を課せばよい (8.1.3 項の

「逆行列の求め方」を参照）ので

$$D(\lambda)=|A-\lambda I|=\begin{vmatrix} a-\lambda & b \\ c & d-\lambda \end{vmatrix}=0 \quad\rightarrow\quad (a-\lambda)(d-\lambda)-bc=0 \tag{8.87}$$

を固有値λが満たせばよいことになる．

(8.87) の右側の式を**特性方程式**といい，この特性方程式は，「素朴なアプローチ」で導いた式 (8.79) と同じものである．なお，(8.86) によって固有値λが求まるので，(8.86) を固有値方程式というのである．

問 8.7 例題 8.6 の (8.83) と同じ行列Aに特性方程式 (8.87) を適用して，固有値λを求めなさい．

なお，ここで示した方法は，$n \geq 3$の$n \times n$行列A（n次の正方行列）にもそのまま拡張できるので，2次の正方行列でしっかりと理解しておくことが大切である．

8.4.2 固有ベクトルを求めよう

固有値λの求め方がわかれば，$A\boldsymbol{v}=\lambda\boldsymbol{v}$を満たす固有ベクトルを求めるのはとても簡単である．まず，思い出してほしいことは，固有値にはλ_1とλ_2の2つがあり，それぞれに対応した固有ベクトルが存在することである．そのため，λ_1に対応するベクトル（$\boldsymbol{v}_1$とする）とλ_2に対応するベクトル（$\boldsymbol{v}_2$とする）を求める必要がある．

固有ベクトル $\boldsymbol{v}_1$　固有値λ_1に対応する固有ベクトル$\boldsymbol{v}_1$の成分を$\boldsymbol{v}_1=(x_1,\ y_1)$とすると，$\boldsymbol{v}_1$は (8.82) の1番目の式から

$$\boldsymbol{v}_1=\begin{pmatrix} x_1 \\ y_1 \end{pmatrix}=\begin{pmatrix} x_1 \\ \dfrac{\lambda_1-a}{b}x_1 \end{pmatrix}=x_1\begin{pmatrix} 1 \\ \dfrac{\lambda_1-a}{b} \end{pmatrix} \tag{8.88}$$

である（もちろん，x_1の代わりにy_1でまとめた式をつくっても，最終結果は

変わらない）．

固有ベクトル $\boldsymbol{v}_2$　固有値 λ_2 に対応する固有ベクトル $\boldsymbol{v}_2$ の成分を $\boldsymbol{v}_2 = (x_2,\ y_2)$ とすると，$\boldsymbol{v}_2$ は (8.82) の 2 番目の式から

$$\boldsymbol{v}_2 = \begin{pmatrix} x_2 \\ y_2 \end{pmatrix} = \begin{pmatrix} x_2 \\ \dfrac{\lambda_2 - a}{b} x_2 \end{pmatrix} = x_2 \begin{pmatrix} 1 \\ \dfrac{\lambda_2 - a}{b} \end{pmatrix} \tag{8.89}$$

である．

固有ベクトルの不定性

固有ベクトル $\boldsymbol{v}_1$, $\boldsymbol{v}_2$ は (8.88)，(8.89) のように求まるが，これらの固有ベクトルには x_1 や x_2 が残っている．なぜ，このようなものが残っているのだろうか．その理由は，図 8.4 の点 $\mathrm{P}(x,\ y)$ の値を固定せずに（つまり任意（不定）の値にしたままで），点 $\mathrm{P}(x,\ y)$ が点 $\mathrm{Q}(X,\ Y)$ と同一線上にあるという条件だけで，直線の傾き y/x を決めたためである．そのため，x と y の値を独立に決めることはできず，例えば，$\boldsymbol{v}_1$ の成分は x_1 を未定にしたままになる．いい換えれば，x_1 は任意の値がとれるパラメータである．

不定性の消去と規格化

固有ベクトル $\boldsymbol{v}_1$, $\boldsymbol{v}_2$ には任意のパラメータ x_1, x_2 が含まれるので，ベクトルの大きさに関しては**不定性**が残る．この不定性を消すには，ベクトル $\boldsymbol{v}_1$, $\boldsymbol{v}_2$ の大きさが 1 であると要請して，x_1, x_2 を特定の値に決めればよい（8.4.2 項の例題 8.7 と問 8.9 を参照）．また，このようにベクトルの大きさを 1 にすることを**規格化する**（**正規化する**）という．ただし，不定性を消すためにはベクトルの大きさを決めるだけでよいから，必ずしも大きさを 1 にとる必要はない（8.5.1 項の例題 8.9 と (8.105) を参照）．

［例題 8.7］　固有ベクトルの計算

例題 8.6 の (8.83) の行列 A で求めた固有値 (8.84) を使って，固有ベクトル $\boldsymbol{v}$ を求めなさい．

［解］　(8.84) の固有値 $\lambda_1 = 5$, $\lambda_2 = -1$ に対応する固有ベクトル $\boldsymbol{v}_1$, $\boldsymbol{v}_2$ は，(8.88) と (8.89) から

$$\boldsymbol{v}_1 = x_1\begin{pmatrix}1\\5\end{pmatrix}, \qquad \boldsymbol{v}_2 = x_2\begin{pmatrix}1\\-1\end{pmatrix} \tag{8.90}$$

となる．

¶

問 8.8　例題 8.6 の固有値 (8.84) と例題 8.7 の固有ベクトル (8.90) を使って，図 8.3 (a)，(b) のような比例関係が成り立っているかを確認しなさい．

問 8.9　例題 8.7 の固有ベクトル $\boldsymbol{v}_1$, $\boldsymbol{v}_2$ ((8.90)) を大きさ 1 に規格化すると

$$\boldsymbol{v}_1 = \frac{1}{\sqrt{26}}\begin{pmatrix}1\\5\end{pmatrix}, \qquad \boldsymbol{v}_2 = \frac{1}{\sqrt{2}}\begin{pmatrix}1\\-1\end{pmatrix} \tag{8.91}$$

となることを示しなさい．

8.4.3　図形による固有値方程式 $\lambda\boldsymbol{v} = A\boldsymbol{v}$ の解釈

固有値と固有ベクトルの求め方がわかると，やや抽象的な $\lambda\boldsymbol{v} = A\boldsymbol{v}$ という関係式をもっと直観的に理解したくなるだろう．そこで，具体的に $\lambda\boldsymbol{v} = A\boldsymbol{v}$ に数値を入れて，この固有値方程式が一体何を語っているのかを例題 8.5 の結果を使って考えてみよう．

例題 8.5 は，点 $\mathrm{P}(x, y) = (3, 1)$ を (8.64) の行列 A で点 $\mathrm{Q}(X, Y) = (1, 19)$ に線形変換する計算で，ベクトルで表現すれば，変換前のベクトル $\boldsymbol{r} = x\boldsymbol{i} + y\boldsymbol{j} = 3\boldsymbol{i} + 1\boldsymbol{j}$ が変換後に

$$\boldsymbol{R} = X\boldsymbol{i} + Y\boldsymbol{j} = 1\boldsymbol{i} + 19\boldsymbol{j} \tag{8.92}$$

のベクトルに変わったことになる (図 8.5 (a) を参照)．

一方，この行列 A に対応する固有ベクトル $\boldsymbol{v}_1$, $\boldsymbol{v}_2$ は，問 8.9 の (8.91) だ

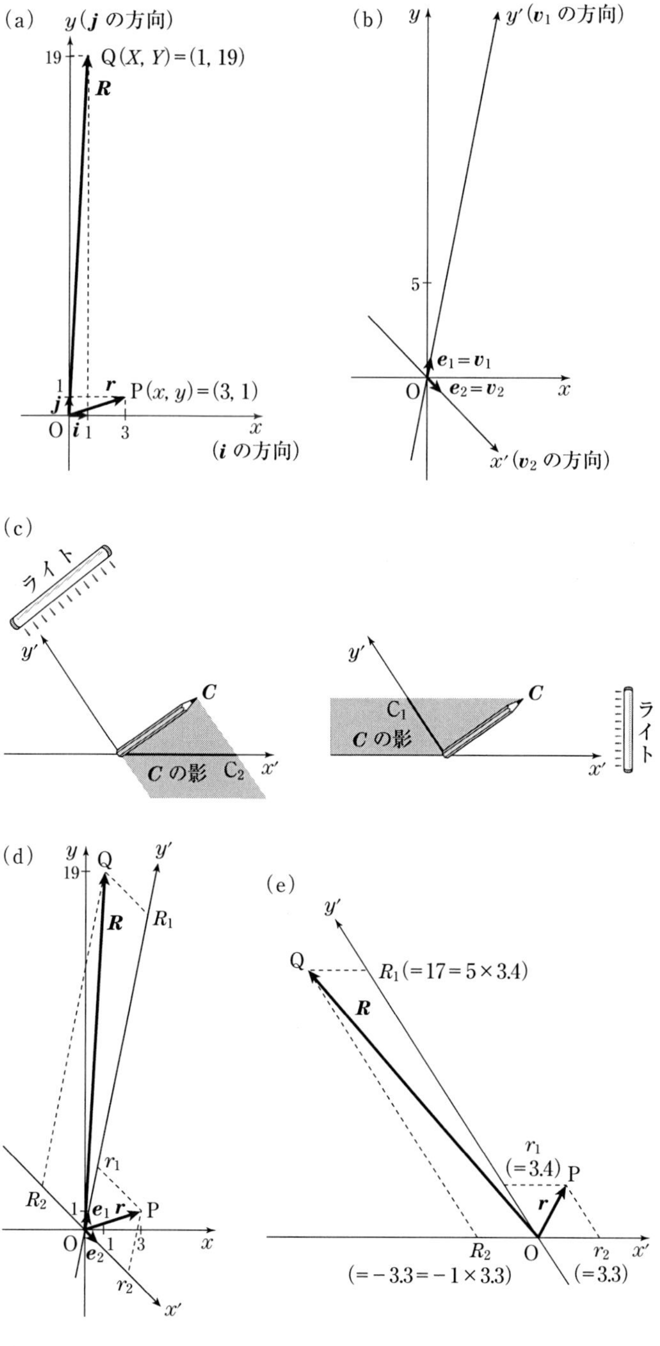
(a)
y(j の方向)
Q(X, Y)=(1, 19)
R
19
1
r
P(x, y)=(3, 1)
j
O
i
1
3
x
(i の方向)
(b)
y
y′(v1 の方向)
5
e1=v1
O
e2=v2
x
x′(v2 の方向)
(c)
ライト
y′
C
C の影
C2
x′
y′
C
C1
C の影
ライト
x′
(d)
y
y′
Q
19
R
R1
r1
R2
1
e1
r
P
O
1
3
x
e2
r2
x′
(e)
y′
Q
R1(=17=5×3.4)
R
r1
(=3.4)
P
r
R2
O
r2
x′
(=−3.3=−1×3.3)
(=3.3)

図 8.5

から，図 8.5 (b) のようになる．いま，その方向を y' 軸，x' 軸としよう．また，この固有ベクトル $\boldsymbol{v}_1$, $\boldsymbol{v}_2$ は規格化されているので，y' 軸，x' 軸の方向の単位ベクトルと見なしてよく，これらを $\boldsymbol{e}_1 = \boldsymbol{v}_1$, $\boldsymbol{e}_2 = \boldsymbol{v}_2$ と書くことにする．

ここで注意してほしいことは，x' 軸，y' 軸は直交していないことで，このように座標軸が斜めに交わっている座標系のことを**斜交座標系**という (2.2 節のひとくちメモ〈斜交座標系〉を参照)．

斜交座標系で，任意のベクトル $\boldsymbol{C}$ の正射影を図 8.5 (c) のようにそれぞれの軸に平行に照らした光の影で定義すれば，ベクトルの和 (2.2) と同じように

$$\boldsymbol{C} = C_1\boldsymbol{e}_1 + C_2\boldsymbol{e}_2 \tag{8.93}$$

が成り立つ．そこで，この正射影をベクトル $\boldsymbol{r}$, $\boldsymbol{R}$ に適用すると，図 8.5 (d) のように点 P と Q は

$$\boldsymbol{r} = r_1\boldsymbol{e}_1 + r_2\boldsymbol{e}_2, \qquad \boldsymbol{R} = R_1\boldsymbol{e}_1 + R_2\boldsymbol{e}_2 \tag{8.94}$$

で表せる．

(8.94) からすぐにわかることは，$R_1 \propto r_1$, $R_2 \propto r_2$ という比例関係である．この比例定数が固有値 (倍率) λ_1, λ_2 だから，

$$R_1 = \lambda_1 r_1, \qquad R_2 = \lambda_2 r_2 \tag{8.95}$$

である．実際に，r_1, r_2 と R_1, R_2 の値を求めると，$r_1 = 2\sqrt{26}/3 = 3.4$, $r_2 = 14\sqrt{2}/6 = 3.3$ (例題 8.8 を参照) と $R_1 = 10\sqrt{26}/3 = 17.0$, $R_2 = -14\sqrt{2}/6 = -3.3$ (問 8.10 を参照) となるので，$R_1/r_1 = 5$ と $R_2/r_2 = -1$ を得る．これらの値は，まさに (8.84) で求めた固有値 $\lambda_1 = 5$, $\lambda_2 = -1$ の値である．

図 8.5 (d) から斜交座標系だけを抜き出すと，図 8.5 (e) に示すように，x', y' 軸上の $\boldsymbol{r}$ と $\boldsymbol{R}$ のベクトル成分の間に，(8.95) の比例関係が成り立っていることが一目でわかるだろう．

［例題 8.8］ r_1, r_2 の値

(8.94) にクラメルの公式 (8.49) を適用して，$r_1 = -2\sqrt{2}D$ と $r_2 = -(14/\sqrt{26})D$ となることを示しなさい．ただし，$D = -\sqrt{13}/3$ である．

［解］ (8.94) の 1 番目の式に数値を入れると

$$\boldsymbol{r} = r_1\boldsymbol{e}_1 + r_2\boldsymbol{e}_2 \quad \rightarrow \quad \begin{pmatrix} 3 \\ 1 \end{pmatrix} = r_1 \begin{pmatrix} \dfrac{1}{\sqrt{26}} \\ \dfrac{5}{\sqrt{26}} \end{pmatrix} + r_2 \begin{pmatrix} \dfrac{1}{\sqrt{2}} \\ -\dfrac{1}{\sqrt{2}} \end{pmatrix} \tag{8.96}$$

となるので，これを

$$\begin{pmatrix} 3 \\ 1 \end{pmatrix} = \begin{pmatrix} \dfrac{1}{\sqrt{26}} & \dfrac{1}{\sqrt{2}} \\ \dfrac{5}{\sqrt{26}} & -\dfrac{1}{\sqrt{2}} \end{pmatrix} \begin{pmatrix} r_1 \\ r_2 \end{pmatrix} = B \begin{pmatrix} r_1 \\ r_2 \end{pmatrix} \tag{8.97}$$

のように書き換える．これにクラメルの公式 (8.49) を使うと，v_1, v_2 の値は

$$r_1 = \frac{\begin{vmatrix} 3 & \dfrac{1}{\sqrt{2}} \\ 1 & -\dfrac{1}{\sqrt{2}} \end{vmatrix}}{|B|} = -2\sqrt{2}D, \qquad r_2 = \frac{\begin{vmatrix} \dfrac{1}{\sqrt{26}} & 3 \\ \dfrac{5}{\sqrt{26}} & 1 \end{vmatrix}}{|B|} = -\frac{14}{\sqrt{26}}D \tag{8.98}$$

となる．ただし，$|B|$, D は

$$|B| = \begin{vmatrix} \dfrac{1}{\sqrt{26}} & \dfrac{1}{\sqrt{2}} \\ \dfrac{5}{\sqrt{26}} & -\dfrac{1}{\sqrt{2}} \end{vmatrix} = -\frac{6}{\sqrt{26}\sqrt{2}}, \qquad D = \frac{1}{|B|} = -\frac{\sqrt{13}}{3} \tag{8.99}$$

である．

¶

問 8.10 例題 8.8 と同じ方法で R_1, R_2 の値を求めると，$R_1 = -10\sqrt{2}D$ と $R_2 = \dfrac{14}{\sqrt{26}}D$ となることを示しなさい．ただし，$D = -\dfrac{\sqrt{13}}{3}$ である．

$\boldsymbol{R} = A\boldsymbol{r}$ と $\lambda\boldsymbol{v} = A\boldsymbol{v}$ の関係　線形変換 $\boldsymbol{R} = A\boldsymbol{r}$ によって $\boldsymbol{r} = (x,\ y)$ は $\boldsymbol{R} = (X,\ Y)$ に変わるが，これらは異なるベクトルであるから，比例関係 $\boldsymbol{R} \propto \boldsymbol{r}$（つまり，$X \propto x$, $Y \propto y$）はない．このとき忘れてはならないのは，前提となっている座標系は xy 直交座標系で，それらの単位ベクトル $\boldsymbol{i}$, $\boldsymbol{j}$（一般に**基底ベクトル**という）を用いて，座標成分が $\boldsymbol{r} = x\boldsymbol{i} + y\boldsymbol{j}$, $\boldsymbol{R} = X\boldsymbol{i} + Y\boldsymbol{j}$ のように決められていたということである．

しかし，単位ベクトル（基底ベクトル）$\boldsymbol{e}_1$, $\boldsymbol{e}_2$ をもった斜交座標系でベクトル $\boldsymbol{r}$, $\boldsymbol{R}$ を $\boldsymbol{r} = r_1\boldsymbol{e}_1 + r_2\boldsymbol{e}_2$, $\boldsymbol{R} = R_1\boldsymbol{e}_1 + R_2\boldsymbol{e}_2$ のように分解すれば，成分同士の間には $R_1 \propto r_1$, $R_2 \propto r_2$ の比例関係が成り立つ．そして，これらの比例定数が固有値 λ_1, λ_2 である．

このように考えれば，線形変換 $\boldsymbol{R} = A\boldsymbol{r}$ で固有値方程式 $\lambda\boldsymbol{v} = A\boldsymbol{v}$ を解く作業は，図 8.5 (e) のように，単にベクトル $\boldsymbol{r}$, $\boldsymbol{R}$ を斜交軸成分（2つのベクトル方向）に分解しているだけのことである．したがって，1つのベクトルを2つの方向に分ける（例えば，$\boldsymbol{r}$ を $r_1\boldsymbol{e}_1$ と $r_2\boldsymbol{e}_2$ に分ける）という観点からすれば，(8.61) のような2個の変数間の線形変換において，向きを決める固有ベクトルと大きさ（比例係数の倍率）を決める固有値が2つ現れるのは至極当然のことだといえるだろう．

8.1 8.2 8.3 8.4 8.5 8.6

8.5　微分方程式と固有値問題

8.4 節で登場した「固有ベクトル」と「固有値」の意味がわかれば，線形微分方程式を固有値問題に変えて解くメリットも理解できるだろう．そこで，具体的に問題を考えてみよう．

8.5.1　固有値方程式

6.3.1 項の例題 6.4 で考えた2階微分方程式

$$y'' - 4y' - 5y = 0 \tag{6.43}$$

を固有値問題として解いてみよう．

まず，

$$A = \begin{pmatrix} 0 & 1 \\ 5 & 4 \end{pmatrix}, \quad \boldsymbol{y} = \begin{pmatrix} y_1 \\ y_2 \end{pmatrix} \qquad （ただし，y_1 = y,\ y_2 = y'） \tag{8.100}$$

とおいて，(6.43) を

$$\boldsymbol{y}' = A\boldsymbol{y} \tag{8.101}$$

のように書き換える．次に，指数関数解（これは (8.69) に当たる）

$$\boldsymbol{y} = e^{\lambda x}\boldsymbol{v} \tag{8.102}$$

を (8.101) に代入すると，2 階微分方程式 (6.43) は次の固有値方程式

$$(A - \lambda I)\boldsymbol{v} = 0 \tag{8.103}$$

に変わる．したがって，固有値方程式 (8.103) を解いて固有ベクトル $\boldsymbol{v}$ と固有値 λ を求めれば，(8.102) より 2 階線形微分方程式 (6.43) の一般解が求まることになる．

［例題 8.9］　固有値方程式

(8.103) の固有値方程式 $(A - \lambda I)\boldsymbol{v} = 0$ を解くと，2 階線形微分方程式 (6.43) の一般解が

$$\begin{pmatrix} y_1 \\ y_2 \end{pmatrix} = C_1 e^{5x}\begin{pmatrix} 1 \\ 5 \end{pmatrix} + C_2 e^{-x}\begin{pmatrix} 1 \\ -1 \end{pmatrix} \tag{8.104}$$

となることを示しなさい．

［解］　固有値方程式 (8.103) を解くと，固有値は 2 つあり，それらは $\lambda_1 = 5$, $\lambda_2 = -1$ である (8.4.1 項の例題 8.6 の (8.84))．この 2 つの固有値に対応する固有ベクトル $\boldsymbol{v}_1$, $\boldsymbol{v}_2$ は，例題 8.7 の (8.90) より

$$\boldsymbol{v}_1 = \begin{pmatrix} 1 \\ 5 \end{pmatrix}, \qquad \boldsymbol{v}_2 = \begin{pmatrix} 1 \\ -1 \end{pmatrix} \tag{8.105}$$

である（ただし，(8.90) の x_1, x_2 は任意定数のパラメータだから，ここでは $x_1 = x_2 = 1$ とおく．このようにおけば，以下で述べる基本解の定義は例題 6.4 の基本解と一致する）．

したがって，微分方程式 (8.101) の基本解を $\boldsymbol{y}_{(1)}$, $\boldsymbol{y}_{(2)}$ と書くと，それらは

$$\boldsymbol{y}_{(1)} = e^{\lambda_1 x}\boldsymbol{v}_1 = e^{5x}\boldsymbol{v}_1, \qquad \boldsymbol{y}_{(2)} = e^{\lambda_2 x}\boldsymbol{v}_2 = e^{-x}\boldsymbol{v}_2 \tag{8.106}$$

であるから，一般解 $\boldsymbol{y}$ はこれらに任意定数 C_1, C_2 を掛けて重ね合わせた $\boldsymbol{y} = C_1\boldsymbol{y}_{(1)} + C_2\boldsymbol{y}_{(2)}$ となる．つまり，一般解は

$$\boldsymbol{y}(x) = C_1 e^{5x}\boldsymbol{v}_1 + C_2 e^{-x}\boldsymbol{v}_2 \tag{8.107}$$

である．これを成分で表せば (8.104) となる．ここで，2 階微分方程式 (6.43) の一般解 y は定義から $y_1 = y$ なので，(8.104) より $y = C_1 e^{5x} + C_2 e^{-x}$ である．当然，

これは (6.48) と一致する.

¶

以上の説明から，2 階線形微分方程式を 1 階連立線形微分方程式に書き直せば，固有値と固有ベクトルを利用して一般解が求められることを理解できただろう.

問 8.11 一般解 (8.104) の初期条件を $(y_1(0),\ y_2(0)) = (6,\ 0)$ として，任意定数 C_1, C_2 を決めなさい.

(参考)　解の幾何学的な意味

2 階線形微分方程式 (6.43) の解 y を求めるだけであれば，なにも固有値方程式をつくって固有値問題に変える必要はない．では，なぜこのような一見 (そして，実際に) 回りくどい解き方をするのだろうか.

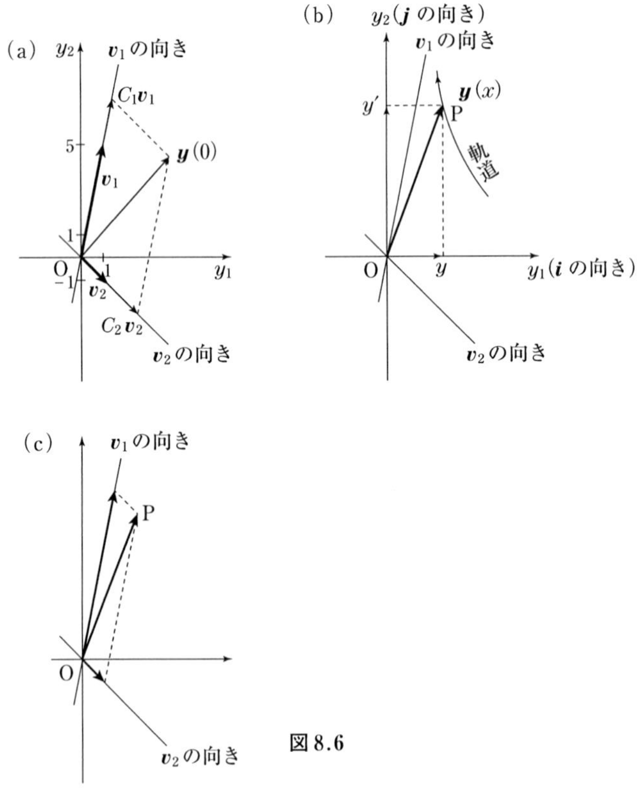

図 8.6

そこで，いま (8.106) の基本解 $\boldsymbol{y}_{(1)}$, $\boldsymbol{y}_{(2)}$ を y_1, y_2 平面 ($\boldsymbol{i}$, $\boldsymbol{j}$ を基底ベクトルにとった座標系) にプロットしたとしよう．初期条件 ($x=0$ での $\boldsymbol{y}(x)$ の値) は (8.107) から

$$\boldsymbol{y}(0) = C_1\boldsymbol{v}_1 + C_2\boldsymbol{v}_2 \tag{8.108}$$

なので，図 8.6 (a) のような合成ベクトル $\boldsymbol{y}(0)$ で表される．そして，x の増加とともに，基本解 $\boldsymbol{y}_{(1)}(x)$ は $\boldsymbol{v}_1$ の方向へ，$\boldsymbol{y}_{(2)}(x)$ は $\boldsymbol{v}_2$ の方向へ進むから，解 $\boldsymbol{y}(x)$ はそれらの合成ベクトル (つまり，(8.107)) で表されることになる．そして，図 8.6 (b) のように，このベクトル $\boldsymbol{y}(x)$ の y_1 軸上の射影が (8.104) の $y = y_1 = C_1e^{5x} + C_2e^{-x}$ になる．この解は e^{5x} と e^{-x} の 2 つの基本解を含むから，解 y の動きは複雑である．この複雑さの原因は，$\boldsymbol{v}_1$ の射影と $\boldsymbol{v}_2$ の射影の和をとったためである．

そこで，先端 P の射影を，図 8.6 (c) のように斜交座標系の $\boldsymbol{v}_1$ 軸上と $\boldsymbol{v}_2$ 軸上に行なえば，v_1 成分と v_2 成分が独立になる (e^{5x} と e^{-x} の 2 つの基本解が混じることはない) から，運動の振る舞いが単純になる (8.5.2 項の (8.115) を参照)．一般に，物理や工学におけるさまざまな運動を解析するとき，xy 直交座標系だけに限定せず，直交座標系を回転させたり，座標軸を斜交させたりすると，問題が簡単になったり，見通し良くなったりするので，このような方法に慣れることは大切である．

8.5.2 行列の対角化と微分方程式

8.5.1 項で扱った (8.100) の 2 次正方行列 A は，(8.90) の固有ベクトル $\boldsymbol{v}_1$, $\boldsymbol{v}_2$ をもっている．そして，この $\boldsymbol{v}_1$, $\boldsymbol{v}_2$ は，2.1 節の共面ベクトルの条件式 (2.11) で説明した定義に従えば，1 次独立 (線形独立) である (2.1 節の例 2.4 を参照)．

固有ベクトルによる行列の対角化

2 次の正方行列 A の 1 次独立な固有ベクトル $\boldsymbol{v}_1$, $\boldsymbol{v}_2$ を並べてつくった行列 $P = (\boldsymbol{v}_1\ \boldsymbol{v}_2)$ と，この逆行列 P^{-1} を使えば，行列 A を

$$P^{-1}AP = \begin{pmatrix} \lambda_1 & 0 \\ 0 & \lambda_2 \end{pmatrix} \tag{8.109}$$

のように書き換えることができる．このような対角線上の要素 (**対角要素**という) 以外はすべてゼロとなる行列のことを**対角行列**という．そして，行列

P とその逆行列 P^{-1} を用いて行列 A を対角行列にすることを，行列の**対角化**という．(8.109) は，この対角化によって対角要素が行列 A の固有値になることを示している．

なお，このような結果は，3次以上の行列に対しても成り立つ．つまり，n 次正方行列が1次独立な n 個の固有ベクトルをもてば，その行列を必ず対角化することができる．

例 8.16 行列の対角化 (8.105) の $\boldsymbol{v}_1$, $\boldsymbol{v}_2$ から $P = (\boldsymbol{v}_1\ \boldsymbol{v}_2)$ と逆行列 P^{-1} は

$$P = \begin{pmatrix} 1 & 1 \\ 5 & -1 \end{pmatrix}, \qquad P^{-1} = \frac{1}{6}\begin{pmatrix} 1 & 1 \\ 5 & -1 \end{pmatrix} \tag{8.110}$$

である． ■

問 8.12 (8.110) の P, P^{-1} と (8.83) の A で (8.109) を検証しなさい．

対角化のメリット

このような対角化によって，微分方程式の解法にどのようなメリットがあるのかを具体的にみてみよう．

まず，(8.101) の $\boldsymbol{y}' = A\boldsymbol{y}$ の両辺に，左側から P^{-1} を掛けて

$$P^{-1}\boldsymbol{y}' = P^{-1}A\boldsymbol{y} \tag{8.111}$$

をつくる．(8.111) の右辺 $P^{-1}A\boldsymbol{y}$ は，単位行列 I と $PP^{-1} = I$ を使えば $P^{-1}A\boldsymbol{y} = P^{-1}AI\boldsymbol{y} = P^{-1}APP^{-1}\boldsymbol{y}$ のように書ける．一方，(8.111) の左辺 $P^{-1}\boldsymbol{y}'$ は，逆行列 P^{-1} が定数であることに注意すれば，x についての微分の影響を受けないから $(P^{-1}\boldsymbol{y})'$ と書くことができる (つまり，$(P^{-1})' = 0$ であるから $(P^{-1}\boldsymbol{y})' = (P^{-1})'\boldsymbol{y} + P^{-1}\boldsymbol{y}' = P^{-1}\boldsymbol{y}'$ である)．したがって，(8.111) は

$$(P^{-1}\boldsymbol{y})' = P^{-1}AP(P^{-1}\boldsymbol{y}) \tag{8.112}$$

となる．ここで，新しい変数 $\boldsymbol{z}$ を

$$\boldsymbol{z} = P^{-1}\boldsymbol{y} = \begin{pmatrix} z_1 \\ z_2 \end{pmatrix} \tag{8.113}$$

で定義すると，(8.112) は

$$z' = P^{-1}APz = \begin{pmatrix} \lambda_1 & 0 \\ 0 & \lambda_2 \end{pmatrix} z \tag{8.114}$$

となる (問 8.12 を参照).

結局，(8.100) の $\boldsymbol{y} = (y_1, y_2)^{\mathrm{T}}$ の代わりに (8.113) で定義した $\boldsymbol{z} = (z_1, z_2)^{\mathrm{T}}$ を使うと，微分方程式 (8.101) は (8.114) となる．つまり，

$$z_1' = \lambda_1 z_1, \qquad z_2' = \lambda_2 z_2 \tag{8.115}$$

のように，2 つの独立な 1 階微分方程式に書き直すことができる．これらの解は $z_1 = C_1 e^{\lambda_1 x}$, $z_2 = C_2 e^{\lambda_2 x}$ である．

話を整理すると，微分方程式 (8.101) の解 y_1, y_2 は，2 つの固有値 λ_1, λ_2 で決まる解の重ね合わせであるから，解の動きは複雑になる．それに対して，微分方程式 (8.115) は，z_1 と z_2 に関する独立な微分方程式になる．そのため，解 z_1, z_2 はそれぞれ独立な解になり，解の振る舞いはシンプルになる．これが行列の対角化の大きなメリットである．

8.1　8.2　8.3　8.4　8.5　**8.6**

8.6　物理・工学への応用問題

［**1**］ 図 8.7 のような連成振動系を記述する微分方程式

$$m\frac{d^2x_1}{dt^2} = -2kx_1 + kx_2 \tag{8.116}$$

$$m\frac{d^2x_2}{dt^2} = kx_1 - 2kx_2 \tag{8.117}$$

の解を求めなさい．

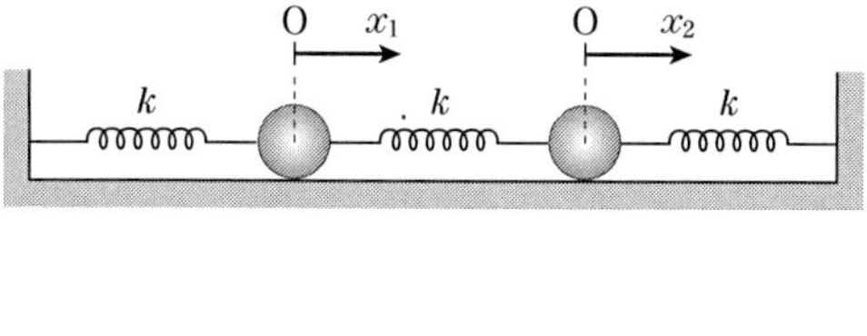

図 8.7

［2］ 図8.8のように質量 m をもつ3つの質点と2個のバネ（バネ定数 k）が x 軸上にある．平衡点からの変位を x_1, x_2, x_3 とするとき，これらの運動は

$$m\frac{d^2x_1}{dt^2} = -k(x_1 - x_2) \tag{8.118}$$

$$m\frac{d^2x_2}{dt^2} = -k(2x_2 - x_1 - x_3) \tag{8.119}$$

$$m\frac{d^2x_3}{dt^2} = -k(x_3 - x_2) \tag{8.120}$$

で記述される．行列の対角化を使って，運動方程式を解きなさい．

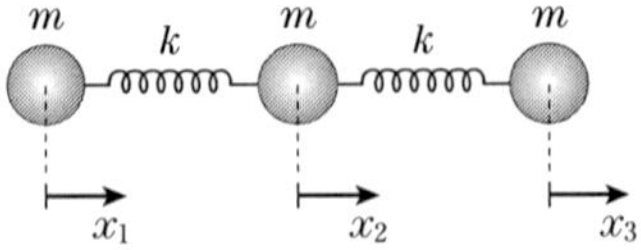

図 8.8

［3］ 特殊相対性理論によると，座標系 (x, t) から，それに対して相対速度 v で x 方向に動く座標系 (x', t') への変換は，ローレンツ変換

$$x' = \gamma(x - vt), \quad t' = \gamma\left(t - \frac{v}{c^2}x\right) \quad \left(ただし，\gamma = \frac{1}{\sqrt{1 - \frac{v^2}{c^2}}}\right) \tag{8.121}$$

で与えられる．この変換を行列を用いて表しなさい．

さらに，双曲線関数を用いて

$$x' = x\cosh\chi - ct\sinh\chi, \qquad ct' = -x\sinh\chi + ct\cosh\chi \tag{8.122}$$

のように表現できることを示しなさい．ただし，χ（カイと読む）は $\cosh\chi = \gamma$ で決まる実数である（$\chi = \cosh^{-1}\gamma$）．

［4］　次の3つの行列

$$\sigma_1 = \begin{pmatrix} 0 & 1 \\ 1 & 0 \end{pmatrix}, \quad \sigma_2 = \begin{pmatrix} 0 & -i \\ i & 0 \end{pmatrix}, \quad \sigma_3 = \begin{pmatrix} 1 & 0 \\ 0 & -1 \end{pmatrix} \qquad (8.123)$$

に対して，$\sigma_l^2 = I$, $\sigma_l \sigma_m + \sigma_m \sigma_l = 2\delta_{lm} I$ を示しなさい（$i = \sqrt{-1}$）．δ_{lm} はクロネッカーのデルタとよばれるもので，$\delta_{ll} = 1$，$\delta_{lm} = 0$（$l \neq m$）である．また，(8.123) の行列を**パウリ行列**という．

第9章

ベクトル解析

— ベクトル場の現象を解析するツール —

ベクトル解析は，ベクトル場の微分がもつさまざまな性質を利用して，理工学の問題を解くツールである．ベクトル場とは空間に分布したベクトルの集まりで，それらが時間とともに大きさや向きを変える有様は，例えば，風に揺れる麦畑の麦の穂の光景に似ているだろう．ベクトル解析は，力学のみならず，電磁気学や流体力学をマスターする上で不可欠なツールなので，しっかり理解しよう．

9.1　ベクトル場とスカラー場の違い

9.1.1　天気図と気圧配置図

ベクトルは大きさと向きをもった量で，矢印を使って表せる (2.1 節を参照)．図 9.1 をみてみよう．たくさんの矢印が描かれているが，これらは，ある天気図の各地における風向きと風速のレベル (例えば，北東の風 秒速 10 m など) だけを取り出して表したものである．このような矢印の集まり，つまり，ベクトルの集まりを**ベクトル場**という．ベクトル場は，例えば，流体力学では流れの場として登場する．

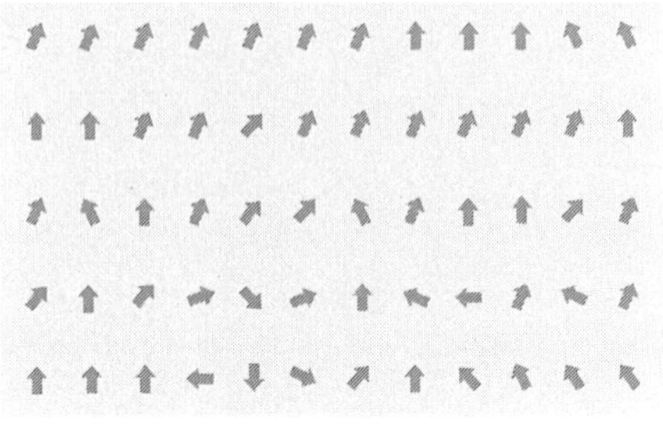

図 9.1

問 9.1　ベクトル場の例を力学と電磁気学から挙げなさい．

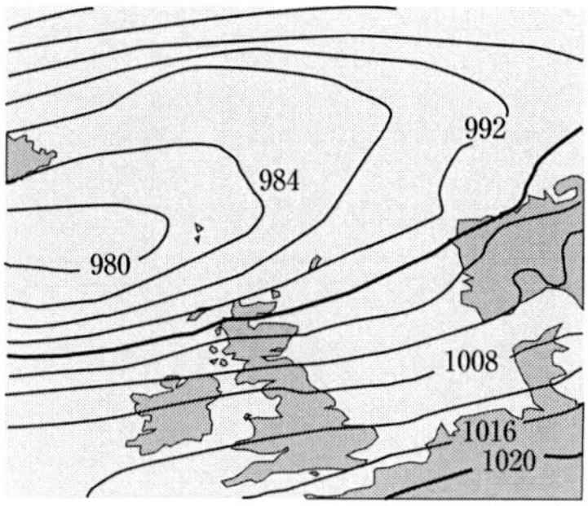

図 9.2

一方，図 9.2 の気圧図をみると，そこには気圧の値が書いてあり，等しい値をつないだ等圧線が描かれている．このような数値だけの集まり，つまり，スカラーの集まりを**スカラー場**という．スカラー場には，例えば，室内の温度分布や液体の圧力分布，海水面からの地形の高さなどがある．

問 9.2　スカラー場の例を力学と電磁気学から挙げなさい．

これから説明するように，このスカラー場は，空間座標で微分（空間微分）するとベクトル場に変わる．そのため，スカラー場はベクトル解析では非常に重要な役割を担うものである．

9.1.2　ナブラ演算子がすべてを生み出す

場の微分を表す記号には，デルタ（$\boldsymbol{\Delta}$）を逆（さか）さまにした文字 $\boldsymbol{\nabla}$ を使う．これを**ナブラ**（あるいはデル）とよび，直交座標系では

$$\boldsymbol{\nabla} \equiv \boldsymbol{i}\frac{\partial}{\partial x} + \boldsymbol{j}\frac{\partial}{\partial y} + \boldsymbol{k}\frac{\partial}{\partial z} \tag{9.1}$$

で定義される．ここで $\boldsymbol{i}, \boldsymbol{j}, \boldsymbol{k}$ は，x, y, z 方向の単位ベクトルである．

このナブラは $\partial/\partial x$ のような微分記号の集まりで，右側に微分されるべきものを欠いているので，奇妙にみえるかもしれない．しかし，ここにスカラー場（ϕ（ファイ）とする）やベクトル場（$\boldsymbol{A}$ とする）をおくと，これらの場に作用して興

味深い性質を生み出す．このような役割をもったナブラのような微分記号のことを，一般に**微分演算子**（えんざんし）という．

場の微分は，ナブラ微分演算子（短くナブラ演算子ともいう）の右隣にくる記号（内積の・や外積の ×）と関数の種類（スカラー ϕ やベクトル $\boldsymbol{A}$）によって性質が決まり，それらにはそれぞれ名前が付いている．∇ は**勾配**，$\nabla\cdot$ は**発散**，$\nabla\times$ は**回転**，そして ∇^2 は**ラプラシアン**である．これらの微分演算の物理的な意味や役割をこれからみていこう．

9.1　9.2　9.3　9.4　9.5　9.6　9.7

9.2　スカラー場 ϕ の勾配（こうばい） $\nabla\phi$

9.2.1　勾配で何がわかる？

一言でいえば，スカラー場の傾きが最大になる向きがわかる．スカラー場 ϕ の勾配（$\nabla\phi$）は，(9.1) の直交座標系で表すと

$$\nabla\phi = \boldsymbol{i}\frac{\partial\phi}{\partial x} + \boldsymbol{j}\frac{\partial\phi}{\partial y} + \boldsymbol{k}\frac{\partial\phi}{\partial z} = \left(\frac{\partial\phi}{\partial x},\ \frac{\partial\phi}{\partial y},\ \frac{\partial\phi}{\partial z}\right) \tag{9.2}$$

となる．これは偏微分係数を x, y, z 成分にもつベクトルであるから，スカラー場 ϕ の勾配 $\nabla\phi$ はベクトルになる．

この勾配ベクトルの大きさ $|\nabla\phi|$ は，(2.20) から

$$|\nabla\phi| = \sqrt{\left(\frac{\partial\phi}{\partial x}\right)^2 + \left(\frac{\partial\phi}{\partial y}\right)^2 + \left(\frac{\partial\phi}{\partial z}\right)^2} \tag{9.3}$$

である．

スカラー場からベクトル場ができるというこの結果は，少し不思議に思えるかもしれない．しかし，図 9.1 の矢印は，気圧図（図 9.2）の等圧線の高低差（つまり，空間微分）から生じるものだから，スカラー場の微分が矢印（ベクトル）の源になっていることは自然なことだろう．つまり，スカラー場の微分操作は，ある点におけるスカラー場をある方向に微小距離だけ変化させ

たとき，スカラー場の数値がどれだけ変化するかを表すから，「向き」(微小距離の向き) と「大きさ」(数値の変化) の 2 つの情報を含んでいる．このため，スカラー場の勾配はベクトルになるのである．

［例題 9.1］ 合成関数の勾配

関数 $u(x, y, z)$ を変数にもつスカラー関数 $f(u)$ の勾配は

$$\boldsymbol{\nabla} f = \frac{df}{du}\boldsymbol{\nabla} u \tag{9.4}$$

のように書けることを示しなさい．

［解］ (9.2) と合成関数の微分公式 (3.2.4 項の (3.40) を参照) より

$$\begin{aligned}\boldsymbol{\nabla} f &= \frac{\partial f}{\partial x}\boldsymbol{i} + \frac{\partial f}{\partial y}\boldsymbol{j} + \frac{\partial f}{\partial z}\boldsymbol{k} = \frac{df}{du}\frac{\partial u}{\partial x}\boldsymbol{i} + \frac{df}{du}\frac{\partial u}{\partial y}\boldsymbol{j} + \frac{df}{du}\frac{\partial u}{\partial z}\boldsymbol{k} \\ &= \frac{df}{du}\left(\frac{\partial u}{\partial x}\boldsymbol{i} + \frac{\partial u}{\partial y}\boldsymbol{j} + \frac{\partial u}{\partial z}\boldsymbol{k}\right) = \frac{df}{du}\boldsymbol{\nabla} u\end{aligned} \tag{9.5}$$

となるので，(9.4) が導ける．

¶

勾配が教えているもの

勾配の向きは，スカラー場がその場所で最も急峻な傾きをもつ登り坂の方向を，そして，勾配の大きさは，その登り坂の厳しさを示している．例えば，スカラー場が気圧を表すとき，ある場所での勾配ベクトルは，そこから気圧の増加が最大になる向きと，その気圧の大きさを同時に示していることになる．

なぜ，そうなの？

図 9.3 (a) のような天気の等圧線で考えてみよう．地平面 xy に垂直な高さ z における気圧を $z = \phi(x, y)$ とすると，気圧面は一般に図 9.3 (b) のような $z = \phi(x, y)$ の曲面で表される．いま，等圧面を考えると，z 軸は気圧を表すから，等圧面は z 軸に垂直な平面で表される．

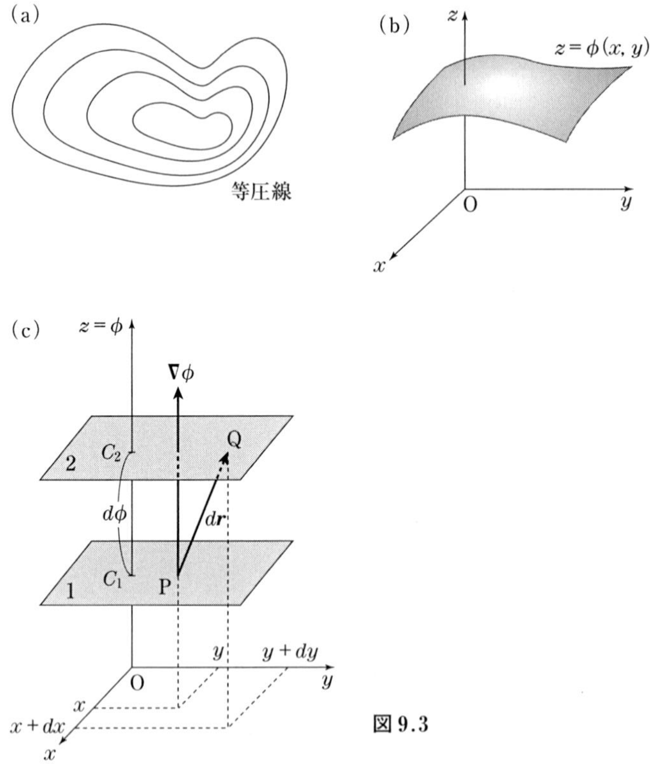

図 9.3

そこで，図 9.3 (c) のように 2 つの等圧面 1, 2 を考え，面 1 の上の点 P の気圧を $\phi(x, y) = C_1$，面 2 の上の点 Q の気圧を $\phi(x + dx, y + dy) = C_2$ とし，その気圧差を $d\phi$ とする．そして，点 P から点 Q への変位ベクトルを $d\boldsymbol{r}$ として，$d\phi$ と $d\boldsymbol{r}$ との関係を考えることにしよう．このとき，2 点 P, Q 間の距離 $|d\boldsymbol{r}| = dr$ を微小にとると，$d\phi$ はテイラー展開を使って

$$d\phi = C_2 - C_1 = \frac{\partial \phi}{\partial x}\,dx + \frac{\partial \phi}{\partial y}\,dy = \boldsymbol{\nabla}\phi\cdot d\boldsymbol{r} \tag{9.6}$$

で与えられる（これは，3.3.1 項の全微分 (3.38) と同じものである）.

問 9.3　$d\phi = \boldsymbol{\nabla}\phi \cdot d\boldsymbol{r}$ のように，$d\phi$ が $\boldsymbol{\nabla}\phi$ と $d\boldsymbol{r}$ のスカラー積で書けることを示しなさい.

また，ベクトル $\nabla\phi$ と $d\boldsymbol{r}$ との間の角を θ とすると，スカラー積 $\nabla\phi\cdot d\boldsymbol{r}$ は

$$\nabla\phi\cdot d\boldsymbol{r} = |\nabla\phi|\,|d\boldsymbol{r}|\cos\theta = |\nabla\phi|\,dr\cos\theta \qquad (9.7)$$

となるので，結局 (9.6) は

$$\frac{d\phi}{dr} = |\nabla\phi|\cos\theta \qquad (9.8)$$

のように書ける．この $d\phi/dr$ のことを点 P におけるスカラー場 ϕ の r 方向への**方向微分係数**（スカラー関数 ϕ の変化率）という．

勾配の幾何学的な意味　この方向微分係数の式 (9.8) を用いると，勾配の幾何学的な意味が次のように理解できる．

いま，与えられた $d\phi$ に対して，$d\boldsymbol{r}$ を $\nabla\phi$ に平行（つまり，$\cos\theta = 1$）にとるとき，(9.8) の右辺 $|\nabla\phi|\cos\theta$ は最大値 $|\nabla\phi|$ をとるので，dr は最小になる．あるいは，与えられた dr に対して $d\boldsymbol{r}$（つまりベクトルの向き）を $\nabla\phi$ に平行に選べば，気圧差（つまり，方向微分係数）は最大になる．したがって，$\nabla\phi$ は ϕ の空間変化率が最大になる方向を向いたベクトルになる．いい換えれば，ベクトル $\nabla\phi$ の向きに進むときに，ϕ の方向微分係数 (9.8) は最大値 $|\nabla\phi|$ をとる．

このように，勾配ベクトル $\nabla\phi$ は最大傾斜の登り方向を向いたベクトルで，その大きさ $|\nabla\phi|$ が傾きの最大値を与える．$\nabla\phi$ を勾配とよぶのは，このような幾何学的な解釈に基づいている．

なお，図 9.3 (c) において，勾配ベクトル $\nabla\phi$ は等圧面 1，2 に垂直に描かれている．この理由は 9.2.2 項でわかるだろう．

問 9.4　スカラー場 $\phi(x,\,y,\,z) = 1/r$ の勾配が

$$\nabla\left(\frac{1}{r}\right) = -\frac{\boldsymbol{r}}{r^3} = -\frac{1}{r^2}\hat{\boldsymbol{r}} \qquad \left(\hat{\boldsymbol{r}} = \frac{\boldsymbol{r}}{r}\text{ は単位ベクトル}\right) \qquad (9.9)$$

となることを示しなさい．ただし，$r = \sqrt{x^2 + y^2 + z^2}$ である．

例 9.1　$\phi(r) = 1/r$ の勾配　図 9.4 (a) の関数 $\phi(x,\,y) = 1/r$ の勾配ベクトルを描くと図 9.4 (b) のようになる（$r = \sqrt{x^2 + y^2}$）．

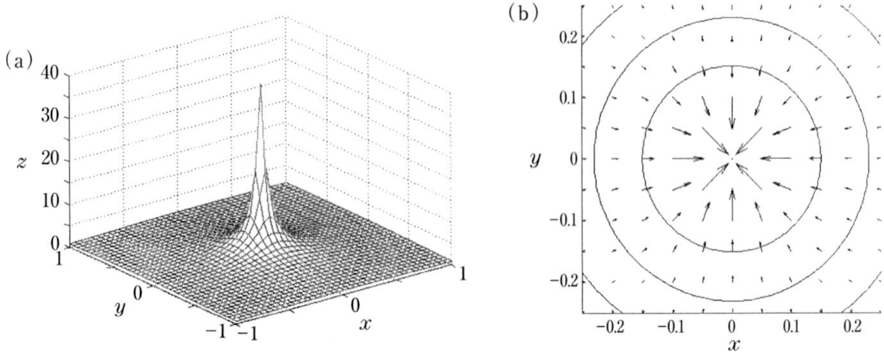

図 9.4

■

9.2.2 等高線と等位面とポテンシャル

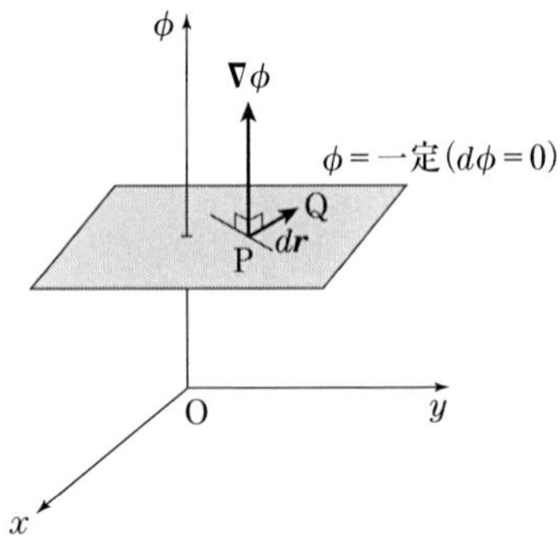

図 9.5

等圧面や等高面と勾配ベクトルとの関係　天気図や地図で ϕ が一定 (C とする) の点を結んだ曲線 ($\phi(x, y) = C$) は，等圧線や等高線になる．

図 9.3 (c) において，$d\phi = 0$ である場合を考えると，図 9.5 のような状況になる．このとき，(9.6) は

$$d\phi = \nabla\phi \cdot d\boldsymbol{r} = 0 \quad (9.10)$$

となる．これは，$\nabla\phi$ と $d\boldsymbol{r}$ が直交することを意味する．$d\boldsymbol{r}$ は平面内にある限り，どの方向を向いてもよいから，(9.10) は $\nabla\phi$ と平面が直交することを表している．つまり，$\nabla\phi$ は等圧面や等高面に直交するベクトルである．

等ポテンシャル面と勾配ベクトルとの関係　2次元スカラー場 $\phi(x, y)$ の曲面は ($z = \phi(x, y)$ として) 3次元空間内で描けるが，3次元スカラー場 $\phi(x, y, z)$ の曲面を3次元空間内で描くことはできない．しかし，$\phi(x, y, z) = C$ であるような曲面を想像することはできるだろう．このとき，$\phi = C$

の曲面を**等位面**という．

スカラー場として，重力場や静電場のようなポテンシャルを考えると，等位面は**等ポテンシャル面**になる．等位面と勾配ベクトル $\boldsymbol{\nabla}\phi$ は，(9.10) から互いに垂直であることがわかる．物理では，力 $\boldsymbol{F}$ はポテンシャル ϕ の勾配 $\boldsymbol{\nabla}\phi$ に -1 を掛けたもの $(\boldsymbol{F} = -\boldsymbol{\nabla}\phi)$ で定義される．また，電磁気学での電場（単位正電荷にはたらくクーロン力）$\boldsymbol{E}$ も同じ形である．したがって，$\boldsymbol{F}$ や $\boldsymbol{E}$ は等ポテンシャル面と常に直交していることになる．

［例題 9.2］　等高線

$\phi(x, y) = x + 3y$ の勾配 $\boldsymbol{\nabla}\phi$ を計算しなさい．そして，この勾配ベクトルが等高線 $\phi(x, y) = C$ と直交することを示しなさい．

［解］　$\boldsymbol{\nabla}\phi$ の成分は (9.2) より $\partial\phi/\partial x = 1$ と $\partial\phi/\partial y = 3$ であるから，$\boldsymbol{\nabla}\phi = (1, 3)$ である．等高線は $\phi(x, y) = C$ より $y = -x/3 + C/3$ であるから，図 9.6 のように，xy 平面内で傾き $-1/3$ の直線である．この直線上の点 P(x, y) が直線に沿って変位するベクトル $d\boldsymbol{r}$（つまり，等高線の接線方向のベクトル）は $d\boldsymbol{r} = (dx, dy) = (dx, -dx/3)$ で表せる $(dy/dx = -1/3$ を使った$)$．そこで，$\boldsymbol{\nabla}\phi$ と $d\boldsymbol{r}$ のスカラー積をつくると

$$\boldsymbol{\nabla}\phi\cdot d\boldsymbol{r} = (1, 3)\cdot(dx, -dx/3) = dx + 3 \times (-dx/3) = 0 \tag{9.11}$$

である．したがって，勾配ベクトル $\boldsymbol{\nabla}\phi$ は等高線と直交する．

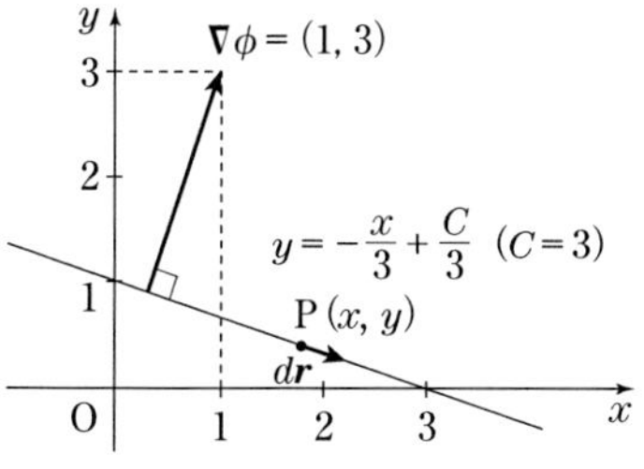

図 9.6

¶

例 9.2　電場　電場の強さを $\boldsymbol{E}$，電位を ϕ とすれば，$\boldsymbol{E} = -\boldsymbol{\nabla}\phi$ である．■

例 9.3　接平面の方程式　曲面 $\phi(x,\ y)$ 上の点Pにおける接平面の方程式は，接平面上の任意の点の位置ベクトルを $\boldsymbol{r}$，点Pの位置ベクトルを $\boldsymbol{r}_0$ とすれば，$\nabla\phi\cdot(\boldsymbol{r}-\boldsymbol{r}_0)=0$ である．■

ポテンシャルと線積分

4.3.2 項の「ベクトル関数の線積分」で述べたように，ベクトル関数 $\boldsymbol{A}$ の線積分は一般に積分経路に依存するので，定積分のようなものは存在しない．しかし，ベクトル関数 $\boldsymbol{A}$ が $\boldsymbol{A}=\nabla\phi$ のようにスカラー関数 ϕ で与えられる場合は，点PからQまでの線積分の値は

$$\int_{\mathrm{P}}^{\mathrm{Q}}\boldsymbol{A}\cdot d\boldsymbol{r}=\int_{\mathrm{P}}^{\mathrm{Q}}\nabla\phi\cdot d\boldsymbol{r}=\phi(\mathrm{Q})-\phi(\mathrm{P}) \tag{9.12}$$

となるので，定積分で表せる．つまり，積分の値は途中の経路によらず，始点Pの値 $\phi(\mathrm{P})$ と終点Qの値 $\phi(\mathrm{Q})$ だけで決まるので，積分の上限と下限が指定できる．このようなスカラー関数 ϕ のことを**ポテンシャル**という．

なお，ベクトル関数が空間の点 x, y, z の関数 $\boldsymbol{A}(x, y, z)$ である場合，ベクトル関数 $\boldsymbol{A}$ はその点のベクトルを定める．このため，点 x, y, z が空間のある領域 V に分布していれば，ベクトル関数 $\boldsymbol{A}$ は V 内のベクトル場を表す．このような場合は，ベクトル関数 $\boldsymbol{A}$ 自体をベクトル場とよぶのが一般的である (9.3 節)．

問 9.5　(9.12) となることを示しなさい．

このように，ベクトル関数がスカラー関数の勾配で与えられるときは，線積分の値は両端の値だけで決まり，積分経路Cの取り方には依存しないので，定積分の形に書ける．この事実から，例題 4.6 の「積分経路によって線積分の値が異なるという結果」は，$\boldsymbol{A}=\nabla\phi$ となる関数 ϕ(つまり，ポテンシャル) が存在しなかったためであることがわかるだろう (問 9.6 を参照)．

問 9.6　4.3.2 項の例題 4.6 のベクトル関数を $\boldsymbol{A}=x^2\boldsymbol{i}+y^3\boldsymbol{j}$ に変えて同じ計算をしなさい．線積分の値が積分経路の取り方に依存するか否かを，その理由も含めて論じなさい．

9.1 9.2 **9.3** 9.4 9.5 9.6 9.7

9.3 ベクトル場 A の発散 $\nabla\cdot A$

9.3.1 発散で何がわかる？

一言でいえば，空間の 1 点におけるベクトル場の湧き出しや吸い込みの状態がわかる．ベクトル場 $\boldsymbol{A}$ の発散 $(\boldsymbol{\nabla}\cdot\boldsymbol{A})$ を (9.1) のナブラ $\boldsymbol{\nabla}$ で表すと

$$\boldsymbol{\nabla}\cdot\boldsymbol{A} = \frac{\partial A_x}{\partial x} + \frac{\partial A_y}{\partial y} + \frac{\partial A_z}{\partial z} \qquad (\text{直交座標系}) \tag{9.13}$$

となる (導出は 9.3.2 項)．これは，$\boldsymbol{A} = \boldsymbol{i}A_x + \boldsymbol{j}A_y + \boldsymbol{k}A_z$ と $\boldsymbol{\nabla}$ のスカラー積

$$\boldsymbol{\nabla}\cdot\boldsymbol{A} = \left(\boldsymbol{i}\frac{\partial}{\partial x} + \boldsymbol{j}\frac{\partial}{\partial y} + \boldsymbol{k}\frac{\partial}{\partial z}\right)\cdot(\boldsymbol{i}A_x + \boldsymbol{j}A_y + \boldsymbol{k}A_z) \tag{9.14}$$

だから，**発散はスカラー量**である．ベクトル場の発散は，空間の着目している点からベクトル場が流れ出したり，あるいは，その点に流れ込む状態を表すから，ベクトル場の空間的な変動を扱うときに便利なツールである．

［例題 9.3］ 位置ベクトル $\boldsymbol{r}$ の発散

原点から測った位置ベクトル $\boldsymbol{r} = \boldsymbol{i}x + \boldsymbol{j}y + \boldsymbol{k}z = (x,\ y,\ z)$ に対して

$$\boldsymbol{\nabla}\cdot\boldsymbol{r} = 3 \tag{9.15}$$

であることを示しなさい．

［解］ (9.13) より

$$\boldsymbol{\nabla}\cdot\boldsymbol{r} = \frac{\partial x}{\partial x} + \frac{\partial y}{\partial y} + \frac{\partial z}{\partial z} = 1 + 1 + 1 = 3 \tag{9.16}$$

である．この $\boldsymbol{\nabla}\cdot\boldsymbol{r} > 0$ という結果は，原点からベクトル場 $\boldsymbol{r}$ が放射状に広がっていることを示している (数値の 3 は，発散の大きさを表している)．

¶

問 9.7 2 次元ベクトル場 $A = (x/2,\ y/2)$ の発散を計算しなさい．

問 9.8 2 次元ベクトル場 $A = (f(y),\ g(x))$ の発散を計算しなさい．

なお，2次元ベクトル場の発散は，考えている領域の面積が膨張したり，圧縮したりする状態だと解釈してもよい．

発散のイメージ

例えば，静電場は正電荷が存在する点から放射状に外向きに出ている電場ベクトルで記述される．それはちょうど湧き水のように，湧き出し口から流体が流れ出す様子に似ている．一方で，電場ベクトルは負電荷が存在する点に吸い込まれる．これは吸い込み口に流れ込む流体に似ている．

そこで，発散に関して次のような**思考実験**（頭の中で想像するだけの実験）をしてみよう．まず，流水に少量のおがくずを浮かべたとする．このとき，水面のある1点から，このおがくずが四方八方に広がっていくならば，その点は正の発散点（湧き出し口）といえるだろう．しかし，おがくずがその点に吸い寄せられてくれば，その点は負の発散点（吸い込み口）といえる．

このような直観的なイメージが正しいかどうかを確かめるには，図9.7のように，原点から放射状に出ているベクトル場 $\boldsymbol{A} = r^2\hat{\boldsymbol{r}}$ の発散を計算するのがよい．実際に計算すると，$\nabla\cdot\boldsymbol{A} = 4r$ となる（問9.9を参照）．この結果から，図9.7のベクトル場の発散が原点からの距離に比例して増大していくことがわかり，直観とも一致する．

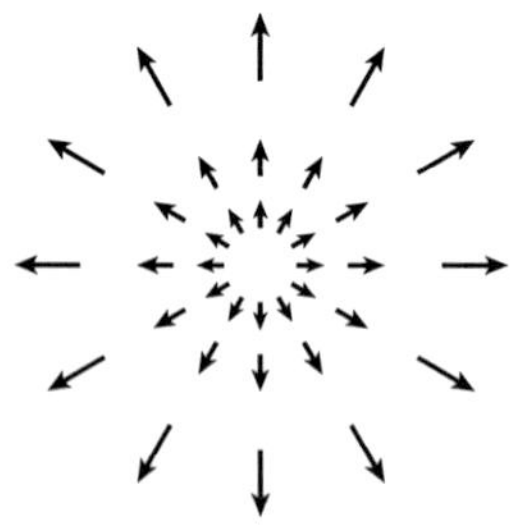

図 9.7

なお，3次元ベクトル場の発散は，考えている領域の体積が膨張したり，圧縮したりする状態だと解釈してもよい．

問9.9 ベクトル場 $\boldsymbol{A}(x, y, z) = r^2\hat{\boldsymbol{r}}$ の発散が $\nabla\cdot\boldsymbol{A} = 4r$ となることを示しなさい（$r^2 = x^2 + y^2 + z^2$）．

9.3.2 定常流に基づく発散の導出

いま，定常的な流体の流れ（**定常流**という）の中に，仮想的に図 9.8 のような直方体を考え，その直方体に単位時間に出入する流体の体積を求めてみよう．直方体は点 P(x, y, z) を原点にした直交座標系の 3 つの軸方向にとった微小距離 Δx, Δy, Δz を 3 辺（体積 $\Delta V = \Delta x\,\Delta y\,\Delta z$）とする．

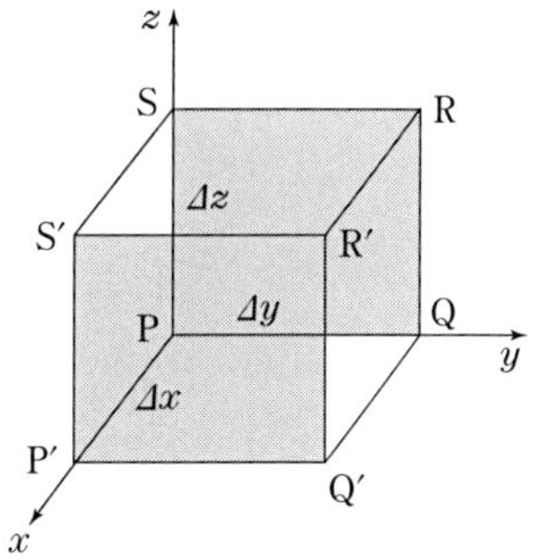

図 9.8

流れの各点における速度を $\boldsymbol{v}$ とすれば，$\boldsymbol{v}$ は各点の座標 (x, y, z) の関数である．まず，図 9.8 の x 軸に垂直な面 PQRS から直方体の中に入る流体の体積は，点 P における $\boldsymbol{v}$ の x 成分 v_x と面 PQRS の面積 $\Delta S_x = \Delta y\,\Delta z$ の積 $v_x(x, y, z)\,\Delta S_x$ で表される．一方，面 PQRS に向かい合う面 P′Q′R′S′ から外に出る流体の体積は，$v_x(x + \Delta x, y, z)\,\Delta S_x$ で表される．したがって，x 軸に垂直な 2 つの面から単位時間に直方体の外に出る流体の体積 ΔV_x は

$$\Delta V_x = \frac{\partial v_x}{\partial x}\Delta V \tag{9.17}$$

である（問 9.10 を参照）．

同様にして，y 軸に垂直な 2 面および z 軸に垂直な 2 面から単位時間に外に出る流体の体積 ΔV_y, ΔV_z はそれぞれ

$$\Delta V_y = \frac{\partial v_y}{\partial y}\Delta V, \qquad \Delta V_z = \frac{\partial v_z}{\partial z}\Delta V \tag{9.18}$$

となる．

直方体の各面を通って，単位時間に外に出る流体の体積は ΔV_x, ΔV_y, ΔV_z の和だから，

$$\varDelta V_x + \varDelta V_y + \varDelta V_z = \left(\frac{\partial v_x}{\partial x} + \frac{\partial v_y}{\partial y} + \frac{\partial v_z}{\partial z}\right)\varDelta V = (\boldsymbol{\nabla}\cdot\boldsymbol{v})\,\varDelta V \tag{9.19}$$

となる．この結果から，(9.19) を直方体の体積 $\varDelta V$ で割った量 $\boldsymbol{\nabla}\cdot\boldsymbol{v}$ は，流体内の単位体積に対して，単位時間に外側に流れ出る流体の体積を表す．これが**発散の定義**で，$\boldsymbol{v}$ を $\boldsymbol{A}$ に書き換えたものが (9.13) である．ただし，発散が負のときには，内側に流れ込む流体の体積を表すものとする．もし，発散がゼロであれば，流れの発生や消滅がどこにもないことを意味する．

問 9.10　(9.17) をテイラー展開 (3.48) を使って導きなさい．

9.4　ベクトル場 $\boldsymbol{A}$ の回転 $\boldsymbol{\nabla}\times\boldsymbol{A}$

9.4.1　回転で何がわかる？

一言でいえば，ベクトル場の渦巻き状態がわかる．ベクトル場 $\boldsymbol{A}$ の回転を (9.1) のナブラ $\boldsymbol{\nabla}$ で表すと

$$\boldsymbol{\nabla}\times\boldsymbol{A} = \left(\frac{\partial A_z}{\partial y} - \frac{\partial A_y}{\partial z}\right)\boldsymbol{i} + \left(\frac{\partial A_x}{\partial z} - \frac{\partial A_z}{\partial x}\right)\boldsymbol{j} + \left(\frac{\partial A_y}{\partial x} - \frac{\partial A_x}{\partial y}\right)\boldsymbol{k} \tag{9.20}$$

となる．これは，ベクトル $\boldsymbol{A} = \boldsymbol{i}A_x + \boldsymbol{j}A_y + \boldsymbol{k}A_z$ とナブラ $\boldsymbol{\nabla}$ のベクトル積

$$\boldsymbol{\nabla}\times\boldsymbol{A} = \left(\boldsymbol{i}\frac{\partial}{\partial x} + \boldsymbol{j}\frac{\partial}{\partial y} + \boldsymbol{k}\frac{\partial}{\partial z}\right)\times(\boldsymbol{i}A_x + \boldsymbol{j}A_y + \boldsymbol{k}A_z) \tag{9.21}$$

だから，**回転はベクトル量**である．

例 9.4　$\boldsymbol{r}$ の回転はゼロ　$\boldsymbol{r} = \boldsymbol{i}x + \boldsymbol{j}y + \boldsymbol{k}z$ の回転は，(9.20) から

$$\boldsymbol{\nabla}\times\boldsymbol{r} = \left(\frac{\partial z}{\partial y} - \frac{\partial y}{\partial z}\right)\boldsymbol{i} + \left(\frac{\partial x}{\partial z} - \frac{\partial z}{\partial x}\right)\boldsymbol{j} + \left(\frac{\partial y}{\partial x} - \frac{\partial x}{\partial y}\right)\boldsymbol{k} = 0 \tag{9.22}$$

となる．つまり，このベクトル場 $\boldsymbol{r}$ では回転は生じない．■

例 9.4 は図 9.9 のような放射状の場の中で，回転が生じないことを示している．いま，思考実験として，仮にこの放射状の場を流水と見なして，その中に小さな羽根車を差し込むと，図 9.9 から想像できるように，この羽根車は回転せずに止まったままになる．このことを (9.22) は示している．

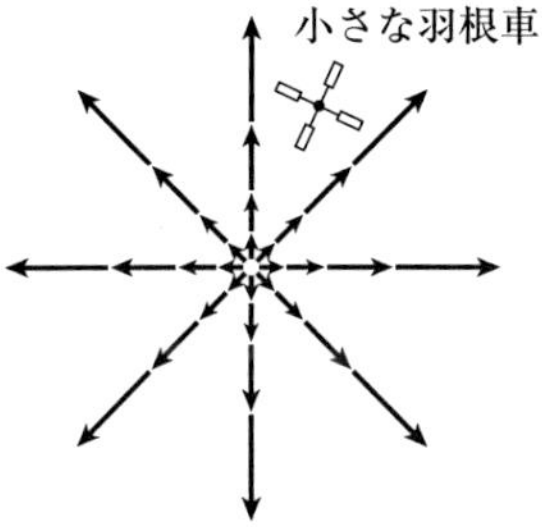

図 9.9

問 9.11

$$\nabla \times (r^n \boldsymbol{r}) = 0 \tag{9.23}$$

となることを示しなさい．(9.22) は $n = 0$ の場合に当たる．

問 9.12　2.3.2 項の例題 2.6 の (2.39) で与えられている剛体の回転速度 $\boldsymbol{v} = \boldsymbol{\omega} \times \boldsymbol{r}$ を速度のベクトル場と見なそう．このとき，$\boldsymbol{v}$ の回転が

$$\begin{aligned} \nabla \times \boldsymbol{v} &= 2\omega \boldsymbol{k} \\ &= 2\boldsymbol{\omega} \end{aligned} \tag{9.24}$$

となることを示しなさい．ただし，$\boldsymbol{k}$ は z 軸の単位ベクトル，$\boldsymbol{\omega} = \omega \boldsymbol{k}$ は z 軸の周りの角速度ベクトルである．なお，(9.24) は速度場の大きさが 2ω であることを意味している (9.6.2 項の例題 9.7 を参照)．

［例題 9.4］　曲がっているベクトル場の回転

$$\begin{aligned} A &= \frac{k}{\boldsymbol{r}} \hat{\phi} \\ &= A_\phi \hat{\phi} \end{aligned} \tag{9.25}$$

の回転は $\nabla \times A = 0$ であることを示しなさい．

［解］　ϕ 方向のベクトル成分 A_ϕ を考えているので，回転を円筒座標系で表した

$$\nabla \times \boldsymbol{A} = \left(\frac{1}{r}\frac{\partial A_z}{\partial \phi} - \frac{\partial A_\phi}{\partial z}\right)\hat{\boldsymbol{r}} + \left(\frac{\partial A_r}{\partial z} - \frac{\partial A_z}{\partial r}\right)\hat{\phi} + \frac{1}{r}\left\{\frac{\partial (rA_\phi)}{\partial r} - \frac{\partial A_r}{\partial \phi}\right\}\hat{\boldsymbol{z}} \tag{9.26}$$

を使うのがよい．そうすれば，A_r, A_z はゼロなので，(9.26) から

$$\begin{aligned}\nabla \times \boldsymbol{A} &= \left(-\frac{\partial A_\phi}{\partial z}\right)\hat{\boldsymbol{r}} + \frac{1}{r}\left\{\frac{\partial (rA_\phi)}{\partial r}\right\}\hat{\boldsymbol{z}} \\ &= \left\{-\frac{\partial (k/r)}{\partial z}\right\}\hat{\boldsymbol{r}} + \frac{1}{r}\left\{\frac{\partial (rk/r)}{\partial r}\right\}\hat{\boldsymbol{z}} = 0\end{aligned} \tag{9.27}$$

のように，回転がゼロになることが簡単にわかる．

¶

例題 9.4 の (9.25) のベクトル場 $\boldsymbol{A}$ は図 9.10 に示すように明らかに回転しているから，このベクトル場の回転 $\nabla \times \boldsymbol{A}$ はゼロでない値をもっていると思うのが自然である．しかし，計算すると $\nabla \times \boldsymbol{A}$ はゼロになる．この一見不可解に思えるこの結果を，どのように解釈すればよいのだろうか．

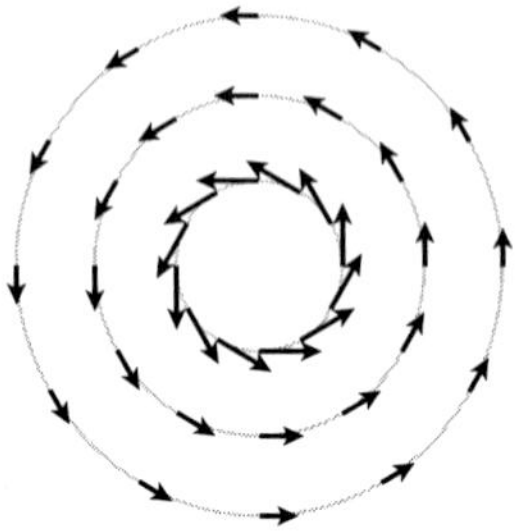

図 9.10

小さな羽根車の思考実験

この結果を物理的に理解するために，もう一度，流体の流れと小さな羽根車を使って，図 9.11 (a) のように場の中にある小さな羽根車の 4 枚の羽根にかかる力を考えよう．

図 9.11 (a) において，矢印の太さは場の強さが曲率中心 O からの距離とともに弱くなっていくことを示している．ちょっとみると，この羽根車は場の曲がりによって反時計回りに回転するように思える．なぜなら，ベクトルの流線は右の羽根でやや上向きに，そして左の羽根でやや下向きに向いてい

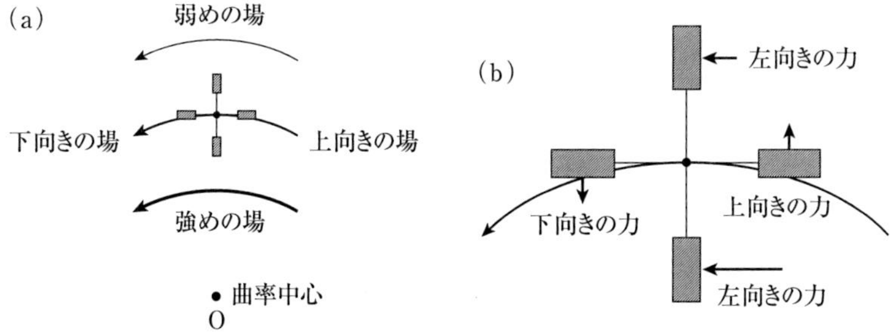

図 9.11

るからである．しかし，羽根車の軸より上側では場が弱くなる効果も考慮しなければならない．つまり，図 9.11 (b) に示しているように，上の羽根は下の羽根よりも弱い力を受ける．そのため，下の羽根にかかる強めの力が，羽根車を時計回りに回そうとする．

したがって，$\nabla \times \boldsymbol{A} = 0$ ということは，この時計回りの回転が反時計回りの回転を完全に止めたということである．つまり，時計回りと反時計回りの力がつり合うために，羽根車は回転できない．

このように，たとえどんなにベクトル場の流線が曲がっていても，ベクトル場が $1/r$ で減少すれば，場の回転はゼロになるのである．ただし，$r = 0$ の曲率中心 O では回転はゼロにならない ($\nabla \times \boldsymbol{A} \neq \boldsymbol{0}$) ことに注意してほしい．

9.4.2 回転成分 $(\nabla \times A)_z$ の図形的な意味

ベクトル場 $\boldsymbol{A}$ の回転 $\nabla \times \boldsymbol{A}$ の z 成分は (9.20) から

$$(\nabla \times \boldsymbol{A})_z = \frac{\partial A_y}{\partial x} - \frac{\partial A_x}{\partial y} \tag{9.28}$$

のように，「x による A_y の変化 $(\partial A_y/\partial x)$」と「$y$ による A_x の変化 $(\partial A_x/\partial y)$」を表す項を含んでいる．

いま，図 9.12 (a) のように点 P の周りにベクトル成分 A_x, A_y があるとしよう．x 軸の正 (負) 方向を指している矢印が正 (負) の値をもつので，x 軸

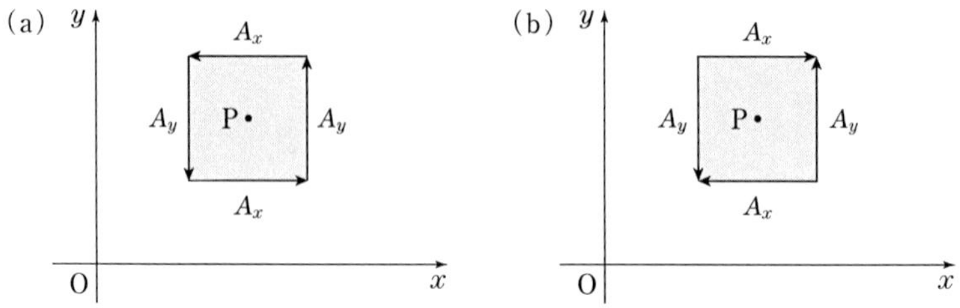

図 9.12

に沿って点Pの左側から右側に進めば，A_y は（点Pの左側で負，右側で正なので）明らかに増大する．このとき，$\varDelta A_y$（$= A_y$（点Pの右側の値）$- A_y$（点Pの左側の値）$= A_y$（正）$- A_y$（負））$=$ 正値を $\varDelta x$ で割った $\varDelta A_y/\varDelta x$ の極限が $\partial A_y/\partial x$ になるから，(9.28) の右辺の1項目 $\partial A_y/\partial x$ は必ず正になる．

次に，A_x の方をみてみよう．A_x は点Pの下側では正，上側では負なので，$\varDelta A_x$（$= A_x$（点Pの上側の値）$- A_x$（点Pの下側の値）$= A_x$(負) $- A_x$(正)）$=$ 負値より $\varDelta A_x/\varDelta y$ の極限 $\partial A_x/\partial y$ は必ず負になる．したがって，$-\partial A_x/\partial y > 0$ であることに注意すれば，(9.28) の右辺は2つの正の項を足すことになるので，回転の値は増加することになる．要するに，ベクトル $\boldsymbol{A}$ の回転の z 成分 $(\nabla \times \boldsymbol{A})_z$（つまり，$z$ 軸に平行な回転軸をもつ回転成分）は大きな値をもつことになり，直感とも一致する．

ちなみに，回転の値がどこでもゼロになるベクトル場のことを**渦**（うず）**なしの場**という．

問 9.13 図 9.12 (b) の場合は，回転の値が小さくなることを確認しなさい．

9.1 9.2 9.3 9.4 9.5 9.6 9.7

9.5 ラプラシアン ∇·∇

ここまでの話に，2つのベクトル場が登場した．1つは勾配の $\nabla\phi$ で，もう1つは回転の $\nabla \times \boldsymbol{A}$ である．一方，スカラー場は発散の $\nabla\cdot\boldsymbol{A}$ のように

$$\nabla\cdot(\text{ベクトル場}) = (\text{スカラー場}) \tag{9.29}$$

という関係からつくられる．そこで，(9.29) を 2 つのベクトル場 $\nabla\phi$ と $\nabla \times \boldsymbol{A}$ に適用すると，どのようなスカラー場ができるだろうか．

実は，回転 $\nabla \times \boldsymbol{A}$ の発散 $\nabla\cdot(\nabla \times \boldsymbol{A})$ は常にゼロなので，意味のあるスカラーを定義できない (問 9.14 を参照)．しかし，勾配 $\nabla\phi$ の発散 $\nabla\cdot(\nabla\phi)$ は

$$\begin{aligned}\nabla\cdot\nabla\phi &= \Delta\phi \\ &= \frac{\partial^2\phi}{\partial x^2} + \frac{\partial^2\phi}{\partial y^2} + \frac{\partial^2\phi}{\partial z^2}\end{aligned} \tag{9.30}$$

のように書ける．この $\nabla\cdot\nabla$ (あるいは Δ) が**ラプラシアン**という微分演算子 (微分操作を含む記号のこと) である．

問 9.14　ベクトル場 $\boldsymbol{A}$ の回転 $\nabla \times \boldsymbol{A}$ の発散 $\nabla\cdot(\nabla \times \boldsymbol{A})$ を計算すると

$$\nabla\cdot(\nabla \times \boldsymbol{A}) = 0 \tag{9.31}$$

となることを示しなさい．

9.5.1　ラプラシアンで何がわかる？

一言でいえば，関数の凹凸(おうとつ)がわかる．ラプラシアンは，(9.30) の形から予想されるように，関数 ϕ が着目している点から x, y, z 方向に少しだけ変化するとき，この**関数の変化 (微分)** $\partial\phi/\partial x$ **の変化率** $\partial^2\phi/\partial x^2$ をみつけるときに威力を発揮する．いい換えれば，関数 ϕ のグラフを描いたとき，その曲面の傾き (関数の変化) の変化率に関する情報が得られる．

このような「関数の変化の変化率」という量は，あまり使わないように思うかもしれないが，例えば，「加速度は時間に対する位置の変化の変化率である」ことを思い出せば，すでに馴染みの量であることに気づくだろう．なお，7.4 節のラプラス方程式という呼称は，この演算に由来している．

(9.30) の式自身は，左辺の $\nabla\cdot\nabla$ を ∇ と ∇ のスカラー積と見なして

$$\nabla\cdot\nabla = \left(\boldsymbol{i}\frac{\partial}{\partial x} + \boldsymbol{j}\frac{\partial}{\partial y} + \boldsymbol{k}\frac{\partial}{\partial z}\right)\cdot\left(\boldsymbol{i}\frac{\partial}{\partial x} + \boldsymbol{j}\frac{\partial}{\partial y} + \boldsymbol{k}\frac{\partial}{\partial z}\right)$$

$$= \frac{\partial^2}{\partial x^2} + \frac{\partial^2}{\partial y^2} + \frac{\partial^2}{\partial z^2} \tag{9.32}$$

のように計算すれば納得できるだろう．ラプラシアンの記号は $\Delta\phi$ を使う場合が多いが，$\nabla\cdot\nabla\phi$ の方が「勾配ベクトル」の「発散」という意味が読み取れるので，物理的には理解しやすい記号である．

［例題 9.5］ r^n のラプラシアン

原点から点 (x, y, z) までの距離を r とすれば

$$\nabla\cdot\nabla r^n = \Delta r^n = n(n+1)r^{n-2} \tag{9.33}$$

であることを示しなさい．

［解］ $\nabla r^n = (dr^n/dr)\nabla r = nr^{n-1}\boldsymbol{r}/r = nr^{n-2}\boldsymbol{r}$ だから $\nabla\cdot\nabla r^n = \nabla\cdot(nr^{n-2}\boldsymbol{r}) = n\nabla\cdot(r^{n-2}\boldsymbol{r})$ と書ける．ここで，$\nabla\cdot(r^{n-2}\boldsymbol{r}) = (\nabla r^{n-2})\cdot\boldsymbol{r} + r^{n-2}\nabla\cdot\boldsymbol{r}$ となること，そして，$(\nabla r^{n-2})\cdot\boldsymbol{r} = (n-2)r^{n-4}\boldsymbol{r}\cdot\boldsymbol{r}$ と $r^{n-2}\nabla\cdot\boldsymbol{r} = 3r^{n-2}$ であることを使うと，$\nabla\cdot\nabla r^n = n\{(n-2)r^{n-4}\boldsymbol{r}\cdot\boldsymbol{r} + 3r^{n-2}\} = n\{(n-2)r^{n-2} + 3r^{n-2}\} = n(n+1)r^{n-2}$ となる．

¶

例 9.5 $1/r$ のラプラシアン 原点からの距離を r とすれば

$$\nabla\cdot\nabla\left(\frac{1}{r}\right) = \Delta\left(\frac{1}{r}\right) = 0 \tag{9.34}$$

である．これは，(9.33) の $n = -1$ に対応する． ■

（注） ラプラシアンはベクトル場 $\boldsymbol{A}$ に対しても

$$\nabla^2\boldsymbol{A} = \Delta\boldsymbol{A} = \frac{\partial^2\boldsymbol{A}}{\partial x^2} + \frac{\partial^2\boldsymbol{A}}{\partial y^2} + \frac{\partial^2\boldsymbol{A}}{\partial z^2} \tag{9.35}$$

のように定義できる．なお，(9.32) を使えば，(9.35) は $\nabla^2\boldsymbol{A} = (\nabla\cdot\nabla)\boldsymbol{A}$ と書けるが，これは直交座標系を使った場合の話で，円筒座標系や極座標系のような曲線座標系では成り立たないことに注意してほしい．

ラプラシアンの図形的な意味

スカラー関数 $\phi(x, y, z)$ に対する (9.30) のラプラシアン $\Delta\phi$ は x, y, z

による2階の微分を含んでいるので，関数 ϕ の最大値や最小値などと関係していることが予想されるだろう (3.3.1項の「停留点」を参照)．そこで，いま y, z を固定し，x 軸方向だけの変化を考えてみよう．

例として，具体的に $\phi = x^2 + C$ としよう (つまり，$\phi(x, y, z) = \phi(x, y = \text{定数}, z = \text{定数}) = x^2 + C$ とする)．この関数は図 9.13 (a) のように下に凸の関数で，最小値をもっている．このとき，勾配とラプラシアンは

$$\nabla\phi = \frac{\partial\phi}{\partial x}\boldsymbol{i} = 2x\boldsymbol{i}, \qquad \nabla\cdot\nabla\phi = \frac{\partial^2\phi}{\partial x^2} = 2 \tag{9.36}$$

となる．

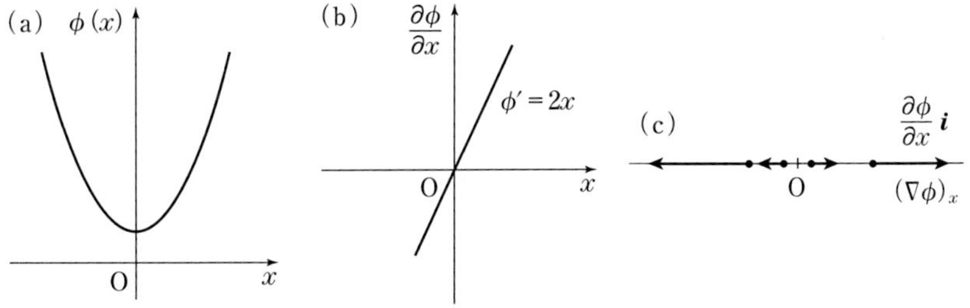

図 9.13

図 9.13 (b) は $\partial\phi/\partial x = \phi' = 2x$ を示している．勾配 $\nabla\phi$ を描くには，図 9.13 (c) のように横軸に $(\partial\phi/\partial x)\,\boldsymbol{i}$ をとるのがよい．(9.36) より，ベクトル $\nabla\phi$ の大きさ $|\nabla\phi|$ は $2x$ で，ベクトルの向きは $x > 0$ のとき $\partial\phi/\partial x > 0$ なので正方向 $(+\boldsymbol{i})$，$x < 0$ のとき $\partial\phi/\partial x < 0$ なので負方向 $(-\boldsymbol{i})$ である．

ところで，この図 9.13 (c) は見方を変えれば，原点 O からベクトル場 $\nabla\phi$ が湧き出しているようにみえないだろうか．このベクトル場の動きに着目すれば，原点 O はベクトル場 $\nabla\phi$ の湧き出し口である．いい換えれば，原点 O でベクトル場の発散 $\nabla\cdot\nabla\phi$ を計算すれば正の値になるはずである．事実，(9.36) より $\nabla\cdot\nabla\phi = 2$ となり，確かに正である．

この考察を2変数 x, y に拡張して，図 9.14 (a) のようなスカラー関数 $\phi(x, y)$ を描くと，ラプラシアン $\Delta\phi$ が正であることは，曲面が下に凸で図

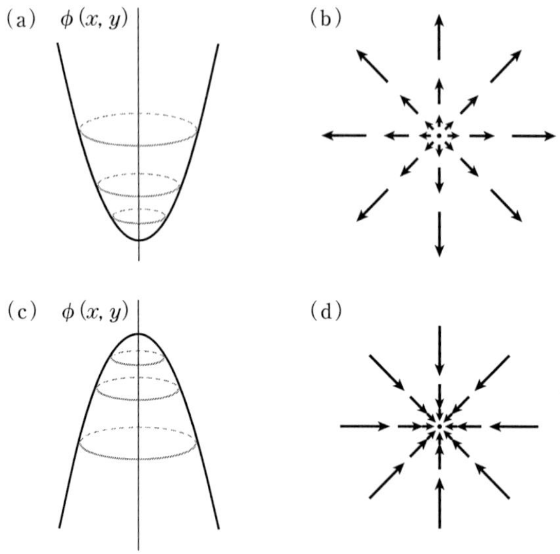

図 9.14

9.14 (b) のような正の発散点 (湧き出し口) であることを表していることがわかるだろう．同様に考えると，図 9.14 (c) のような上に凸の関数では，ラプラシアン $\Delta\phi$ が負であることは，曲面が上に凸で図 9.14 (d) のような負の発散点 (吸い込み口) であることを表していることがわかる．

9.5.2　物理法則とラプラシアンの符号

ラプラシアンはさまざまな物理法則に登場する．その代表例の 1 つとして，電磁気学における「静電場のガウスの法則」がある．これは，電荷密度 ρ がその周囲の空間に生み出す電場 $\boldsymbol{E}$ に関する法則で

$$\nabla\cdot\boldsymbol{E} = \frac{\rho}{\varepsilon_0} \tag{9.37}$$

で与えられる．静電場 $\boldsymbol{E}$ はポテンシャル (電位) ϕ によって

$$\boldsymbol{E} = -\nabla\phi \tag{9.38}$$

で定義されるので，(9.38) を (9.37) の左辺に代入すると，(9.37) は

$$\nabla\cdot\nabla\phi = \Delta\phi = -\frac{\rho}{\varepsilon_0} \tag{9.39}$$

となる．

例 9.6 重力 位置のポテンシャルを ϕ とすれば，重力 $\boldsymbol{F}$ は $\boldsymbol{F} = -\nabla\phi$ で与えられる．■

例 9.7 アーンショーの定理 これは「電荷のない領域において，ポテンシャルは極大値も極小値もとらない」という定理で，「静電場のガウスの法則」から導かれる．この定理を数式で表したものが，(9.39) で $\rho = 0$ とおいた $\Delta\phi = 0$ である．■

3 変数の電位 $\phi(x, y, z)$ を表す曲面を 3 次元空間に描くのは無理なので，2 変数の電位 $\phi(x, y)$ で具体的に考えてみよう．xy 平面の原点に置いた点電荷 q が周囲の空間につくる電位 ϕ を

$$\phi(x, y) = \frac{q}{r} \tag{9.40}$$

として，まず $q > 0$ の場合を考えることにする $(r = \sqrt{x^2 + y^2})$．

いま，$q = 1$ とおくと (9.40) の関数とその勾配ベクトルは 9.2.1 項の例 9.1の図 9.4 (a)，(b) と同じである．勾配ベクトルの流れに着目すれば，図 9.4 (b) は頂点に向かって流れ込んでいる状態である．一方，この状態を「ベクトル場の発散」という観点からみれば，ある点に収束しているから，「負の発散」に当たる．つまり，この場合は「ベクトル場の発散は負」になる．「ベクトル場の発散」＝「勾配ベクトル の発散」＝「ラプラシアン ϕ」を思い出せば，「ベクトル場の発散は負」であることは「ラプラシアン ϕ は負」，つまり「ラプラシアン ϕ は関数の極大点で負」になるという性質に一致していることがわかる．

同様の考察を電荷が負 $(q < 0)$ の場合に行なえば，$q = -1$ での (9.40) は図 9.15 (a) であり，その勾配ベクトルは図 9.15 (b) になる．したがって，「ベクトル場の発散は正」が「ラプラシアン ϕ は関数の極小点で正」に一致することがわかる．

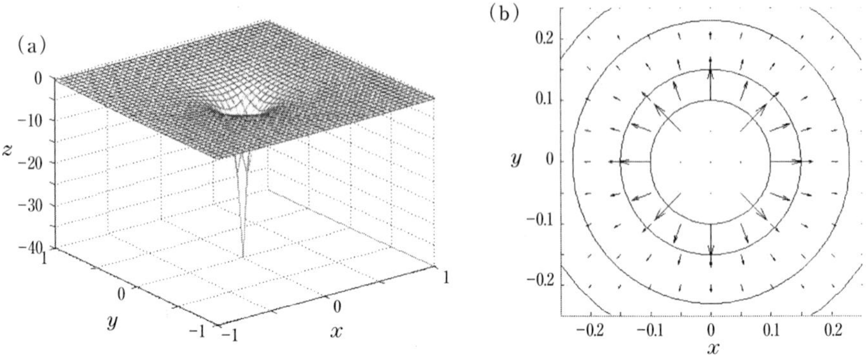

図 9.15

電場の向きと勾配ベクトルの向きは逆

電場（あるいは電気力線）$\boldsymbol{E}$ は正電荷から発生するので，正電荷のある場所では図 9.16 のように「電場の発散は正」になるはずである．ところが，この図は図 9.4 (b) と逆になっている．この理由は，(9.38) のように電場 $\boldsymbol{E}$ が勾配ベクトルにマイナスを掛けた量で定義されているからである．

図 9.16

電場の定義に従って図 9.4 (b) を見直すと，矢印の向きはすべて逆になる．したがって，正電荷による電場の発散は，図 9.4 (a) のような頂点にある正電荷から電場が湧き出して，下方に向かって広がっていく状態としてイメージできるので，物理的に納得できる光景である．

問 9.15 なぜ，物理的に納得できる光景なのかを説明しなさい．

9.1 9.2 9.3 9.4 9.5 9.6 9.7

9.6 2つの積分定理

線積分と面積分を関係づける公式がストークスの定理であり，面積分と体積分を関係づけるのが発散定理（ガウスの定理）である．

9.6.1 発散定理

何に使う？

これは，さまざまな物理現象と密接に結び付いており，特に，水流，熱流，電気力線，磁力線などの振る舞いを調べるときに不可欠な定理である．また，電磁気学の「電場のガウスの法則」や「磁場のガウスの法則」を微分形に変えるときにも利用される（問 9.16 と 9.7 節の［2］を参照）．

発散定理の概要

ベクトル場 $\boldsymbol{A}$ に対する次の関係式

$$\oint_{\mathrm{S}} \boldsymbol{A}\cdot\hat{\boldsymbol{n}}\, da = \int_{\mathrm{V}} (\boldsymbol{\nabla}\cdot\boldsymbol{A})\, dV \tag{9.41}$$

を**発散定理**あるいは**ガウスの定理**という．これは，体積分（(9.41) の右辺）を面積分（(9.41) の左辺），または面積分を体積分に変える定理である．なお，da は曲面 S 上の微小面積，dV は曲面 S で覆われた体積 V 内の微小体積を表す．

この定理が語っていることは，次のような事柄である．3 次元空間にベクトル場 $\boldsymbol{A}$ があり，同時に閉曲面 S が指定されているとする．いま，場の湧き出しを表す発散 $\boldsymbol{\nabla}\cdot\boldsymbol{A}$ を S 内で体積分すると，S 内の湧き出しの総量になる（右辺の意味）．一方，左辺は閉曲面 S を通して外側に流出する総量になる．そして，これらの総量が一致することを発散定理は語っている．

この定理が実際に成り立っていることを具体例で確認しよう（次の例題

9.6 を参照).

[例題 9.6] 発散定理の検証

図 9.17 のような直方体 (3 辺 X, Y, Z で体積 $V = XYZ$) を使って，ベクトル場

$$\boldsymbol{A} = (A_x,\ A_y,\ A_z) = (kx,\ ly,\ mz)$$

が発散定理 (9.41) を満たすことを示しなさい．ただし，k, l, m は定数とする．

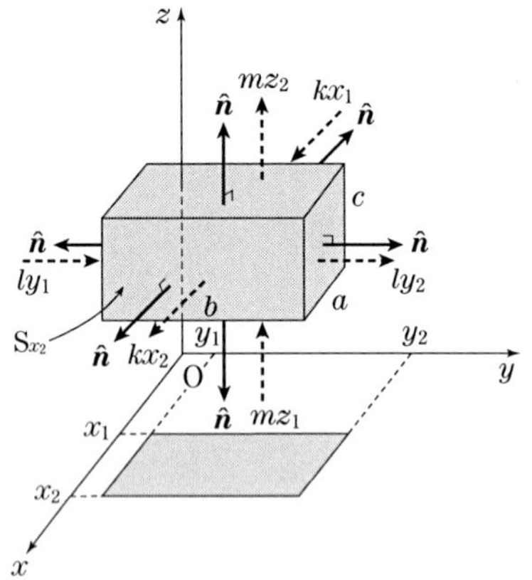

図 9.17

[解] $\boldsymbol{\nabla}\cdot\boldsymbol{A}$ は $\boldsymbol{\nabla}\cdot\boldsymbol{A} = k + l + m$ であるから，これを S の内部で積分すると

$$\int_{\mathrm{V}} (\boldsymbol{\nabla}\cdot\boldsymbol{A})\,dV = \int_{\mathrm{V}} (k + l + m)\,dV$$
$$= (k + l + m)\int_{\mathrm{V}} dV = (k + l + m)\,V \qquad (9.42)$$

となる．一方，S 上の面積分は直方体の 6 つの面について求め，それらを合計すればよい．

ところで，閉曲面の単位法線ベクトル $\hat{\boldsymbol{n}}$ の正の向きは「外向き」，つまり，曲面に囲まれた領域から離れていく方向にとるので，直方体の場合も図 9.17 に示すように，すべて外側を向いている．そのため，例えば，yz 平面に平行な 2 つの面の $\hat{\boldsymbol{n}}$ は S_{x_2} 側では $\hat{\boldsymbol{n}} = (1,\ 0,\ 0)$ であり，S_{x_1} 側では $\hat{\boldsymbol{n}} = (-1,\ 0,\ 0)$ である．これに注意して計算すれば

$$\int_{S_{x_2}} \boldsymbol{A}\cdot\hat{\boldsymbol{n}}\,da + \int_{S_{x_1}} \boldsymbol{A}\cdot\hat{\boldsymbol{n}}\,da = \int A_x(x_2, y, z)\,dy\,dz - \int A_x(x_1, y, z)\,dy\,dz$$
$$= \int k(x_2 - x_1)\,dy\,dz = kX\int dy\,dz$$
$$= kXYZ = kV \tag{9.43}$$

となる．したがって，6つの面を加えると

$$\oint_S \boldsymbol{A}\cdot\hat{\boldsymbol{n}}\,da = kV + lV + mV = (k + l + m)V \tag{9.44}$$

となり，(9.42) と一致する．つまり，発散定理 (9.41) が成り立つ．

¶

問 9.16　**電場のガウスの法則**の積分形

$$\oint_S \boldsymbol{E}\cdot\hat{\boldsymbol{n}}\,da = \frac{Q}{\varepsilon_0} \tag{9.45}$$

から，微分形

$$\nabla\cdot\boldsymbol{E} = \frac{\rho}{\varepsilon_0} \tag{9.46}$$

を導きなさい．ただし，Q は球面Sの内部に含まれる電荷の総量であり，ρ は電荷密度である．

9.6.2　ストークスの定理

何に使う？

これは，ベクトル場の回転の強さを調べたり，ポテンシャル関数とベクトル場の関係を理解するときに不可欠な定理である．また，電磁気学の「ファラデーの法則」や「アンペール - マクスウェルの法則」を微分形に変えるときにも利用される (問 9.17 と 9.7 節の [3] を参照)．

ストークスの定理の概要

ベクトル場 $\boldsymbol{A}$ に対する次の式

$$\oint_{\mathrm{C}} \boldsymbol{A}\cdot d\boldsymbol{l} = \int_{\mathrm{S}} (\boldsymbol{\nabla} \times \boldsymbol{A})\cdot\hat{\boldsymbol{n}}\, da \tag{9.47}$$

を**ストークスの定理**という．これは，面積分（(9.47) の右辺）を線積分（(9.47) の左辺)，または線積分を面積分に変える定理である．なお，$d\boldsymbol{l}$ は積分経路Cに沿った（接した）向きをもつ微小距離，da は経路Cを境界にもつ曲面S上の微小面積を表す．

この定理が語っていることは，次のような事柄である．3次元空間にベクトル場 $\boldsymbol{A}$ があり，場の中に閉曲線Cをとる．そして，このCを境界とする任意の曲面をSとする．このとき，閉曲線Cに沿ったベクトル場の1周積分（**循環**(じゅんかん)または**渦量**(うずりょう)という）は，Cを境界とする曲面S上で，場の回転 $(\boldsymbol{\nabla} \times \boldsymbol{A})$ の法線成分 $(\boldsymbol{\nabla} \times \boldsymbol{A})\cdot\hat{\boldsymbol{n}}$ を面積分したものに等しくなる．この事実をストークスの定理は語っている．ただし，境界Cに沿って回る向きと曲面Sの法線ベクトルの向きとは，図9.18のように右ネジの関係にあると約束する．

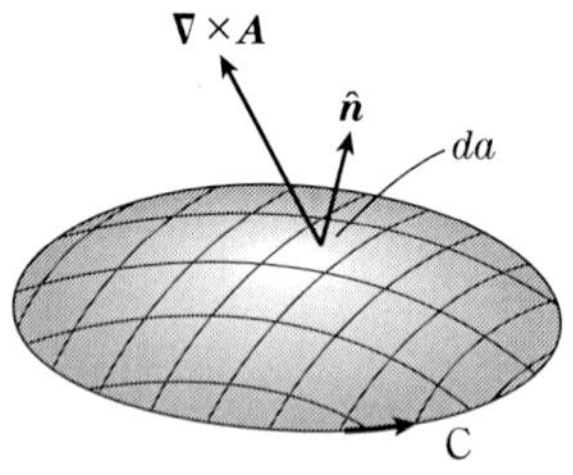

図 9.18

この定理が実際に成り立っていることを具体例で確認しよう（次の例題9.7を参照)．

［例題 9.7］ ストークスの定理の検証

円板が原点を中心として，角速度 ω で回転しているとしよう．いま，原点からの距離 r の点Pの速度を $\boldsymbol{v}$ とすると，その大きさは $v = |\boldsymbol{v}| = \omega r$ である．点Pが円周上を1周するとき，ストークスの定理 (9.47) が成り立つことを示しなさい．

［解］ 点Pを半径 r の円に沿って線積分すると

$$\oint v\, dl = \omega r \times 2\pi r = 2\pi r^2 \omega \tag{9.48}$$

である．一方，9.4.1 項の問 9.12 の (9.24) により $|\nabla \times \boldsymbol{v}| = 2\omega$ であるから，これを半径 r の円で囲まれる領域 S で面積分すると

$$\int_{S} (\nabla \times \boldsymbol{A})\cdot\hat{\boldsymbol{n}}\, da = \int |\nabla \times \boldsymbol{v}|\, da = 2\omega \times \pi r^2 = 2\pi r^2 \omega \tag{9.49}$$

となる．したがって，ストークスの定理 (9.47) が成り立つことがわかる．ここで，2ω は速度ベクトル場の大きさ (問 9.12 を参照) なので，$2\omega \times \pi r^2$ は円 (πr^2) 上に分布している速度場 (2ω) の総量と見なせる．これが $\omega r \times 2\pi r$ = 速度 × 円周という量 (循環) に等しいことをストークスの定理は述べている．

1 つの量 $2\pi r^2\omega$ を $\omega r \times 2\pi r$ とみるか，$2\omega \times \pi r^2$ とみるかで解釈が変わるのが面白いところである．

¶

問 9.17 **ファラデーの法則**の積分形

$$\oint_{C} \boldsymbol{E}\cdot d\boldsymbol{l} = -\frac{d}{dt}\int_{S} \boldsymbol{B}\cdot\hat{\boldsymbol{n}}\, da \tag{9.50}$$

から，微分形

$$\nabla \times \boldsymbol{E} = -\frac{\partial \boldsymbol{B}}{\partial t} \tag{9.51}$$

を導きなさい．この法則は，経路 C の周りでの電場の循環を，C を境界とする曲面 S を通る磁束の変化と関係づけるものである．

9.1 9.2 9.3 9.4 9.5 9.6 **9.7**

9.7 物理・工学への応用問題

［1］ 電場 $\boldsymbol{E}$

$$\boldsymbol{E} = k\frac{\hat{\boldsymbol{r}}}{r^2} = k\frac{\boldsymbol{r}}{r^3} \tag{9.52}$$

の発散を計算すると

$$\nabla\cdot\boldsymbol{E} = 0 \tag{9.53}$$

のようにゼロになる．この結果に対する物理的な解釈を与えなさい．

［2］ 発散定理を使って，**磁場のガウスの法則**の積分形

$$\oint_{\mathrm{S}} \boldsymbol{B} \cdot \hat{\boldsymbol{n}}\, da = 0 \tag{9.54}$$

を，微分形

$$\nabla \cdot \boldsymbol{B} = 0 \tag{9.55}$$

に変えなさい．

［3］ ストークスの定理を使って，**アンペール - マクスウェルの法則**の積分形

$$\oint_{\mathrm{C}} \boldsymbol{B} \cdot d\boldsymbol{l} = \mu_0 \left(I_{\mathrm{C}} + \varepsilon_0 \frac{d}{dt} \int_{\mathrm{S}} \boldsymbol{E} \cdot \hat{\boldsymbol{n}}\, da \right) \tag{9.56}$$

を，微分形

$$\nabla \times \boldsymbol{B} = \mu_0 \left(\boldsymbol{J} + \varepsilon_0 \frac{\partial \boldsymbol{E}}{\partial t} \right) \tag{9.57}$$

に変えなさい．ここで，I_{C} は閉曲線 C で囲まれた電流で，$\boldsymbol{J}$ は曲面 S を通る電流密度である．

［4］ 電荷も電流も存在しない真空中では，**マクスウェルの波動方程式**が

$$\nabla^2 \boldsymbol{E} = \mu_0 \varepsilon_0 \frac{\partial^2 \boldsymbol{E}}{\partial t^2} \tag{9.58}$$

となることを，ファラデーの法則 (9.51) とアンペール - マクスウェルの法則 (9.57) を組み合わせて示しなさい．

第10章

フーリエ級数・フーリエ積分・フーリエ変換

— 周期的な現象を分析するツール —

風に揺らぐ草木や海辺に寄せては返す波のように，あるいは，月の満ち欠けや惑星の公転のように，繰り返し起こる現象（周期現象）は自然界に満ちあふれている．このような周期現象を数学的に記述するツールがフーリエ級数で，三角関数や指数関数が大活躍する世界である．さらに，減衰振動のような周期的でない現象（非周期現象）も，フーリエ級数を拡張したフーリエ積分やフーリエ変換で記述できる．

10.1　フーリエ級数と周期現象

振動や波動がどんなに複雑にみえても，その現象が周期的であれば，周期関数を使って表現できる．特に，周期関数を三角関数の級数で表したものをフーリエ級数という．フーリエ級数は振動や波動だけでなく微分方程式の初期値問題や境界値問題に対しても有力なツールである．そこでまず，最も基本になる周期 2π の関数に対するフーリエ級数の公式からはじめよう．

この節で導く数学公式は，周期 2π をもつ関数 $f(s)$ が

$$f(s) = \frac{a_0}{2} + \sum_{m=1}^{\infty} (a_m \cos ms + b_m \sin ms) \qquad (10.1)$$

のように展開できるとき，係数 a_m，b_m が

$$a_m = \frac{1}{\pi}\int_{-\pi}^{\pi} f(s) \cos ms \, ds \qquad (m = 0, 1, 2, \cdots) \qquad (10.2)$$

$$b_m = \frac{1}{\pi}\int_{-\pi}^{\pi} f(s) \sin ms \, ds \qquad (m = 1, 2, \cdots) \qquad (10.3)$$

で与えられる，というものである．この公式の導出は 10.1.1 項で与える．

10.1.1　フーリエ級数展開

図 10.1 のように，関数 $f(s)$ は周期 2π の周期関数

$$f(s+2\pi)=f(s) \tag{10.4}$$

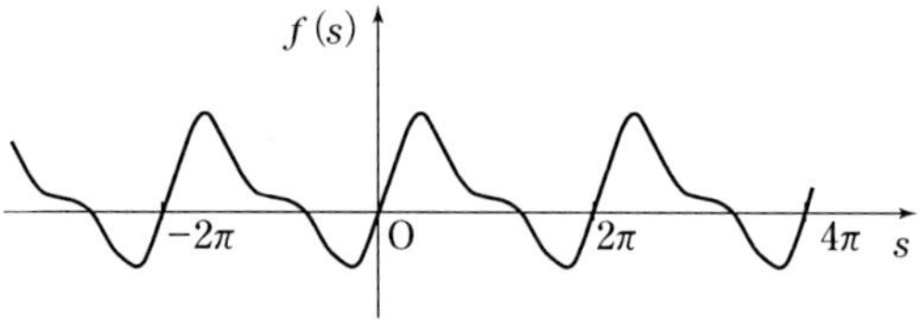

図 10.1

であるとしよう．このような性質をもつ関数 f は

$$f(s)=\frac{a_0}{2}+a_1\cos s+a_2\cos 2s+\cdots+a_m\cos ms+\cdots$$
$$+\,b_1\sin s+b_2\sin 2s+\cdots+b_m\sin ms+\cdots \tag{10.5}$$

のように，コサインとサインの級数で表せることがわかっており，この級数を**フーリエ級数**とよぶ．そして，関数 f をこのようなフーリエ級数で表すことを**関数 f のフーリエ級数展開**という．また，フーリエ級数展開の係数 a_0, a_1, a_2, $\cdots$, b_1, b_2, $\cdots$ を**フーリエ係数**という．

フーリエ係数 a_0, a_1, $\cdots$, a_m の求め方　(10.5) の両辺に $\cos ns$ を掛けて，区間 $-\pi<s\leq\pi$ での定積分

$$\int_{-\pi}^{\pi} f(s)\cos ns\,ds$$
$$=\int_{-\pi}^{\pi}\left(\frac{a_0}{2}+a_1\cos s+a_2\cos 2s+\cdots+a_m\cos ms+\cdots\right)\cos ns\,ds$$
$$+\int_{-\pi}^{\pi}\left(b_1\sin s+b_2\sin 2s+\cdots+b_m\sin ms+\cdots\right)\cos ns\,ds \tag{10.6}$$

を考える．ここで，三角関数 $\sin ms$ と $\cos ns$ の積を区間 $-\pi < s \leq \pi$ で定積分すると

$$\int_{-\pi}^{\pi} \sin ms \cos ns \, ds = 0 \qquad (m \neq n \text{ を条件とする整数 } m,\ n) \tag{10.7}$$

のようにゼロになるので，(10.6) の右辺に含まれるサインとコサインの積の定積分は消える．この結果，(10.6) は

$$\int_{-\pi}^{\pi} f(s) \cos ns \, ds$$
$$= \int_{-\pi}^{\pi} \left(\frac{a_0}{2} + a_1 \cos s + a_2 \cos 2s + \cdots + a_m \cos ms + \cdots \right) \cos ns \, ds \tag{10.8}$$

となる．

問 10.1　(10.7) を示しなさい．

a_0 の決定　　(10.8) の両辺で $n = 0$ とおくと

$$\int_{-\pi}^{\pi} f(s) \cos 0s \, ds$$
$$= \int_{-\pi}^{\pi} \left(\frac{a_0}{2} + a_1 \cos s + a_2 \cos 2s + \cdots + a_m \cos ms + \cdots \right) \cos 0s \, ds$$
$$= \int_{-\pi}^{\pi} \left(\frac{a_0}{2} + a_1 \cos s + a_2 \cos 2s + \cdots + a_m \cos ms + \cdots \right) 1 \, ds$$
$$= \int_{-\pi}^{\pi} \frac{a_0}{2} \, ds = \frac{a_0}{2} [s]_{-\pi}^{\pi} = \frac{a_0}{2} 2\pi = a_0 \pi \tag{10.9}$$

となる．ここで，

$$\int_{-\pi}^{\pi} \cos ms \, ds = 0 \qquad (\text{整数 } m \neq 0) \tag{10.10}$$

を使った．(10.9) から a_0 は

$$a_0 = \frac{1}{\pi}\int_{-\pi}^{\pi} f(s)\cos 0s\, ds = \frac{1}{\pi}\int_{-\pi}^{\pi} f(s)\, ds \qquad (10.11)$$

で与えられる．

a_1 の決定　(10.8) の両辺で $n=1$ とおくと

$$\int_{-\pi}^{\pi} f(s)\cos 1s\, ds$$

$$= \int_{-\pi}^{\pi}\left(\frac{a_0}{2} + a_1\cos s + a_2\cos 2s + \cdots + a_m\cos ms + \cdots\right)\cos 1s\, ds$$

$$= \int_{-\pi}^{\pi}(a_1\cos s)\cos s\, ds = a_1\int_{-\pi}^{\pi}\cos s\cos s\, ds = a_1\pi \qquad (10.12)$$

となる．ここで，コサイン同士の積分で成り立つ

$$\int_{-\pi}^{\pi}\cos ms\cos ns\, ds = \int_{-\pi}^{\pi}\frac{1}{2}\{\cos(m-n)s + \cos(m+n)s\}\, ds$$

$$= \begin{cases} 0 & (m \neq n \text{ の場合}) \\ \pi & (m = n \neq 0 \text{ の場合}) \end{cases} \qquad (10.13)$$

という性質を使った．(10.12) から，a_1 は

$$a_1 = \frac{1}{\pi}\int_{-\pi}^{\pi} f(s)\cos 1s\, ds = \frac{1}{\pi}\int_{-\pi}^{\pi} f(s)\cos s\, ds \qquad (10.14)$$

で与えられる．

問 10.2　フーリエ係数 a_m が (10.2) で与えられることを示しなさい．そして，フーリエ級数展開 (10.5) の初項だけ a_0 ではなく，$a_0/2$ になっている理由を推察しなさい．

問 10.3　フーリエ係数 b_m が (10.3) で与えられることを示しなさい．

このように，任意の周期関数 $f(s)$ に対して (10.2) と (10.3) を用いてフーリエ係数 a_m, b_m を決めれば，関数 $f(s)$ は (10.1) のフーリエ級数に一意的に展開できる．

［例題 10.1］ x^2 のフーリエ級数

$-\pi < x < \pi$ で定義された $f(x) = x^2$ のフーリエ級数展開が

$$x^2 = \frac{\pi^2}{3} - 4\left(\frac{\cos x}{1^2} - \frac{\cos 2x}{2^2} + \frac{\cos 3x}{3^2} - \cdots\right) \quad (10.15)$$

となることを示しなさい.

［解］

$$a_0 = \frac{1}{\pi}\int_{-\pi}^{\pi} s^2\, ds = \frac{1}{\pi}\left[\frac{s^3}{3}\right]_{-\pi}^{\pi} = \frac{2\pi^2}{3} \quad (10.16)$$

$$\begin{aligned} a_m &= \frac{1}{\pi}\int_{-\pi}^{\pi} s^2 \cos ms\, ds = \frac{1}{\pi}\left\{\left[\frac{s^2 \sin ms}{m}\right]_{-\pi}^{\pi} - \frac{2}{m}\int_{-\pi}^{\pi} s \sin ms\, ds\right\} \\ &= \frac{1}{\pi}\left\{\frac{2}{m}\left[\frac{s \cos ms}{m}\right]_{-\pi}^{\pi} - \frac{2}{m^2}\int_{-\pi}^{\pi} \cos ms\, ds\right\} = \frac{4}{m^2\pi}\pi \cos m\pi \\ &= (-1)^m \frac{4}{m^2} \qquad (m = 1,\ 2,\ \cdots) \end{aligned}$$

$$b_m = \frac{1}{\pi}\int_{-\pi}^{\pi} s^2 \sin ms\, ds = 0 \quad (10.17)$$

を (10.1) に代入すれば, (10.15) を得る.

¶

問 10.4 例題 10.1 の (10.15) から

$$\frac{\pi^2}{6} = \sum_{n=1}^{\infty} \frac{1}{n^2} \equiv \xi(2) \quad (10.18)$$

を導きなさい. なお, この $\xi(2)$ をリーマンの**ゼータ関数**という.

問 10.5 周期 2π の関数 $f(s) = -1$ $(-\pi < s < 0)$, $f(s) = 0$ $(s = -\pi,\ 0,\ \pi)$, $f(s) = 1$ $(0 < s < \pi)$ のフーリエ級数は

$$\begin{aligned} f(s) &= \frac{4}{\pi}\left(\sin s + \frac{1}{3}\sin 3s + \frac{1}{5}\sin 5s + \cdots\right) \\ &= \frac{4}{\pi}\sum_{n=1}^{\infty} \frac{1}{2n-1} \sin (2n-1)s \end{aligned} \quad (10.19)$$

となることを示しなさい.

10.1.2 単位がラジアンでない周期のフーリエ級数

前項で，周期 2π の関数 $f(s)$ のフーリエ級数展開 (10.1) について説明したが，その説明において，関数 $f(s)$ の引数 s は無次元であったことに注意してほしい．つまり，関数 $f(s)$ の周期性 $f(s+2\pi)=f(s)$ はサインやコサインの周期性 $\sin(s+2\pi)=\sin s$, $\cos(s+2\pi)=\cos s$ によるが，これらの引数 ($s+2\pi$ や s) が無次元量 (単位はラジアン) だということである．

ところが，現実の振動現象は，時間的に振動 (t の関数) したり，空間的に振動 (x の関数) したりするから，その現象を記述する関数 $f(t)$ や $f(x)$ の引数は「時間」や「長さ」の次元をもつことになる．もちろん，関数 $f(t)$, $f(x)$ も t や x に関する周期性をもっている．しかし，それらは s を t や x に機械的に置き換えた $f(t+2\pi)=f(t)$ や $f(x+2\pi)=f(x)$ ではない．

なぜ $f(t+2\pi)=f(t)$ は正しくないか　この式は，「時間 t に 2π を加えたら，時刻 t と同じ関数になる」ということを表しているが，t と 2π の次元は異なるから，この式はナンセンスである (関数の引数は同じ次元の量でなければならない)．これを解消するためには，t に適当な係数 (1/時間を単位にもつ係数) を掛けて無次元量にする必要がある．ここが重要なポイントなので，この方法を次に説明しよう．

次元をもつ変数のフーリエ級数

時間や長さなどの物理的次元をもった変数 t, x を記号 z で表し，z の次元を打ち消すための係数 (つまり，z の次元と逆の次元をもつ係数) を β とすると，βz は無次元の変数になるから

$$s=\beta z \tag{10.20}$$

とおくことができる．このとき，周期性 $f(s+2\pi)=f(s)$ は

$$f(\beta z+2\pi)=f(\beta z) \tag{10.21}$$

となるが，これらの引数を係数 β で割って，(10.21) を

$$f\left(z+\frac{2\pi}{\beta}\right)=f(z) \qquad (10.22)$$

と書いても同じ内容を表す．例えば，$\sin(\beta z+2\pi)=\sin\beta z$ は $f(\beta z+2\pi)=f(\beta z)$ であるが，これを，$\sin\beta(z+2\pi/\beta)=\sin\beta z$ と書いて $f(z+2\pi/\beta)=f(z)$ と表しても，内容は全く変わらない．

(10.22) のように書くと，関数 $f(z)$ は

$$\text{周期}=\frac{2\pi}{\beta} \qquad \text{あるいは} \qquad \frac{\pi}{\beta}=\frac{\text{周期}}{2} \qquad (10.23)$$

をもつ関数だということになる．このとき，フーリエ級数 (10.1) ～ (10.3) は s を (10.20) で書き換えた

$$f(z)=\frac{a_0}{2}+\sum_{m=1}^{\infty}(a_m\cos m\beta z+b_m\sin m\beta z) \qquad (10.24)$$

$$a_m=\frac{\beta}{\pi}\int_{-\frac{\pi}{\beta}}^{\frac{\pi}{\beta}}f(z)\cos m\beta z\,dz \qquad (m=0,\ 1,\ 2,\ \cdots) \quad (10.25)$$

$$b_m=\frac{\beta}{\pi}\int_{-\frac{\pi}{\beta}}^{\frac{\pi}{\beta}}f(z)\sin m\beta z\,dz \qquad (m=1,\ 2,\ \cdots) \qquad (10.26)$$

となる．ここで，$ds=d(\beta z)=\beta\,dz$ であること，(10.2) の積分区間 $s=[-\pi,\ \pi]$ が $z=[-\pi/\beta,\ \pi/\beta]$ になることを使った．なお，このフーリエ係数 a_m, b_m の β を (10.23) で書き換えれば

$$a_m=\frac{2}{\text{周期}}\int_{-\frac{\text{周期}}{2}}^{\frac{\text{周期}}{2}}f(z)\cos\left(m\frac{2\pi}{\text{周期}}z\right)dz \qquad (10.27)$$

$$b_m=\frac{2}{\text{周期}}\int_{-\frac{\text{周期}}{2}}^{\frac{\text{周期}}{2}}f(z)\sin\left(m\frac{2\pi}{\text{周期}}z\right)dz \qquad (10.28)$$

となり，係数に含まれる文字や記号の意味が理解しやすくなる．

(1)　時間的な振動の場合 ($\beta=\omega$, $z=t$, **周期** $=T$)　　変数 z が時間 t であるから，(10.20) の β は時間の逆数を単位にもたなければならない．時間 t の単位を秒 (sec) とすれば，β の単位は 1/sec である．慣習として，この β は記号 ω を使って表されるので $s=\beta z=\omega t$ となる．このときの ω を

角振動数とよび，単位時間当たりの振動数を表す．そして，この振動の周期 T は，(10.23) より $T=2\pi/\omega$ である．したがって，フーリエ級数 (10.24) ～ (10.26) は

$$f(t)=\frac{a_0}{2}+\sum_{m=1}^{\infty}(a_m\cos m\omega t+b_m\sin m\omega t) \tag{10.29}$$

$$a_m=\frac{2}{T}\int_{-\frac{T}{2}}^{\frac{T}{2}}f(t)\cos(m\omega t)\,dt \qquad (m=0,\ 1,\ 2,\ \cdots) \tag{10.30}$$

$$b_m=\frac{2}{T}\int_{-\frac{T}{2}}^{\frac{T}{2}}f(t)\sin(m\omega t)\,dt \qquad (m=1,\ 2,\ \cdots) \tag{10.31}$$

となる．

（2） **空間的な振動の場合** ($\beta=k$，$z=x$，**周期** $=\lambda$)　　変数 z が座標 x であるから，(10.20) の β は長さの逆数を単位にもたなければならない．座標 x の単位をメートル (m) とすれば，β の単位は 1/m である．慣習として，この β は記号 k を使って表されるので $s=\beta z=kx$ となる．このときの k は**波数**(はすう)とよばれる量で，単位長さに含まれる波の数を表す．そして，この振動の周期 λ(これを**波長**(はちょう)という) は，(10.23) より $\lambda=2\pi/k$ である．したがって，フーリエ級数 (10.24) ～ (10.26) は

$$f(t)=\frac{a_0}{2}+\sum_{m=1}^{\infty}(a_m\cos mkx+b_m\sin mkx) \tag{10.32}$$

$$a_m=\frac{2}{\lambda}\int_{-\frac{\lambda}{2}}^{\frac{\lambda}{2}}f(x)\cos(mkx)dx \qquad (m=0,\ 1,\ 2,\ \cdots) \tag{10.33}$$

$$b_m=\frac{2}{\lambda}\int_{-\frac{\lambda}{2}}^{\frac{\lambda}{2}}f(x)\sin(mkx)dx \qquad (m=1,\ 2,\ \cdots) \tag{10.34}$$

となる．

（3） **周期 $2L$ の振動の場合** ($\beta=\beta$，$z=z$，**周期** $=2L$)　　もっと一般的に周期 $2L$ の関数 $f(z)$ に対するフーリエ級数を考えると，(10.23) より $\beta=2\pi/$周期 $=2\pi/2L=\pi/L$ であるから，フーリエ級数 (10.24) ～ (10.26) は

$$f(z) = \frac{a_0}{2} + \sum_{m=1}^{\infty}\left(a_m \cos\frac{m\pi}{L}z + b_m \sin\frac{m\pi}{L}z\right) \qquad (10.35)$$

$$a_m = \frac{1}{L}\int_{-L}^{L} f(z)\cos\frac{m\pi}{L}z\,dz \qquad (m = 0,\ 1,\ 2,\ \cdots) \quad (10.36)$$

$$b_m = \frac{1}{L}\int_{-L}^{L} f(z)\sin\frac{m\pi}{L}z\,dz \qquad (m = 1,\ 2,\ \cdots) \quad (10.37)$$

となる.

問 10.6 フーリエ級数と係数 (10.35) ~ (10.37) から，(10.29) ~ (10.31) や (10.32) ~ (10.34) が導けることを確認しなさい.

なお，フーリエ級数の引数に関して覚えておいてほしいことは，時間的変動の場合は角振動数 ω と時間 t がペア (ωt) になり，空間的変動の場合は波数 k と座標 x がペア (kx) になることである．そして，それらのペアの次元は無次元（ラジアン）である.

［例題 10.2］ 周期 4 の関数

図 10.2 のように，$f(z+4) = f(z)$ は

$$f(z) = \begin{cases} 0 & (-2 \le z < 0) \\ 1 & (0 \le z < 2) \end{cases} \qquad (10.38)$$

で定義される周期関数である．このフーリエ級数が

$$f(z) = \frac{1}{2} + \frac{2}{\pi}\sum_{m=1}^{\infty}\frac{1}{2m-1}\sin\frac{(2m-1)\pi}{2}z \qquad (10.39)$$

となることを示しなさい.

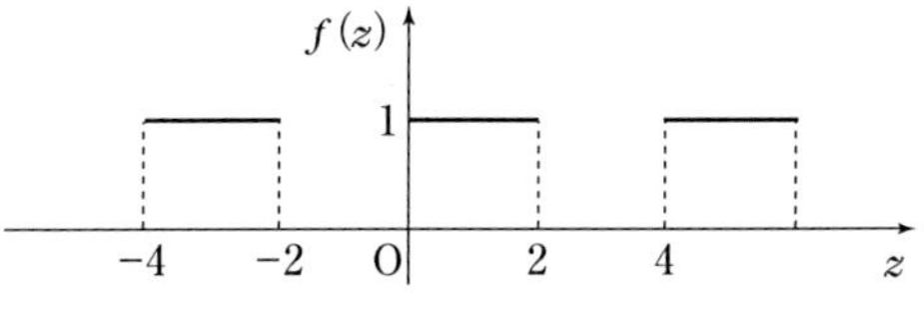

図 10.2

［解］ フーリエ係数 a_m は (10.36) より

$$a_0 = \frac{1}{2}\int_{-2}^{2} f(z)\, dz = \frac{1}{2}\int_{0}^{2} 1\, dz = 1$$

$$a_m = \frac{1}{2}\int_{-2}^{2} f(z) \cos\frac{m\pi}{2} z\, dz = \frac{1}{2}\int_{0}^{2} \cos\frac{m\pi}{2} z\, dz$$

$$= \frac{1}{2}\left[\frac{2}{m\pi}\sin\frac{m\pi}{2} z\right]_0^2 = 0 \qquad (10.40)$$

で，フーリエ係数 b_m は (10.37) より

$$b_m = \frac{1}{2}\int_{-2}^{2} f(z) \sin\frac{m\pi}{2} z\, dz = \frac{1}{2}\int_{0}^{2} \sin\frac{m\pi}{2} z\, dz = \frac{1}{2}\left[-\frac{2}{m\pi}\cos\frac{m\pi}{2} z\right]_0^2$$

$$= \frac{1}{m\pi}(1 - \cos m\pi) = \frac{1}{m\pi}\{1 - (-1)^m\} \qquad (10.41)$$

である．したがって，$f(z)$ のフーリエ級数は (10.39) となる．

¶

問 10.7　$-l < z < l$ で定義された $f(z) = z^2$ のフーリエ級数展開が

$$z^2 = \frac{l^2}{3} - \frac{4l^2}{\pi^2}\left(\frac{\cos\frac{\pi z}{l}}{1^2} - \frac{\cos\frac{2\pi z}{l}}{2^2} + \frac{\cos\frac{3\pi z}{l}}{3^2} - \cdots\right) \qquad (10.42)$$

となることを示しなさい．なお，$l = \pi$ のとき，(10.15) と一致する．

10.1.3　余弦級数と正弦級数

偶関数（「偶」と記す）と奇関数（「奇」と記す）の積には

$$偶 \times 偶 = 偶, \qquad 奇 \times 偶 = 奇, \qquad 奇 \times 奇 = 偶 \qquad (10.43)$$

という関係がある．そして，任意の区間 $[-L, L]$ で偶関数と奇関数をそれぞれ定積分すると

$$\int_{-L}^{L} (偶)\, ds = 2\int_{0}^{L} (偶)\, ds, \qquad \int_{-L}^{L} (奇)\, ds = 0 \qquad (10.44)$$

となる．

問 10.8

$$f(z) = |z| \qquad (-1 \leq z < 1) \qquad (10.45)$$

は，周期2の関数 $f(z+2) = f(z)$ である．(10.45) が偶関数であることに注意し

て，フーリエ級数を求めなさい．

フーリエ余弦級数　コサインは偶関数，サインは奇関数である．いま，(10.1) の関数 $f(s)$ が偶関数の場合，(10.43) より $f(s)\cos ms$ は偶関数，$f(s)\sin ms$ は奇関数になる．したがって，(10.2) の a_m と (10.3) の b_m は (10.44) より

$$a_m = \frac{2}{\pi}\int_0^{\pi} f(s)\cos ms\,ds, \qquad b_m = 0 \tag{10.46}$$

となるので，偶関数 $f(s)$ のフーリエ級数展開は

$$f(s) = \frac{a_0}{2} + \sum_{m=1}^{\infty} a_m \cos ms \tag{10.47}$$

のように $\cos ms$ だけで表される．これを**フーリエ余弦級数**という．

フーリエ正弦級数　(10.1) の関数 $f(s)$ が奇関数の場合，(10.43) より $f(s)\cos ms$ は奇関数，$f(s)\sin ms$ は偶関数になる．したがって，(10.2) の a_m と (10.3) の b_m は (10.44) より

$$a_m = 0, \qquad b_m = \frac{2}{\pi}\int_0^{\pi} f(s)\sin ms\,ds \tag{10.48}$$

となるので，奇関数 $f(s)$ のフーリエ級数展開は

$$f(s) = \sum_{m=1}^{\infty} b_m \sin ms \tag{10.49}$$

のように $\sin ms$ だけで表される．これを**フーリエ正弦級数**という．

[例題 10.3]　偶関数のフーリエ級数

例題 10.1 で扱った関数 $f(x) = x^2$ は偶関数である．フーリエ余弦級数を使って (10.15) を求めなさい．

[解]　偶関数であるから (10.47) を使う．ここで，

$$a_0 = \frac{2}{\pi}\int_0^\pi s^2\,ds = \frac{2\pi^2}{3} \tag{10.50}$$

$$\begin{aligned} a_m &= \frac{2}{\pi}\int_0^\pi s^2\cos ms\,ds = \frac{2}{\pi}\left\{\left[\frac{s^2\sin ms}{m}\right]_0^\pi - \frac{2}{m}\int_0^\pi s\sin ms\,ds\right\} \\ &= \frac{2}{\pi}\left\{\frac{2}{m}\left[\frac{s\cos ms}{m}\right]_0^\pi - \frac{2}{m^2}\int_0^\pi \cos ms\,ds\right\} = \frac{4}{m^2\pi}\pi\cos m\pi \\ &= (-1)^m\frac{4}{m^2} \qquad (m = 1,\ 2,\ \cdots) \end{aligned} \tag{10.51}$$

を (10.47) に代入すれば，(10.15) を得る．

¶

［例題 10.4］　奇関数のフーリエ級数

図 10.3 のように，周期 2π をもち，$-\pi < s < 0$ で $f(s) = -\pi/4$，$0 < s < \pi$ で $f(s) = \pi/4$ である関数をフーリエ級数展開すると

$$f(s) = \sin s + \frac{1}{3}\sin 3s + \frac{1}{5}\sin 5s + \cdots \tag{10.52}$$

となることを示しなさい．ただし，n を整数とするとき，点 $s = n\pi$ では $f(s) = 0$ とする．

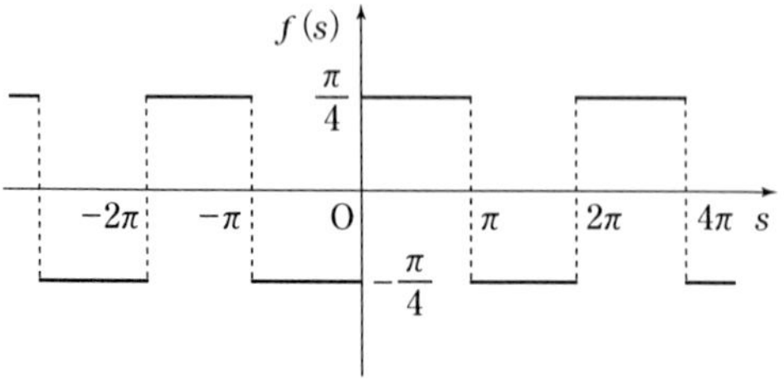

図 10.3

［解］　$f(s)$ は奇関数であるから，(10.48) を使えばよい．係数 b_m を計算すると

$$b_m = \frac{2}{\pi}\int_0^\pi \frac{\pi}{4}\sin ms\,ds = \left[-\frac{\cos ms}{2m}\right]_0^\pi = \frac{\cos 0 - \cos m\pi}{2m} \tag{10.53}$$

を得る．$\cos 0 = 1$，$\cos m\pi = (-1)^m$ であるから，m が奇数のときは常に $b_m = 1/m$ であり，m が偶数のとき $b_m = 0$ となる．つまり，$b_1 = 1$，$b_2 = 0$，$b_3 = 1/3$，$b_4 = 0$，$b_5 = 1/5$，$\cdots$ である．したがって，(10.52) となる．

¶

問 10.9　10.1.2 項の例題 10.2 の (10.39) の $f(z)$ が

$$f(1) = \frac{1}{2} + \frac{2}{\pi}\left(1 - \frac{1}{3} + \frac{1}{5} - \frac{1}{7} + \cdots\right) = 1 \qquad (10.54)$$

になることを，例題 10.4 の (10.52) を利用して示しなさい．

10.2　複素フーリエ級数

フーリエ級数を実際の問題に適用するときは，10.1 節で導いた「三角関数を用いたフーリエ級数展開」(10.1) ～ (10.3) よりも，三角関数をオイラーの公式で複素数にかえた「複素フーリエ級数」という形式の方が簡単で扱いやすく，計算ミスにも気づきやすいメリットがある．さらに，非周期現象を解析するフーリエ積分の導出にも使える．

そこで，この節で導く数学公式は，周期 2π の関数 $f(s)$ が

$$f(s) = \sum_{m=-\infty}^{\infty} c_m e^{ims} \qquad (10.55)$$

のように展開でき（これを**複素フーリエ級数展開**という），係数 c_m が

$$c_m = \frac{1}{2\pi}\int_{-\pi}^{\pi} f(s)\, e^{-ims} ds \qquad (m = 0,\ \pm 1,\ \pm 2,\ \cdots) \qquad (10.56)$$

のような**複素フーリエ係数**で与えられる，というものである．

例 10.1　周期 2L の複素フーリエ級数　周期 2π の関数 $f(s)$ と周期 $2L$ の関数 $f(z)$ は，$s = \beta z = (\pi/L)z$ でつながるから，複素フーリエ級数 (10.55)，(10.56) は

$$f(z) = \sum_{m=-\infty}^{\infty} c_m e^{im\frac{\pi}{L}z}, \qquad c_m = \frac{1}{2L}\int_{-L}^{L} f(z)\, e^{-im\frac{\pi}{L}z}\, dz \qquad (10.57)$$

となる．■

複素フーリエ級数展開 (10.55) の導出

まず，関数 $f(s)$ のフーリエ級数展開 (10.1) において，括弧内の式を

$$a_m \cos ms + b_m \sin ms = c_m e^{ims} + c_{-m} e^{-ims} \qquad (10.58)$$

のように書き換える（問10.10を参照）．ここで，係数 c_m，c_{-m} は

$$c_m = \frac{a_m - ib_m}{2}, \qquad c_{-m} = \frac{a_m + ib_m}{2} \tag{10.59}$$

で定義された量である．

次に，フーリエ級数展開 (10.1) を (10.58) で書き換えると

$$f(s) = c_0 + \sum_{m=1}^{\infty} (c_m e^{ims} + c_{-m} e^{-ims}) = c_0 + \sum_{m=1}^{\infty} c_m e^{ims} + \sum_{m=1}^{\infty} c_{-m} e^{-ims} \tag{10.60}$$

となる．ただし，$c_0 = a_0/2$ とする．(10.60) の右辺の3項目は

$$\sum_{m=1}^{\infty} c_{-m} e^{-ims} = c_{-1} e^{-i1s} + c_{-2} e^{-i2s} + \cdots = \sum_{m=-1}^{-\infty} c_m e^{ims} \tag{10.61}$$

のように，添字の符号を変えても総和は変わらない．また

$$\sum_{m=-1}^{-\infty} c_m e^{ims} = \sum_{m=-\infty}^{-1} c_m e^{ims} \tag{10.62}$$

のように，総和をとる順番を逆にしてもよい．これらのことに注意すれば，(10.60) は

$$f(s) = \sum_{m=-\infty}^{-1} c_m e^{ims} + c_0 e^{i0s} + \sum_{m=1}^{\infty} c_m e^{ims} = \sum_{m=-\infty}^{\infty} c_m e^{ims} \tag{10.63}$$

となるので，(10.55) を得る．

問10.10　オイラーの公式 (1.29) と (1.30) を使って，(10.58) を導きなさい．

複素フーリエ係数 (10.56) の導出

一方，(10.59) の c_m の右辺に (10.2)，(10.3) の a_m，b_m を代入すると

$$\begin{aligned} c_m &= \frac{1}{2}(a_m - ib_m) = \frac{1}{2}\left\{\frac{1}{\pi}\int_{-\pi}^{\pi} f(s)\cos ms\, ds - i\frac{1}{\pi}\int_{-\pi}^{\pi} f(s)\sin ms\, ds\right\} \\ &= \frac{1}{2\pi}\int_{-\pi}^{\pi} f(s)\,(\cos ms - i\sin ms)\, ds = \frac{1}{2\pi}\int_{-\pi}^{\pi} f(s)\, e^{-ims}\, ds \end{aligned} \tag{10.64}$$

となり，(10.56) を得る．

問 10.11　周期 2 の関数 $f(z) = e^z (0 < z < 2)$ を (10.57) で展開しなさい．

(参考)　スペクトル分解

物理では，(10.56) で表される係数 c_m を**スペクトル**とよぶ．例えば，太陽光はいろいろな角振動数 ω をもつ光の集まりで白色光であるが，異なる周波数の光は屈折率が異なるので，プリズムを通すといろいろな色に分解される（これを**分散**という）．虹は光の分散現象である．

このような角振動数 ω で時間変化する現象をフーリエ級数で扱う場合，フーリエ級数 (10.55)，(10.56) の変数は $s = \omega t$ であるから，(10.55)，(10.56) は

$$f(t) = \sum_{m=-\infty}^{\infty} c_m(\omega)\, e^{im\omega t}, \qquad c_m(\omega) = \frac{1}{T}\int_{-T/2}^{T/2} f(t)\, e^{-im\omega t}\, dt \quad (10.65)$$

となる．ただし，周期 $T = 2\pi/\omega$ を使って，積分の区間 $[-\pi, +\pi]$ は $[-\pi/\omega, +\pi/\omega] = [-T/2, +T/2]$ に，また，積分に掛かる 2π は $2\pi/\omega = 1/T$ に変えた．

この複素フーリエ級数 (10.65) に現れる関数 $e^{im\omega t}$ は三角関数と同じもの（オイラーの公式 (1.29) を参照）なので，$e^{im\omega t}$ は時間 t とともに振動する正弦波（角振動数 $m\omega$ で構成された波）を表すことになる．したがって，フーリエ係数 $c_m(\omega)$ は角振動数 $m\omega$ の波の**振幅**と解釈できる．

このように，この複素フーリエ級数 (10.65) を使うと，周期的過程を表す関数 $f(t)$ は常に調和振動に分解できる．このことを，**周期的過程はスペクトルに分解できる**という．

さらに，(10.65) からわかることは，スペクトル成分を表す係数（振幅）c_m は整数 m に関する総和をとるから，スペクトル全体はとびとび（離散的）の値をもった細いスペクトル線で構成されることになる．このようなスペクトルを**線スペクトル**（離散スペクトル）という（10.3.2 項の参考「連続スペクトルと離散スペクトル」を参照）．ちなみに，(10.65) の角振動数 $m\omega$ は等差級数 ω, 2ω, 3ω, … になっており，ω を**基本角振動数**，2ω, 3ω, … を**倍音角振動数**とよぶ（この呼称は音響学でも使われている）．

10.3　フーリエ積分と非周期現象

摩擦や抵抗がある場合，単振動は減衰して周期性を失う．そのため，この

ような減衰振動を記述するには「周期的でない関数」が必要になる．「周期的でない（周期をもたない）こと」を「周期は無限大である」といい換えてもよいから，周期が無限大の関数を考える必要がある．

さらに減衰振動は，ある特定の時刻（ここでは，$t = 0$ とする）に振動が発生してから徐々に減衰するから，時間に関しては $-\infty < t < +\infty$ の現象ではなく，$0 \leq t < +\infty$ の現象である．このようなことから，前節までに説明したフーリエ級数展開を減衰振動に適用できないことは明らかだろう．

実は，このような非周期的な現象にまで複素フーリエ級数展開 (10.55) を拡張したものが，この 10.3 節で説明するフーリエ積分である．そして，このフーリエ積分を書き換えて構築されるものが 10.4 節のフーリエ変換である．

この節で導く数学公式は，一般の非周期関数 $f(z)$ に対する**フーリエ積分**

$$f(z) = \frac{1}{2\pi}\int_{-\infty}^{\infty}\left\{\int_{-\infty}^{\infty} f(\alpha)\, e^{i\beta(z-\alpha)} d\alpha\right\} d\beta \qquad (10.66)$$

である．

10.3.1　なぜ級数から積分に？

いま，図 10.4 のような曲線 ABC で表される波形を考え，これを表す関数 $f(z)$ は区間 AC だけに値をもち，それ以外ではゼロであるとしよう．この関数は明らかに非周期的過程を示しているが，これを区間 AC の長さを基本周期 ($T = 2L = \mathrm{AC}$) としたフーリエ級数に展開することは可能である．そして，フーリエ級数の項を十分にとれば，関数を正しく再現できるだろう．しかし，それは**区間 AC の範囲内だけの話**で，この範囲外では曲線 ABC を周期的に繰り返す．

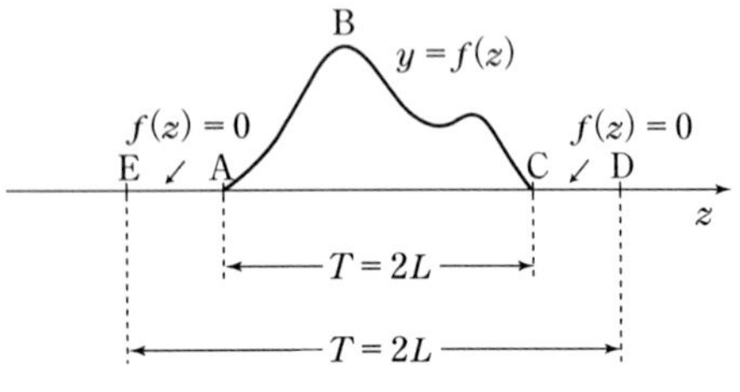

図 10.4

そこで，区間 AC を区間 ED に広げ，かつ，区間 AE と区間 CD では関数の値をゼロと指定し，基本周期を $2L = \mathrm{ED}$ とすれば，この区間 ED で再びフーリエ級数展開が実行できる．この操作を続ければ，両端の E，D を無限に離せるので，フーリエ級数展開の区間も無限大に広げることができる．そして，最終的には，展開の基本周期 $T = 2L$ は無限大になるので，対応する基本角振動数 $\beta = 2\pi/T = 2\pi/2L$ はゼロになる．

このように β がゼロに近づくと，フーリエ級数 $e^{im\beta z}$ の $m\beta$ は微小量になるので，隣り合った各項は非常に接近する．そのため，フーリエ級数の m で総和をとる操作は，$-\infty$ から $+\infty$ まで積分する操作に変わり，(10.66) の積分で表されることになる．

ここで重要なことは，(10.66) は $f(z)$ の周期が無限大の極限で導かれた式であること，したがって，$f(z)$ は周期関数である必要はなく，一般の非周期関数に対して成り立つことが保証されたことである．

問 10.12　(10.66) が

$$f(z) = \frac{1}{\pi}\int_0^\infty \left\{\int_{-\infty}^\infty f(\alpha)\cos\beta(z-\alpha)\,d\alpha\right\} d\beta \qquad (10.67)$$

と書けることを示しなさい．

例 10.2　フーリエ積分の公式　偶関数 $f(z) = f(-z)$ の場合，(10.67) は

$$f(z) = \frac{1}{\pi}\int_0^\infty \left\{2\int_0^\infty f(\alpha)\cos\beta\alpha\,d\alpha\right\}\cos\beta z\,d\beta \qquad (10.68)$$

となる．一方，奇関数 $f(z) = -f(-z)$ の場合，(10.67) は

$$f(z) = \frac{1}{\pi}\int_0^\infty \left\{2\int_0^\infty f(\alpha)\sin\beta\alpha\,d\alpha\right\}\sin\beta z\,d\beta \qquad (10.69)$$

となる．■

問 10.13　(10.67) からフーリエ積分の公式 (10.68)，(10.69) を導きなさい．

10.3.2　フーリエ積分の導出

フーリエ積分 (10.66) の導出法を説明しよう．まず，忘れないでほしいこ

とは,「周期 $= 2\pi/\beta$」であるから,「周期が無限大の極限」は「β がゼロの極限」に対応するということである. そこで,(10.57) の複素フーリエ級数を $\beta = \pi/L$ で書き換えた

$$f(z) = \sum_{m=-\infty}^{\infty} c_m e^{im\beta z} = \sum_{m=-\infty}^{\infty} \frac{\beta}{2\pi} \int_{-\frac{\pi}{\beta}}^{\frac{\pi}{\beta}} f(\alpha)\, e^{im\beta(z-\alpha)}\, d\alpha \quad (10.70)$$

が,$\beta \to 0$ でも成り立つように修正すればよいことになる. ここで,積分変数を α に変えたのは,変数 z と混同しないようにするためである (c_m の積分変数 α はダミー変数であることに注意).

$\beta \to 0$ の極限の取り方がポイント　ところで,(10.70) の右辺の積分には $\beta/2\pi$ が掛かっているので,単純に $\beta \to 0$ の極限をとると,(10.70) の右辺はゼロになり,意味がない. そのため,この極限の取り方には工夫がいる.

そこでまず,(10.70) の積分

$$\int_{-\frac{\pi}{\beta}}^{\frac{\pi}{\beta}} f(\alpha)\, e^{im\beta(z-\alpha)}\, d\alpha \quad (10.71)$$

の中の m で変わる因子 $m\beta$ だけに着目し,当面 z は固定して (つまり,定数であると) 考える. そうすると,(10.71) は変数 α で積分するから,計算結果には $m\beta$ と z が含まれることになるが,z は定数だから,積分の結果は $m\beta$ だけに依存する. したがって,(10.71) は $m\beta$ の関数と見なせるので

$$g(m\beta) = \int_{-\frac{\pi}{\beta}}^{\frac{\pi}{\beta}} f(\alpha)\, e^{im\beta(z-\alpha)}\, d\alpha \quad (10.72)$$

のような関数 g を定義すれば,(10.70) は

$$f(z) = \sum_{m=-\infty}^{\infty} \frac{\beta}{2\pi} g(m\beta) = \frac{1}{2\pi} \sum_{m=-\infty}^{\infty} \beta\, g(m\beta) \quad (10.73)$$

となる. (10.73) の右辺の $\beta g(m\beta)$ は,図 10.5 (a) のように横幅 β と高さ $g(m\beta)$ の微小な長方形の面積 $\beta \times g(m\beta)$ を表しているから,それらの総和は

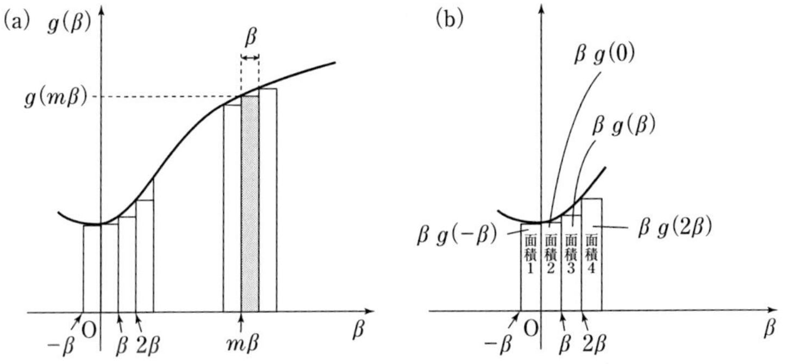

図 10.5

$$\sum_{m=-\infty}^{\infty} \beta\, g(m\beta) = \cdots + \beta g(-\beta) + \beta g(0) + \beta g(\beta) + \beta g(2\beta) + \cdots$$
$$= \cdots + 面積 1 + 面積 2 + 面積 3 + 面積 4 + \cdots \tag{10.74}$$

のように，微小な長方形の面積の和になる（図 10.5 (b)）.

$\beta \to 0$ の極限　この極限で，(10.74) の右辺の面積 $\beta \times g(m\beta)$ は，無限小の横幅 $d\beta$ と高さ $g(\beta)$ の長方形による無限小面積 $g(\beta) \times d\beta$ に変わるので，(10.74) の左辺の総和は次の積分

$$\int_{-\infty}^{\infty} g(\beta)\, d\beta \tag{10.75}$$

に変わることになる.

そのため，「周期が無限大の極限」($\beta \to 0$) で (10.73) は

$$f(z) = \frac{1}{2\pi}\int_{-\infty}^{\infty} g(\beta)\, d\beta \tag{10.76}$$

となる．ここで，$g(\beta)$ は (10.72) の引数 $m\beta$ を β に換えたものである．したがって，(10.66) となる.

問 10.14　$f(z) = 1\ (-1 < z < 1)$ のフーリエ積分 (10.67) から

$$\int_0^\infty \frac{\sin\beta\cos\beta z}{\beta}\,d\beta = \frac{\pi}{2} \tag{10.77}$$

を導きなさい.

問 10.15 $f(z) = e^{-a|z|}(a > 0)$ をフーリエ積分しなさい.

(参考) 連続スペクトルと離散スペクトル

周期関数をフーリエ級数に分解することと，非周期関数をフーリエ積分に分解することの間には，物理的見地から質的に大きな違いがある.

フーリエ級数はとびとび（離散的）に変わる角振動数 ω, 2ω, 3ω, $\cdots$ をもった簡単な正弦波の項の和なので，フーリエ級数は線スペクトルからなる離散スペクトルに分解される.

一方，フーリエ積分は角振動数 ω に関する積分で，ω が連続的に変わるので，フーリエ積分は連続スペクトルに分解される.

この違いは離散スペクトルの図 10.6 と連続スペクトルの図 10.7 を見比べるとわかるだろう．それぞれの図の左側 (a) には 2 つの振動曲線が描かれ，右側 (b) にはそのスペクトルが描かれている（横軸は 1/sec で表された振動数，縦軸は振幅，すなわちフーリエ係数である）.

図 10.6 (a) の曲線は正弦的ではないが，周期的な過程を表している．そのスペクトルは図 10.6 (b) のような線スペクトルの集まりである．一方，図 10.7 (a) の曲線は，図 10.6 (a) の曲線の 1 周期だけのもので，周期的な曲線ではない．この場

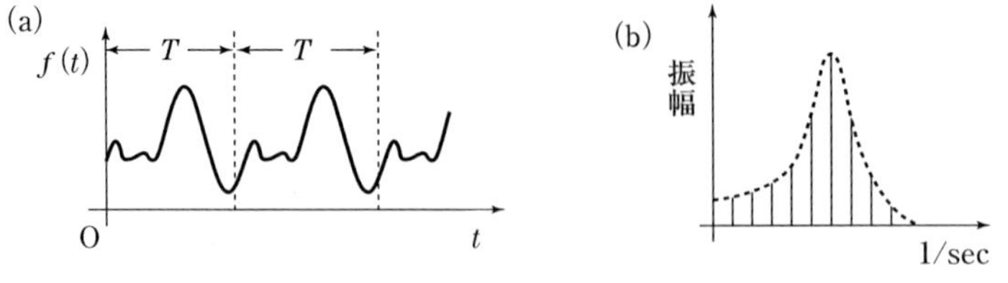

図 10.6

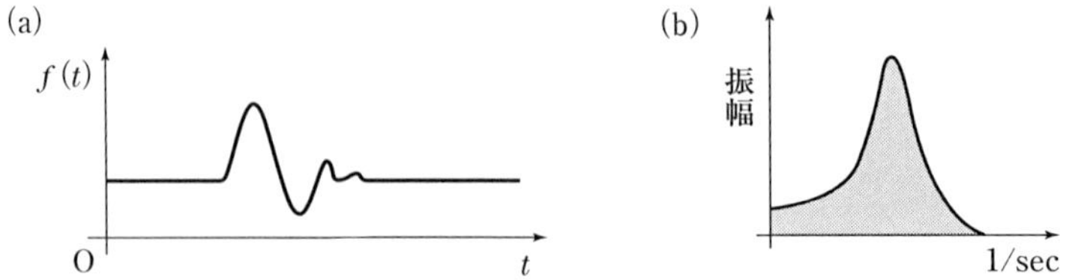

図 10.7

合は，図 10.7 (b) のように，スペクトル線が密集するために，スペクトル分解は振動数の 1 区間全体に広がる連続的な帯になる．つまり，広がりをもった連続スペクトルになる．

10.4 フーリエ変換とパワー・スペクトル

フーリエ変換とは，単に，フーリエ積分を書き換えただけの式であるが，この変換の応用範囲は広く，非周期的な現象の解析や定数係数の線形偏微分方程式の解析などで活躍するツールである．

10.4.1 フーリエ変換

フーリエ変換自体はフーリエ積分の単なる書き換えで，特別な計算は何もいらない．指数関数 $e^{i\beta(z-\alpha)}$ を形式的に $e^{i\beta z}e^{-i\beta\alpha}$ と書いてから，フーリエ積分 (10.66) を

$$\underbrace{f(z) = \frac{1}{2\pi}\int_{-\infty}^{\infty} e^{i\beta z}\overbrace{\left(\int_{-\infty}^{\infty} f(\alpha)\ e^{-i\beta\alpha}\ d\alpha\right)}^{\alpha\text{ による積分の結果は }\beta\text{ だけの関数}} d\beta}_{\beta\text{ による積分の結果は }z\text{ だけの関数}} \tag{10.78}$$

もしくは，

$$\underbrace{f(z) = \frac{1}{\sqrt{2\pi}}\int_{-\infty}^{\infty} e^{i\beta z}\overbrace{\left(\frac{1}{\sqrt{2\pi}}\int_{-\infty}^{\infty} f(\alpha)\ e^{-i\beta\alpha}\ d\alpha\right)}^{\alpha\text{ による積分の結果は }\beta\text{ だけの関数}} d\beta}_{\beta\text{ による積分の結果は }z\text{ だけの関数}} \tag{10.79}$$

のように，α と β の積分に分けるだけである．この右辺の α と β の積分結果が z だけの関数になるから，左辺は $f(z)$ になる．ここで，(10.78) と (10.79) の違いは係数 $1/2\pi$ の分け方だけであるが，フーリエ変換の定義にはどちらの場合も使われるから注意が必要である．

いま，(10.78) と (10.79) の括弧の項を記号 F で表すと，**フーリエ変換**と

フーリエ逆変換は，それぞれ

$$F(\beta) = \int_{-\infty}^{\infty} f(z)\, e^{-i\beta z}\, dz \qquad (f\text{のフーリエ変換}) \qquad (10.80)$$

$$f(z) = \frac{1}{2\pi}\int_{-\infty}^{\infty} F(\beta)\, e^{i\beta z}\, d\beta \qquad (F\text{のフーリエ逆変換}) \qquad (10.81)$$

あるいは

$$F(\beta) = \frac{1}{\sqrt{2\pi}}\int_{-\infty}^{\infty} f(z)\, e^{-i\beta z}\, dz \quad (f\text{のフーリエ変換}) \qquad (10.82)$$

$$f(z) = \frac{1}{\sqrt{2\pi}}\int_{-\infty}^{\infty} F(\beta)\, e^{i\beta z}\, d\beta \quad (F\text{のフーリエ逆変換}) \qquad (10.83)$$

で定義される．ただし，(10.78) と (10.79) の積分変数 α はダミー変数で文字は任意であるから，(10.80) と (10.82) では z に置き換えている．なお，$F(\beta)$ と $f(z)$ の相互の変換のことを**フーリエ変換**とよぶ場合もある．

フーリエ変換とフーリエ逆変換は (10.80)，(10.81) と (10.82)，(10.83) のどちらの定義を使っても結果は同じなので，適用する対象に応じて計算結果の見やすさや解釈のやさしさなどでベターな方を選べばよい．

フーリエ変換 $F(\beta)$ とフーリエ係数 c_m の関係　　フーリエ変換 $F(\beta)$ は，(10.70) のフーリエ係数 c_m に対して $\beta \to 0$ の極限を考え，

$$\sum_{m=-\infty}^{+\infty} c_m e^{im\beta z} \;\xrightarrow{\beta\to 0}\; \frac{1}{2\pi}\int_{-\infty}^{\infty} F(\beta)\, e^{i\beta z}\, d\beta \qquad (10.84)$$

で定義したものである．このため，$F(\beta)$ と c_m の間には

$$\text{フーリエ係数 } c_m \;\overset{\text{対応}}{\longleftrightarrow}\; \text{フーリエ変換 } F(\beta) \qquad (10.85)$$

という対応関係がある．10.2 節の参考「スペクトル分解」で説明したように，c_m は波の振幅を表すので，(10.85) から <u>$F(\beta)$ も振幅を表す</u>ことになる．

10.4.2　パワー・スペクトル

時間的な振動　時間的に振動する場合は，10.1.2項で述べたように $z = t$，$\beta = \omega$ の置き換えをすればよいから，フーリエ変換は (10.80)，(10.81) から

$$F(\omega) = \int_{-\infty}^{\infty} f(t)\, e^{-i\omega t}\, dt \qquad (f\text{のフーリエ変換}) \qquad (10.86)$$

$$f(t) = \frac{1}{2\pi}\int_{-\infty}^{\infty} F(\omega)\, e^{i\omega t}\, d\omega \qquad (F\text{のフーリエ逆変換}) \qquad (10.87)$$

となる．(10.87) の $F(\omega)$ は，特定の ω に対する正弦波 $e^{i\omega t}$ の**振幅**に当たるので，角振動数 ω の波が含まれる割合を表している．したがって，フーリエ逆変換の式 (10.87) は，関数 $f(t)$ が振幅 $F(\omega)$ をもつ正弦波 $F(\omega)e^{i\omega t}$ の重ね合わせで表現できることを示している．

ところで，$f(t)$ は時間 t に関する関数であるが，時間という量は日常的な空間で使われる1つの変数なので，$f(t)$ を**実空間**の関数という．それに対して，$f(t)$ をフーリエ変換した $F(\omega)$ は角振動数 ω を変数とするので，この変数が仮想的に存在する空間をイメージして，$F(\omega)$ を**角振動数空間**の関数という．つまり，フーリエ変換 (10.86) は実空間の $f(t)$ を角振動数空間の $F(\omega)$ に変換する．そして，この逆プロセスがフーリエ逆変換 (10.87) である．

空間的な振動　空間的に振動する場合は，10.1.2項で述べたように $z = x$，$\beta = k$ の置き換えをすればよいから，フーリエ変換は (10.80)，(10.81) から

$$F(k) = \int_{-\infty}^{\infty} f(x)\, e^{-ikx}\, dx \qquad (f(x)\text{のフーリエ変換}) \qquad (10.88)$$

$$f(x) = \frac{1}{2\pi}\int_{-\infty}^{\infty} F(k)\, e^{ikx}\, dk \qquad (F(k)\text{のフーリエ逆変換}) \qquad (10.89)$$

となる．この場合，(10.89) のフーリエ逆変換が教えてくれるのは，関数 $f(x)$ が振幅 $F(k)$ をもつ正弦波 $F(k)e^{ikx}$ の重ね合わせで表現できることである．

この場合も，$f(x)$ の座標 x は日常的な空間で使われる変数なので，$f(x)$ も実空間の関数である．それに対して，$f(x)$ をフーリエ変換した $F(k)$ は波数 k を変数とするので，この変数に対する仮想的な空間をイメージして，$F(k)$ を**波数空間**の関数という．つまり，フーリエ変換 (10.88) は実空間の関数 $f(x)$ を波数空間の関数 $F(k)$ に変換し，この逆プロセスがフーリエ逆変換 (10.89) である．

［例題 10.5］　矩形（くけい）パルスのフーリエ変換

図 10.8 のような関数（矩形パルス）

$$f(x) = b \quad (|x| < \mathrm{a}), \qquad f(x) = 0 \quad (|x| > a)$$

のフーリエ変換を求めなさい．

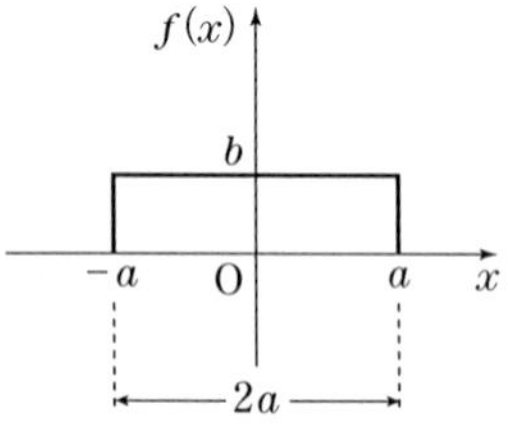

図 10.8

［解］　(10.88) から

$$F(k) = \int_{-a}^{a} be^{-ikx}\,dx = -\frac{b}{ik}(e^{-ika} - e^{ika}) = \frac{2b\sin ka}{k} \qquad (10.90)$$

（注）　(10.90) のように，虚数単位 i が現れる複素積分の計算は，i を定数として普通の積分と同じように計算すればよい．例えば，

$$\int e^{i\beta z}\,dz = \frac{e^{i\beta z}}{i\beta} + C \qquad (C：積分定数) \qquad (10.91)$$

である．

¶

図 10.9 は (10.90) の $F(k)$ である．ここで，注意してほしいことは，$f(x)$

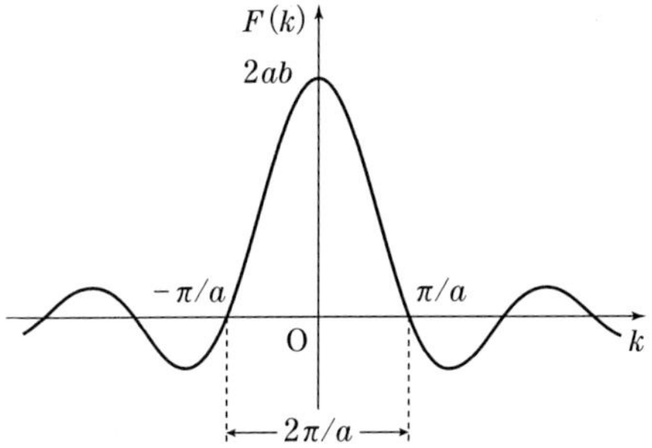

図 10.9

の幅 $2a$ と $F(k)$ の幅 $2\pi/a$ は反比例することである．幅の広い矩形パルスでは，波数の小さい波がメインである．一方，矩形パルスの幅を狭くするためには，かなり大きな波数の波までを含めなければならない．波長でいい換えれば，より短い波長の波までを含めなければならないことになる．

問 10.16 フーリエ変換 (10.90) をフーリエ逆変換 (10.89) に代入して ($b = 1$ とする)

$$\int_{-\infty}^{\infty} \frac{\sin ka \cos kx}{k}\, dk = \pi \qquad (|x| < a) \tag{10.92}$$

を導きなさい．ただし，$x > 0$, $a > 0$ である．

例 10.3 定積分の公式 (10.92) で $x = 0$ とおくと，

$$\int_{-\infty}^{\infty} \frac{\sin ka}{k}\, dk = \begin{cases} \pi & (a > 0) \\ 0 & (a = 0) \end{cases} \tag{10.93}$$

であるから，

$$\int_{0}^{\infty} \frac{\sin ka}{k}\, dk = \begin{cases} \dfrac{\pi}{2} & (a > 0) \\ 0 & (a = 0) \\ -\dfrac{\pi}{2} & (a < 0) \end{cases} \tag{10.94}$$

を得る． ■

[例題 10.6] e^{-ax} のフーリエ変換

$a > 0$ として，

$$f(x) = \begin{cases} e^{-ax} & (x > 0) \\ 0 & (x < 0) \end{cases} \qquad (10.95)$$

で定義される関数 $f(x)$ のフーリエ変換 (10.88) を求めなさい．

[解] (10.88) の $f(x)$ に (10.95) を代入し，積分範囲に注意すれば

$$F(k) = \int_0^{\infty} e^{-ax} e^{-ikx}\, dx = \left[-\frac{e^{-(a+ik)x}}{a+ik} \right]_0^{+\infty} = \frac{1}{a+ik} \qquad (10.96)$$

を得る．

¶

問 10.17 (10.96) の $F(k)$ をフーリエ逆変換 (10.89) に代入して，

$$\int_0^{\infty} \frac{k}{a^2+k^2} \sin kx\, dk = \frac{\pi}{2} e^{-ax}, \qquad \int_0^{\infty} \frac{1}{a^2+k^2} \cos kx\, dk = \frac{\pi}{2a} e^{-ax} \qquad (10.97)$$

を導きなさい．ただし，$x > 0$, $a > 0$ である．

波の強度を表すパワー・スペクトル

振幅の値は正にも負にもなるので，物理的過程を考えるときには振幅 $c_m(\omega)$ の2乗で定義される**強度**という正の量が使われる．これがスペクトル線の強度を表す量である．そのため，波数 k の振幅 $F(k)$ をもつ波の強度は

$$S(k) = |F(k)|^2 \qquad (10.98)$$

で与えられる．この $S(k)$ を関数 $f(x)$ の**パワー・スペクトル**とよび，波数 k をもつ正弦波 e^{ikx} が $f(x)$ に含まれる割合を表す重要な量である．同様の議論は，振幅 $F(\omega)$ に対しても成り立ち，$S(\omega) = |F(\omega)|^2$ が，対応するパワー・スペクトルを与える．

10.5　物理・工学への応用問題

［1］ $x=0,\ x=l$ で固定された弦を抵抗のある媒質中で振動させると，振動は波動方程式

$$\frac{\partial^2 u(x,\,t)}{\partial t^2}=v^2\,\frac{\partial^2 u(x,\,t)}{\partial x^2}-k\,\frac{\partial u(x,\,t)}{\partial t} \tag{10.99}$$

に従って減衰する．ここで v は波の速度，k は抵抗の大きさを表す定数である$\left(\dfrac{m\pi v}{l}>\dfrac{k}{2}\text{ を仮定する}\right)$．フーリエ展開

$$u(x,\,t)=\sum_{m=1}^{\infty}b_m(t)\sin\frac{m\pi x}{l} \tag{10.100}$$

を仮定して，$b_m(t)$ を決めなさい．ただし，初期条件は $u(x,\,0)=f(x)$，$\partial u(x,0)/\partial t=g(x)$ とする．

［2］ 図 10.10 (a) のように，有限区間 2τ だけで調和振動している $u(t)=a\sin\omega_0 t$ を考える（このような振動を**準単色**という）．この振動のスペクトルをフーリエ変換 (10.86) を使って調べるために $-\tau\leq t\leq+\tau$ の区間で $f(t)=ae^{i\omega_0 t}$，それ以外では $f(t)=0$ となる関数を仮定すると，スペクトルの強度は

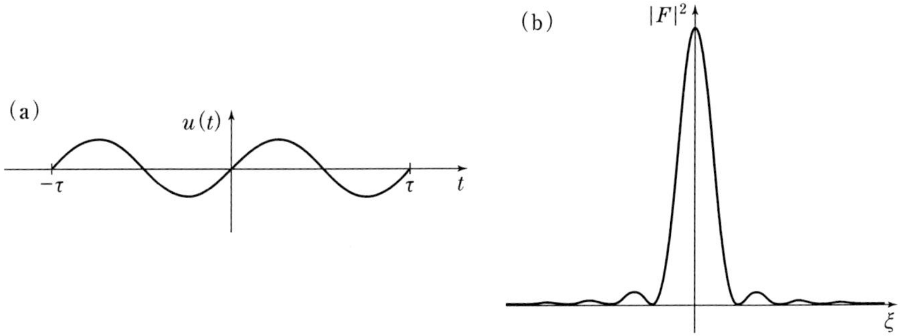

図 10.10

$$|F(\omega)|^2 = A^2\left[\frac{\sin(\omega_0-\omega)\tau}{(\omega_0-\omega)\tau}\right]^2 = A^2\left(\frac{\sin\xi}{\xi}\right)^2 \tag{10.101}$$

で与えられることを示しなさい（図 10.10 (b)）．ただし，$A = 2a\tau$，$\xi = (\omega_0 - \omega)\tau$ である．

［3］ 減衰振動を表す関数

$$f(t) = ae^{-\gamma t}e^{i\Omega t} \quad (t \geq 0 \text{ のとき}), \qquad f(t) = 0 \quad (t \leq 0 \text{ のとき}) \tag{10.102}$$

のフーリエ変換 (10.86) から，スペクトル線の強度は

$$|F(\omega)|^2 = \frac{a^2}{(\Omega-\omega)^2+\gamma^2} \tag{10.103}$$

となることを示しなさい．そして，スペクトル線の**半値幅** $\Delta\omega$ と γ の間に

$$\Delta\omega = 2\gamma \tag{10.104}$$

の関係が成り立つことを示しなさい．

［4］ **整流器**は正弦波的に振動する交流電流を直流に変える装置である．このため，整流器は正弦波の正の山をそのまま通し，負の山を反転させて通す．そこで，整流器を通る電流を

$$\begin{cases} f(t) = \sin\omega t & (0 < \omega t < \pi \text{ のとき}) \\ f(t) = -\sin\omega t & (-\pi < \omega t < 0 \text{ のとき}) \end{cases} \tag{10.105}$$

として，そのフーリエ級数が

$$f(t) = \frac{2}{\pi} - \frac{4}{\pi}\sum_{m=2,4,6,\cdots}^{\infty}\frac{\cos m\omega t}{m^2-1} \tag{10.106}$$

で与えられることを示しなさい．この (10.106) から，周波数 ω の項は消え，最低周波数は 2ω であることがわかる．したがって，周波数 $m\omega$ の項は m が大きいと $1/m^2$ で減少するので，交流は直流に整流されたことになる．

問題の解答

第 1 章

［問 1.1］ (1.10) を x で微分して $f^{(3)}(x)$ をつくり，x をゼロとおけば，$f^{(3)}(0) = 1 \cdot 2 \cdot 3c_3$ を得る．同様に，(1.10) を x で 2 回微分して $f^{(4)}(x)$，3 回微分して $f^{(5)}(x)$ をつくり，x をゼロとおけば，$f^{(4)}(0) = 1 \cdot 2 \cdot 3 \cdot 4c_4$, $f^{(5)}(0) = 1 \cdot 2 \cdot 3 \cdot 4 \cdot 5c_5$ となる．

［問 1.2］ $f(x) = 1/(1-x)$ を x で微分していくと，$f'(x) = 1/(1-x)^2$, $f''(x) = (1 \cdot 2)/(1-x)^3$, $f^{(3)}(x) = (1 \cdot 2 \cdot 3)/(1-x)^4$, $\cdots$ となるので，$f'(0) = 1$, $f''(0) = 2!$, $f^{(3)}(0) = 3!$, $\cdots$ である．これらを (1.12) に代入すれば (1.19) を得る．

［問 1.3］ (1.19) の x を $-t$ に置き換えた式をつくり，両辺をゼロから x まで積分する．ただし，右辺の級数については項別に積分する．その結果，

$$\int_0^x \frac{1}{1+t}\,dt = \int_0^x dt - \int_0^x t\,dt + \int_0^x t^2\,dt - \cdots \quad \rightarrow \quad \log(1+x) = x - \frac{x^2}{2} + \frac{x^3}{3} - \cdots$$

となる．

［問 1.4］ $e^{ix} = \cos x + i \sin x$ を x で n 回微分すると

$$\frac{d^n \cos x}{dx^n} + i\frac{d^n \sin x}{dx^n} = \frac{d^n e^{ix}}{dx^n} = i^n e^{ix} = (e^{\pi i/2})^n e^{ix} = e^{i(x+n\pi/2)}$$

となる．このとき，右辺はオイラーの公式 (1.29) より $\cos(x + n\pi/2) + i \sin(x + n\pi/2)$ であるから，虚部を比べると (1.31) を得る．

［問 1.5］ OP の長さ r は，$zz^* = r^2(\cos\theta + i \sin\theta)(\cos\theta - i\sin\theta) = r^2(\cos^2\theta - i^2 \sin^2\theta) = r^2(\cos^2\theta + \sin^2\theta) = r^2$ より $\sqrt{zz^*} = r$ である．また，r はピタゴラスの定理 $(r^2 = x^2 + y^2)$ より $r = \sqrt{x^2 + y^2}$ である．

［問 1.6］ $|z| = \sqrt{2}$ より $z = \sqrt{2}(1/\sqrt{2} + i/\sqrt{2})$．一方，$\cos\theta = 1/\sqrt{2}$, $\sin\theta = 1/\sqrt{2}$ なので，$\theta = \pi/4$．したがって，$z = \sqrt{2}\{\cos(\pi/4) + i \sin(\pi/4)\}$．

［問 1.7］ $z = 2\exp(i\pi/3)$

［問 1.8］ $z_1 = 2\exp(i3t + i\pi/3) = 2\exp(i\pi/3)\exp i3t = (1 + i\sqrt{3})\exp i3t$ と $z_2 = \exp(i3t + i\pi) = \exp i\pi \exp i3t = -\exp i3t$ から，$z_1 + z_2 = i\sqrt{3}\exp i3t = \sqrt{3}\exp(i3t + i\pi/2)$ をつくる．これの実部をとると $x_1 + x_2 = \sqrt{3}\cos(3t + \pi/2) = -\sqrt{3}\sin 3t$ となる．

［問 1.9］ $d^2z/dt^2 = -\omega^2 z$ に $z = x + iy$ を代入すると $d^2x/dt^2 + i\,d^2y/dt^2 = -\omega^2 x - i\omega^2 y$ となる．両辺の実部をとれば，題意を満たす．

［問 1.10］ (a) $y = x - 2$ ((1.43) の手順に従って，$y = x + 2$ を x について解くと $x = y - 2$ となる．この式の x と y を入れ替える)．

(b) $y = \sqrt{x}$ ($y = x^2$ を x について解くと $x = \sqrt{y}$ となる．この式の x と y を入れ替える)．

［問 1.11］ (1.48) の 1 番目の式で $x = y$ とおくと，左辺は $e^x e^y = e^x e^x = (e^x)^2$ で，右辺

は $e^{x+y} = e^{x+x} = e^{2x}$ となる．これから，整数 n に対して $(e^x)^n = e^{nx}$ が成り立つ．また，(1.48) の 2 番目の式で $x = y$ とおくと，左辺は $e^x/e^y = e^x/e^x = 1$ で，右辺は $e^{x-y} = e^{x-x} = e^0$ となるから $e^0 = 1$ である．

［問 1.12］ 右辺 $(n = -1) = (\cos\theta + i\sin\theta)^{-1} = \dfrac{1}{\cos\theta + i\sin\theta}$

$$= \frac{\cos\theta - i\sin\theta}{(\cos\theta + i\sin\theta)(\cos\theta - i\sin\theta)} = \frac{\cos\theta - i\sin\theta}{\cos^2\theta + \sin^2\theta}$$

$$= \cos\theta - i\sin\theta = \cos(-\theta) + i\sin(-\theta) = \text{左辺}\ (n = -1).$$

［問 1.13］ 問 1.6 より $|z| = |1 + i| = \sqrt{2}$ の極形式は $z = \sqrt{2}\{\cos(\pi/4) + i\sin(\pi/4)\}$. ド・モアブルの定理より $z^5 = (\sqrt{2})^5\{\cos(5\pi/4) + i\sin(5\pi/4)\} = 4\sqrt{2}(-1/\sqrt{2} - i/\sqrt{2}) = -4 - 4i$.

［問 1.14］ $y = e^x$ を x について解いた $x = \log_e y$ を $f^{-1}(y) = \log_e y$ と書く．そして，$y = f(x) = e^x$ を代入すれば $f^{-1}(f(x)) = \log_e e^x = x\log_e e = x$ となる．

［問 1.15］ $\lim_{x\to 0}\{\log(1 + x)/x\} = \lim_{x\to 0}\log(1 + x)^{1/x} = \log e = 1$ より（ネイピア数 (1.47) を参照），x が非常に小さいときは $\log(1 + x) \approx x$ と近似できるので，$\log 1.02 = 0.02$ である（電卓計算；$\log 1.02 = 0.0198$）．

［問 1.16］ 10 は $2 \times 2 \times 2 = 8 = 2^3$ より大きく，$2 \times 2 \times 2 \times 2 = 16 = 2^4$ より小さい数であるから，p の値は $3 < p < 4$ の範囲にある数である．いい換えれば，$p = \log_2 10$ は「10 が 2 で何回割れるか」という問題であるから，$10/2 = 5$, $5/2 = 2.5$, $2.5/2 = 1.25$ のように，10 は 2 で 3 回まで割れる．したがって，$3 < p < 4$ である（電卓計算；$p = 3.321$，つまり，$2^{3.321} \approx 9.9936$）．

［問 1.17］ $x^2 + y^2 = r^2$ に (1.57) の x, y を代入すると，$(r\cos\theta)^2 + (r\sin\theta)^2 = r^2$ と書けるので，$r^2(\cos^2\theta + \sin^2\theta) = r^2$ より $\cos^2\theta + \sin^2\theta = 1$ を得る．

［問 1.18］ $30^\circ = \pi/6$, $45^\circ = \pi/4$, $60^\circ = \pi/3$, $90^\circ = \pi/2$

［問 1.19］ $\sin 15^\circ = \sin(60^\circ - 45^\circ) = \sin 60^\circ\cos 45^\circ - \cos 60^\circ\sin 45^\circ = (\sqrt{3}/2)(1/\sqrt{2}) - (1/2)(1/\sqrt{2}) = 0.2588$.

［問 1.20］ ゼロでない定数 r を使って，$A\cos\alpha + B\sin\alpha$ を

$$A\cos\alpha + B\sin\alpha = r\left(\frac{A}{r}\cos\alpha + \frac{B}{r}\sin\alpha\right)$$

と書き換えてから，$r^{-1}A = \sin\phi$, $r^{-1}B = \cos\phi$ とおくと，右辺の括弧の式は $\sin\phi\cos\alpha + \cos\phi\sin\alpha$ となるので，(1.68) を得る．一方，$r^{-1}A = \cos\phi$, $r^{-1}B = \sin\phi$ とおくと，$\cos\phi\cos\alpha + \sin\phi\sin\alpha$ となるので，(1.69) を得る．

［問 1.21］ y の式を (1.68) の形にするために，$A = 1$, $B = \sqrt{3}$ とおくと $\sqrt{A^2 + B^2} = 2$ と $\phi = \pi/6$ より $y = 2\sin(x + \pi/6)$ となる．これを図示すると，$x = \pi/3$ のとき最大値 $y = 2$，$x = \pi$ のとき最小値 $y = -1$ となることがわかる．

［問 1.22］ $\cos 3\alpha + i\sin 3\alpha = (\cos\alpha + i\sin\alpha)^3$ の右辺は $(4\cos^3\alpha - 3\cos\alpha) + i(3\sin\alpha - 4\sin^3\alpha)$ となる．両辺の実部を等しいとおけば $\cos 3\alpha$ の公式を得る．同様に，虚部の方からは $\sin 3\alpha$ の公式を得る．

［問 1.23］ $e^{ix} = \cos x + i\sin x$ と $e^{-ix} = \cos x - i\sin x$ の和をとれば $\cos x$ に関する

式になる．また，差をとれば $\sin x$ に関する式になる．

第 2 章

［問 2.1］ 方向という用語を「上下方向」の運動や「左右方向」の運動などのように使う場合，運動する方向はわかるが，どちら向きに運動しているかはわからない．それに対して，「上向き」の運動や「左向き」の運動といえば，運動の向きがわかる．物理で使う場合，厳密にいえば，方向 (direction) には向き (sense) の情報が含まれていないことに注意してほしい．

［問 2.2］ $\boldsymbol{A}$ の終点に $\boldsymbol{B}$ の始点を置いてから，$\boldsymbol{A}$ の始点と $\boldsymbol{B}$ の終点をつなぐと $\boldsymbol{C}$ になる．

［問 2.3］ θ 方向の単位ベクトル $\hat{\boldsymbol{\theta}}$ は，r 方向の単位ベクトル $\hat{\boldsymbol{r}}$ を反時計回りに 90° 回転させた向きであるから，(2.8) の θ を $\theta + \pi/2$ に変えれば $\hat{\boldsymbol{\theta}}$ になる．つまり，$\hat{\boldsymbol{\theta}} = \cos(\theta + \pi/2)\,\boldsymbol{i} + \sin(\theta + \pi/2)\,\boldsymbol{j} = -\sin\theta\,\boldsymbol{i} + \cos\theta\,\boldsymbol{j}$ である．

［問 2.4］ $\boldsymbol{A} = (1, 0)$, $\boldsymbol{B} = (\sqrt{2}, \sqrt{2})$, $\boldsymbol{C} = (1 + 2\sqrt{2}, 2\sqrt{2})$.

［問 2.5］ $\boldsymbol{A}$ の大きさ (2.20) に (2.21) を代入すれば，(2.22) となる．

［問 2.6］ $|\boldsymbol{A} - \boldsymbol{B}| = \sqrt{(\boldsymbol{A} - \boldsymbol{B})\cdot(\boldsymbol{A} - \boldsymbol{B})}$ を 2 乗して整理すれば，$2\boldsymbol{A}\cdot\boldsymbol{B} = |\boldsymbol{A}|^2 + |\boldsymbol{B}|^2 - |\boldsymbol{A} - \boldsymbol{B}|^2$ となる．数値を代入すれば，$\boldsymbol{A}\cdot\boldsymbol{B} = -15/2$ である．

［問 2.7］ $|\boldsymbol{A}| = \sqrt{2^2 + (-3)^2 + 1^2} = \sqrt{14}$, $|\boldsymbol{B}| = \sqrt{3^2 + (-1)^2 + (-2)^2} = \sqrt{14}$ で，$\boldsymbol{A}\cdot\boldsymbol{B} = 2 \times 3 + (-3) \times (-1) + 1 \times (-2) = 7$ である．したがって，$\cos\theta = (\boldsymbol{A}\cdot\boldsymbol{B})/AB = 7/(\sqrt{14}\cdot\sqrt{14}) = 7/14 = 1/2$ より $\theta = 60°$ である．

［問 2.8］ $W = |\boldsymbol{F}||\boldsymbol{L}|\cos\theta = 6 \times 2\cos 30° = 6 \times 2 \times \sqrt{3}/2 = 6\sqrt{3}$ N m

［問 2.9］ (2.31) で $\boldsymbol{B} = \boldsymbol{A}$ とおくと $\boldsymbol{A} \times \boldsymbol{A} = -\boldsymbol{A} \times \boldsymbol{A}$ となる．そして，この右辺を左辺に移項すれば，$\boldsymbol{A} \times \boldsymbol{A} + \boldsymbol{A} \times \boldsymbol{A} = 2(\boldsymbol{A} \times \boldsymbol{A}) = 0$ となるので，$\boldsymbol{A} \times \boldsymbol{A} = 0$ を得る．

［問 2.10］ それぞれを計算すると，$\boldsymbol{A} \times \boldsymbol{B} = 7\boldsymbol{i} - \boldsymbol{j} + 5\boldsymbol{k}$ と $\boldsymbol{B} \times \boldsymbol{A} = -7\boldsymbol{i} + \boldsymbol{j} - 5\boldsymbol{k}$ になる ($\boldsymbol{A} \times \boldsymbol{B} = -\boldsymbol{B} \times \boldsymbol{A}$ が成り立つ)．$|\boldsymbol{A} \times \boldsymbol{B}| = |\boldsymbol{B} \times \boldsymbol{A}| = \sqrt{75}$.

［問 2.11］ (2.35) の右辺を $(A_x\boldsymbol{i} + A_y\boldsymbol{j} + A_z\boldsymbol{k}) \times B_x\boldsymbol{i} + \cdots = (A_xB_x\boldsymbol{i} \times \boldsymbol{i} + A_yB_x\boldsymbol{j} \times \boldsymbol{i} + A_zB_x\boldsymbol{k} \times \boldsymbol{i}) + \cdots = -A_yB_x\boldsymbol{k} + A_zB_x\boldsymbol{j} + \cdots$ のように，単位ベクトルのベクトル積 (2.32) ～ (2.34) を使いながら変形する．その結果，$\boldsymbol{A} \times \boldsymbol{B} = (-A_yB_x\boldsymbol{k} + A_zB_x\boldsymbol{j}) + (-A_zB_y\boldsymbol{i} + A_xB_y\boldsymbol{k}) + (-A_xB_z\boldsymbol{j} + A_yB_z\boldsymbol{i})$ となるので，これらを整理すると (2.36) となる．要するに，(2.35) から 9 個の項が出てくるが，$\boldsymbol{i} \times \boldsymbol{i} = \boldsymbol{j} \times \boldsymbol{j} = \boldsymbol{k} \times \boldsymbol{k} = 0$ のため，3 個の項が消え，残りの 6 個は (2.33) と (2.34) のため，x 成分，y 成分，z 成分にそれぞれ 2 個ずつまとまる．

第 3 章

［問 3.1］ $\log(x+h)-\log x=\log\{(x+h)/x\}=\log(1+h/x)$ の両辺を h で割ると $\{\log(x+h)-\log x\}/h=(1/h)\log(1+h/x)=\log(1+h/x)^{1/h}$ となる．この右辺の括弧を $\{1+1/(x/h)\}^{\frac{1}{h}}=\{1+1/(x/h)\}^{\frac{x}{h}\frac{1}{x}}=[\{1+1/(x/h)\}^{\frac{x}{h}}]^{\frac{1}{x}}$ のように変形する．ここで，$\lim_{h\to 0}\{1+1/(x/h)\}^{\frac{x}{h}}=e$ であることに注意すれば（ネイピア数の定義 (1.47)），$\lim_{h\to 0}\log\{1+1/(x/h)\}^{\frac{1}{h}}=\log\,[\lim_{h\to 0}\{1+1/(x/h)\}^{\frac{x}{h}}]^{\frac{1}{x}}=\log e^{\frac{1}{x}}=(1/x)\log e=1/x$ となり，(3.5) を得る．

［問 3.2］ (3.6) より $\lim_{x\to 0}\dfrac{x-\sin x}{x^3}=\lim_{x\to 0}\dfrac{1-\cos x}{3x^2}=\lim_{x\to 0}\dfrac{\sin x}{6x}=\lim_{x\to 0}\dfrac{\cos x}{6}=\dfrac{1}{6}$ となる．

［問 3.3］ $a^x=e^{\log a^x}=e^{x\log a}$ に注意して，$f(g)=e^g$, $g(x)=x\log a$ とすれば，$f'(g)=e^g=a^x$, $g'(x)=\log a$ より (3.18) を得る．なお，この問題は対数微分法の例でもある．

［問 3.4］ $f(x)=x^x$ とおいて両辺の対数をとると，$\log f(x)=x\log x$ である．これから $\{\log f(x)\}'=\log x+1$ となるので，(3.19) から (3.21) を得る．

［問 3.5］ 対数関数 $y=\log x$（x は独立変数）は指数関数 $x=e^y$ の逆関数（この y は独立変数，x は従属変数（関数）であることに注意）だから $dy/dx=1/(dx/dy)=1/e^y=1/x$ となる．

［問 3.6］ 例題 3.6 と同じように考えて，x を定数 b として $f(b,y)=b^2y^3$ を y で微分する．そして，$f'(b,y)=3b^2y^2$ の b を x に換えると，$f_y(x,y)$ になる．

［問 3.7］ $f_x(x,y)=2xy^3$ だから $f_x(1,1)=2$, $f_y(x,y)=3x^2y^2$ だから $f_y(1,1)=3$ である．この偏微分係数の値から，点 (1, 1) での x 方向と y 方向の接線の傾きが $f_x=2$ と $f_y=3$ であることがわかる．

［問 3.8］ $f(x,y)=\sin(x\cos y)$ の $x\cos y$ を $Z=x\cos y$ とおいて $f(x,y)=\sin Z$ とする．$\partial f(x,y)/\partial x=\partial\sin Z/\partial x=(\partial Z/\partial x)\,d\sin Z/dZ=(\cos y)\cos Z=(\cos y)\cos(x\cos y)$ を得る．ここで，左から 3 番目の式で Z の微分記号が分母 (dZ) と分子 (∂Z) で打ち消し合うように挿入すれば，合成関数の偏微分は正しく行なえる．同様に計算すれば，$f_y(x,y)=-x\sin y\cos(x\cos y)$ を得る．

［問 3.9］ $f_y=2(x+2y)^{\sin xy-1}\sin xy+x(x+2y)^{\sin xy}(\cos xy)\log(x+2y)$

［問 3.10］ 偏導関数は $f_x=-x/\sqrt{r^2-x^2-y^2}$, $f_y=-y/\sqrt{r^2-x^2-y^2}$ なので，これらがゼロになる停留点は $(x,y)=(0,0)$ である．球面なので，停留点は極大に当たる．

［問 3.11］ 問 1.2 の (1.19) の x に xy を代入する．その式の両辺に x^2y を掛けるとテイラー展開は $\sum_{n=0}^{\infty}x^{n+2}y^{n+1}$ となる．

［問 3.12］ $d\boldsymbol{r}/dt=d(r\hat{\boldsymbol{r}})/dt=(dr/dt)\hat{\boldsymbol{r}}+r\,d\hat{\boldsymbol{r}}/dt$ において，右辺 2 項目の微分 $d\hat{\boldsymbol{r}}/dt$ は，$d\hat{\boldsymbol{r}}/dt=(d\hat{\boldsymbol{r}}/d\theta)d\theta/dt$ と書ける．ここで，$d\hat{\boldsymbol{r}}/d\theta=\hat{\boldsymbol{\theta}}$ であることに注意すれば，(3.55) を得る．

［問 3.13］ $d\boldsymbol{r}/dt=\omega(\boldsymbol{a}\,e^{\omega t}-\boldsymbol{b}\,e^{-\omega t})$ を t で微分すると，$d^2\boldsymbol{r}/dt^2=\omega^2(\boldsymbol{a}\,e^{\omega t}+\boldsymbol{b}\,e^{-\omega t})=\omega^2\boldsymbol{r}$ となることがわかる．

［問 3.14］ $A^2=\boldsymbol{A}\cdot\boldsymbol{A}$ の右辺の微分は (3.60) から $d(\boldsymbol{A}\cdot\boldsymbol{A})/dt=d\boldsymbol{A}/dt\cdot\boldsymbol{A}+\boldsymbol{A}\cdot d\boldsymbol{A}/$

$dt = 2\boldsymbol{A}\cdot d\boldsymbol{A}/dt$ である．一方，$\boldsymbol{A}^2 = \boldsymbol{A}\cdot\boldsymbol{A}$ の左辺の微分は $|\boldsymbol{A}|$ が一定なので $d\boldsymbol{A}^2/dt = d|\boldsymbol{A}|^2/dt = 0$ となる．したがって，(3.62) となる．

第 4 章

［問 4.1］ 略．

［問 4.2］ $\sin^2 x = \sin x \sin x$ に着目して，この積分を $I = \int \sin x \sin x\, dx$ と書く．これに部分積分法を使うと，$I = (-\cos x)\sin x - \int(-\cos x)\cos x\, dx = -\cos x \sin x + \int(1-\sin^2 x)dx$ となる．ここで，$\int(1-\sin^2 x)dx = x - I + C$, $\cos x \sin x = (1/2)\sin 2x$ に注意すれば，(4.21) を得る．

［問 4.3］ $xe^x = x(e^x)'$ であるから，$f(x) = e^x$, $g(x) = x$ として部分積分法を用いると $\int x(e^x)'\,dx = xe^x - \int (x)'\,e^x\,dx = xe^x - \int e^x\,dx = xe^x - e^x + C$ となる．

［問 4.4］ $t = 1 + x^2$ とおくと $dt/dx = 2x$ より $dt = 2x\,dx$ なので，(4.32) の置換積分は $\int_1^2 t^3(1/2)dt = [t^4/8]_1^2 = 15/8$ となる．

［問 4.5］ $t = x^2$ とおくと $dt/dx = 2x$ より $dt = 2x\,dx$ なので，(4.33) の置換積分は $\int_0^{a^2} e^{-t}(1/2)dt = (1/2)[-e^{-t}]_0^{a^2} = (1/2)(1-e^{-a^2})$ となる．

［問 4.6］ $x = c\sin t$ とおくと，被積分関数は $\sqrt{c^2 - x^2} = c\sqrt{1-\sin^2 t} = c\cos t$ となる．また，$dx = c\cos t\,dt$ なので，置換積分は $\int_0^{\pi/6}(c\cos t)(c\cos t)dt = c^2\int_0^{\pi/6}\cos^2 t\,dt = c^2\int_0^{\pi/6}\dfrac{1+\cos 2t}{2}dt$ となる．これを計算すれば (4.34) を得る．

［問 4.7］ まず，括弧内の定積分は y を定数と見なして $\int_0^1 (x+2y)^2 dx = \left[\dfrac{(x+2y)^3}{3}\right]_{x=0}^{x=1} = 4y^2 + 2y + 1/3$ のように計算する．次に，この結果を y で積分すると $\iint_D f\,dx\,dy = \int_0^1\left(4y^2 + 2y + \dfrac{1}{3}\right)dy = \dfrac{8}{3}$ となる．

［問 4.8］
$$J(r,\theta,\phi) = \frac{\partial(x,y,z)}{\partial(r,\theta,\phi)} = \begin{vmatrix} \dfrac{\partial x}{\partial r} & \dfrac{\partial x}{\partial \theta} & \dfrac{\partial x}{\partial \phi} \\ \dfrac{\partial y}{\partial r} & \dfrac{\partial y}{\partial \theta} & \dfrac{\partial y}{\partial \phi} \\ \dfrac{\partial z}{\partial r} & \dfrac{\partial z}{\partial \theta} & \dfrac{\partial z}{\partial \phi} \end{vmatrix}$$
$= r^2\sin\theta$（行列式の計算方法は 8.1.2 項を参照）

［問 4.9］ x 軸に沿って始点 (1, 0) から (2, 0) まで行く直線 $\mathrm{C_1}$ 上では，$1 \le x \le 2$, $y = 0$, $dy = 0$ であるから，$\int_{\mathrm{C_1}}\{(x-0)dx + 0\times 0\} = \int_1^2 x\,dx = 3/2$ となる．また，y 軸に平行に (2, 0) から終点 (2, 1) まで行く直線 $\mathrm{C_2}$ 上では $0 \le y \le 1$, $x = 2$, $dx = 0$ であるから，$\int_{\mathrm{C_2}}\{(2-y)\times 0 + y\,dy\} = \int_0^1 y\,dy = 1/2$ となる．よって，経路 C の線積分の値は $\mathrm{C_1}$ と $\mathrm{C_2}$ の和 2 ($= 3/2 + 1/2$) になる．

［問 4.10］　例題4.7の(4.69)で $z=1$ とおいた面積分の2倍であることに注意すれば，(4.73)で $z=1$ とした $\int_S dS = \int_D \frac{R}{\sqrt{R^2-x^2-y^2}}\,dx\,dy$ を計算すればよい．ここで，$x^2+y^2=r^2$ とおき，ヤコビアン $dx\,dy = r\,dr\,d\theta$ を使うと，$\int_D \frac{R}{\sqrt{R^2-x^2-y^2}}\,dx\,dy = \int_0^R r\,dr\int_0^{2\pi} d\theta \frac{R}{\sqrt{R^2-r^2}} = 2\pi R\int_0^R \frac{r}{\sqrt{R^2-r^2}}\,dr = 2\pi R\left[-\sqrt{R^2-r^2}\right]_0^R = 2\pi R^2$ となる．この値の2倍の $4\pi R^2$ が球の表面積である．

［問 4.11］　半径 R の球面上で $\boldsymbol{A}\cdot\hat{\boldsymbol{n}} = \boldsymbol{A}\cdot\hat{\boldsymbol{r}}$ は $\boldsymbol{A}\cdot\hat{\boldsymbol{r}} = q/r^2 = q/R^2$（＝一定値）なので面積分の外に出せ，残りの積分は球面Sの表面積(4.62)だから $4\pi R^2$ である．したがって，$(q/R^2)\times 4\pi R^2 = 4\pi q$ となる．

［問 4.12］　$r=R$ として，変数 x, y, z を問4.8の3次元極座標で表すと，$x = R\sin\theta\cos\phi$，$y = R\sin\theta\sin\phi$，$z = R\cos\theta$ である．これから，球面Sの単位法線ベクトルは $\hat{\boldsymbol{n}} = (\hat{n}_x, \hat{n}_y, \hat{n}_z) = (x/R, y/R, z/R) = (\sin\theta\cos\phi, \sin\theta\sin\phi, \cos\theta)$ となるので，$\boldsymbol{A}\cdot\hat{\boldsymbol{n}} = A_x\hat{n}_x + A_y\hat{n}_y + A_z\hat{n}_z = 0\cdot\hat{n}_x + 0\cdot\hat{n}_y + a\cdot\hat{n}_z = a\cos\theta$ である．したがって，面積分は $\int_0^\pi d\theta\int_0^{2\pi} d\phi\, R^2(\sin\theta)(a\cos\theta) = 2\pi a R^2\int_0^\pi d\theta\sin\theta\cos\theta = 0$ となる．ここで，$ds = R^2\sin\theta\,d\theta\,d\phi$ としたが，この ds は問4.8のヤコビアンを $r=R$ とし，且つ，r 積分がないので $dr\,d\theta\,d\phi$ を $d\theta\,d\phi$ にかえた $J\,d\theta\,d\phi$ で定義したものである．なお，面積分がゼロになる理由は，$z>0$ の部分のスカラー積 $\boldsymbol{A}\cdot\hat{\boldsymbol{n}}$ は正で，$z<0$ の $\boldsymbol{A}\cdot\hat{\boldsymbol{n}}$ は負なので，両者の和が打ち消し合うからである．

第 5 章

［問 5.1］　$y = a\sin\omega t + b\cos\omega t$ を変数 t で連続2回微分すると，$y'' = -\omega^2 a\sin\omega t - \omega^2 b\cos\omega t = -\omega^2(a\sin\omega t + b\cos\omega t) = -\omega^2 y$ となる．

［問 5.2］　未知関数 x は t によらないから定数である．そのため，一般解は $x(t) = C$ となる．$x(0) = C = 1$ より，特解は $x(t) = 1$ である．

［問 5.3］　(5.20)は変数分離型なので $\int_{y_0}^{y}\frac{dy}{y-cy^2} = a\int_{t_0}^{t} dt = a(t-t_0)$ を計算すればよい（ただし，$c = b/a$ とおく）．$1/(y-cy^2) = 1/y + c/(1-cy)$ に注意して，左辺の定積分を計算すれば，$\log\frac{y}{y_0} + \log\frac{1-cy_0}{1-cy} = \log\frac{y}{y_0}\frac{1-cy_0}{1-cy}$ となる．これが右辺に等しいとして $\log\frac{y}{y_0}\frac{1-cy_0}{1-cy} = a(t-t_0)$ を y について解けば，(5.21)を得る．

［問 5.4］　(5.34)は $dy/dx = \{1+(y/x)^2\}/(2y/x) = f(y/x)$ のように同次型であるから，$f(u) = (1+u^2)/2u$ を(5.27)に代入すれば，左辺の積分は $\int\frac{2u}{1-u^2} = -\int\frac{dz}{z} = -\log z$ となる．ただし，2番目の式は，置換積分法を使って $u^2-1 = z$ と変数を変えた

$(2u\,du = dz)$．したがって，(5.27) は $-\log(u^2-1) = \log x + C$ となるので，$\log x + \log(u^2-1) = \log x(u^2-1) = -C$ のように変形すると $u^2 = 1 + e^{-C}/x$ を得る．これを $u = y/x$ で書き換え，$2A = e^{-C}$ とおくと (5.35) になる．

［**問 5.5**］ (5.48) で $P = -2x$, $Q = x$ とおいて (5.53) を計算すれば，$y = -1/2 + Ae^{x^2}$ を得る．ただし，A は積分定数である．

［**問 5.6**］ (5.58) で $P = 2xy + x\cos x + \sin x$, $Q = x^2 + 1$ とおくと，$\partial P/\partial y = \partial Q/\partial x (= 2x)$ なので完全型である．$\Phi_x = P = 2xy + x\cos x + \sin x$ より $\Phi(x, y) = x^2 y + x\sin x + f(y)$ である．$f(y)$ は y だけの任意関数である．一方，$\Phi_y = x^2 + df(y)/dy = Q$ より $df(y)/dy = 1$ だから，$f(y) = y$ である．したがって，一般解 (5.63) は $\Phi(x, y) = x^2 y + x\sin x + y = C$ となる．ただし，C は定数である．$x = 0$, $y = 3$ のとき $C = 3$ なので，特解は $y(x) = -(x\sin x)/(x^2+1) + 3/(x^2+1)$ である．

〈物理・工学への応用問題〉

［**1**］ $p^{-1/\gamma}dp = -(g/k^{1/\gamma})dz$ と変数分離できるから，両辺をそれぞれ積分すれば，(5.74) を得る．

［**2**］ $m(dv/dt) = -mg - \gamma v = -\gamma(mg/\gamma + v)$ より $dv/(mg/\gamma + v)dv = -(\gamma/m)dt$ と変数分離できるので，積分 $\displaystyle\int \frac{1}{v + mg/\gamma}dv = -\int \frac{\gamma}{m}dt + \log C$ より $\log(v + mg/\gamma) - \log C = \log\{(v + mg/\gamma)/C\} = -(\gamma/m)t$ となる．これから $(v + mg/\gamma)/C = e^{-\frac{\gamma}{m}t}$ となるので，v について解けば (5.76) を得る．

［**3**］ 積分因数法を使う．(5.48) と比べると，$P(x) = R/L$, $Q(x) = E/L$ なので，積分因子 μ は (5.46) より $\mu(t) = C\exp\left(\displaystyle\int^t \frac{R}{L}du\right) = C\exp\left(\frac{R}{L}t\right)$ である (C は積分定数)．したがって，一般解 (5.52) の $I(t) = \dfrac{1}{\mu(t)}\displaystyle\int^t \mu(u)\,Q(u)\,du + \dfrac{B}{\mu(t)}$ を書き換えれば (5.78) となる ($B/C = A$)．

［**4**］ これは完全型の微分方程式である．理想気体の内部エネルギー U は，絶対温度 T だけの関数なので，dU は $(dU/dT)dT$ と書ける．また，状態方程式は $pV = RT$ であるから (5.79) は $dU + p\,dV = (dU/dT)dT + (RT/V)dV = 0$ となる．ここで，$P = dU/dT$ と $Q = RT/V$ とおいても完全形の条件を満たさない (微係数 dU/dT は数値 (C_v) だから，P を V で微分してもゼロになる)．そこで，P と Q に積分因子 μ を掛けて $\partial(\mu P)/\partial V = \partial(\mu Q)/\partial T$ を満たす μ を求める．μ は T の関数 $(\mu = \mu(T))$ であると仮定すれば，$\partial(\mu P)/\partial V = 0$ より $(\partial\mu/\partial T)Q + \mu(\partial Q/\partial T) = (\partial\mu/\partial T)RT/V + \mu R/V = 0$ である．この 2 番目と 3 番目の等式から，$\partial\mu/\partial T = -\mu/T$ となるので $\mu = 1/T$ を得る．したがって，$dU + p\,dV = \mu(dU/dT)dT + \mu(RT/V)dV = (C_v/T)dT + (R/V)dV = 0$ となる．そして，右辺の等式を $d(C_v\log T + R\log V + C) = d\Phi(T, V) = 0$ と書くと，一般解は $\Phi = S$ で (5.80) となる (積分定数 $C = S_0$)．

第 6 章

［問 6.1］ $y' = p$ とおくと，2 階微分方程式は $p' + 3p = 6x$ の 1 階微分方程式に変わる．この解を $p = C(x)e^{-3x}$（定数変化法）として代入すると，$dC/dx = 6xe^{3x}$ となる．これから $C(x) = (2x - 2/3)e^{3x} + C_1$ を得るので，$p = C(x)e^{-3x} = (2x - 2/3) + C_1e^{-3x}$ となる．これをもう一度積分すると，一般解 $y(x) = x^2 - (2/3)x - (1/3)C_1e^{-3x} + C_2$ を得る（C_1, C_2 は積分定数）．

［問 6.2］ $y' = p$, $y'' = p\,dp/dy$ とおくと，2 階微分方程式は $dp/p - dy/(y-1) = 0$ となる．これを積分すると $\log p - \log(y-1) = \log C$ なので，$p = C(y-1)$ を得る（C は積分定数）．さらに，$dy/dx = C(y-1)$ を積分すると $\log(y-1) = Cx + \log D$ より，一般解 $y = 1 + De^{Cx}$ を得る（D は積分定数）．

［問 6.3］ $-\int \frac{dC}{C^2} = \int be^{ax}\,dx$ から $1/C = (b/a)e^{ax} + A$ となる．これから C を求めると (6.15) となる．

［問 6.4］ 一般解 (6.16) に初期値 $y(0) = y_0$ を代入すれば，$y_0 = 1/(b/a + A)$ より $A = (1/y_0) - (b/a)$ を得る．これで，(6.16) の A を消去すると (6.17) になる．

［問 6.5］ (6.23) を $y' + Py = Q$ に代入すると $dC(x)/dx = Q(x)\,e^{\int^x P(u)\,du}$ となるので，x で積分して $C(x) = \int^x Q(u)\,e^{\int^u P(v)\,dv}\,du + A$ を得る（A は積分定数）．これを (6.23) に代入すれば，一般解 (5.53) となる．

［問 6.6］ $y_1 = x$, $y_2 = x^3$ とすると，ロンスキアン (6.31) は $W = y_1y_2' - y_1'y_2 = 2x^3$ で，$R(x) = x^3$ だから，(6.30) より特解は $y_{\rm p} = x^5/8$ である（$y_{\rm p1} = -x^5/8$, $y_{\rm p2} = x^5/4$）．よって，一般解は $y = C_1y_1 + C_2y_2 + y_{\rm p} = C_1x + C_2x^3 + x^5/8$ である（C_1, C_2 は積分定数）．

［問 6.7］ $\lambda^2 + 4 = 0$ より $\lambda_1 = 2i$, $\lambda_2 = -2i$ だから，基本解 $y_1 = e^{\lambda_1 x} = e^{2ix}$, $y_2 = e^{\lambda_2 x} = e^{-2ix}$ を得る．したがって，一般解は $y(x) = C_1e^{2ix} + C_2e^{-2ix}$ である（C_1, C_2 は積分定数）．あるいは，オイラーの公式 (1.29) と (1.30) を使って，$y(x) = A\sin(2x + \phi)$ のように表すことができる（A, ϕ は積分定数，物理・工学への応用問題［2］の解を参照）．

［問 6.8］ $y = C(x)y_1 = C(x)e^{\lambda x}$ を (6.41) に代入する．$\lambda = -a$, $a^2 = b$ に注意すると，(6.41) は $C''(x) = 0$ となる．これから $C(x) = B_1 + B_2x$ なので，$y_2 = (B_1 + B_2x)y_1 = (B_1 + B_2x)e^{\lambda x}$ である（B_1, B_2 は任意定数）．したがって，一般解は y_1 と y_2 の重ね合わせによって，$y = (C_1 + C_2x)e^{\lambda x}$ の形に書くことができる（C_1, C_2 は任意定数）．

［問 6.9］ 同次方程式 $y'' + 4y = 0$ の基本解は $y_1 = \cos 2x$ と $y_2 = \sin 2x$ であるから，ロンスキアン (6.31) は $W = y_1y_2' - y_1'y_2 = 2$ である．(6.27) で $R = \cos 2x$ なので (6.30) より $y_{\rm p1} = -\cos 2x\int \frac{\cos 2x \sin 2x}{2}dx = -\frac{1}{8}(\cos 2x)(\sin^2 2x)$，$y_{\rm p2} = \sin 2x\int \frac{\cos 2x \cos 2x}{2}dx = \frac{1}{4}(\sin 2x)\left(x + \frac{1}{4}\sin 4x\right)$ である．$\sin 4x = 2\sin 2x \cos 2x$ を使うと，一般解は $y = C_1\cos 2x + C_2\sin 2x + (x/4)\sin 2x$ となる（C_1, C_2 は積分定数）．

〈物理・工学への応用問題〉

［1］ 一般解は基本解 $e^{i\omega t}$, $e^{-i\omega t}$ に任意定数 A, B を掛けて重ね合わせた $x(t) = Ae^{i\omega t} + Be^{-i\omega t}$ である．これに初期条件 $x(0) = 1$, $x'(0) = 0$ を使うと $A = B = 1/2$ となる ($x(0) = A + B = 1$ と $x'(0) = i\omega(A - B) = 0$)．したがって，特解は $x(t) = (1/2)(e^{i\omega t} + e^{-i\omega t}) = \cos\omega t$ である．

［2］ 特性方程式 (6.52) の解 (6.53) に $a = \gamma$, $b = \omega^2$ を代入すると，2 根は，$\lambda_1 = -\gamma + \sqrt{\gamma^2 - \omega^2}$, $\lambda_2 = -\gamma - \sqrt{\gamma^2 - \omega^2}$ である．係数 γ と ω の大小に応じて，3 種類の運動が現れる．(a) $\gamma^2 > \omega^2$ の場合，$x(t) = C_1 e^{\lambda_1 t} + C_2 e^{\lambda_2 t}$ に従って，ゆっくり減衰する (過減衰)．(b) $\gamma^2 = \omega^2$ の場合，$x(t) = (C_1 + C_2 t)e^{-\gamma t}$ に従って，速やかに減衰する (臨界減衰)．(c) $\gamma^2 < \omega^2$ の場合，$x(t) = e^{-\gamma t}(Ae^{i\Omega t} + Be^{-i\Omega t})$ に従って，減衰振動する (減衰振動)．ただし，$\Omega = \sqrt{\omega^2 - \gamma^2}$ である．なお，オイラーの公式 (1.29) と (1.30) を使うと，$Ae^{i\Omega t} + Be^{-i\Omega t} = (A + B)\cos\Omega t + i(A - B)\sin\Omega t$ となるが，x が実測される量 (実数) であるという要請から，$A + B = C_1$, $i(A - B) = C_2$ でなければならない (C_1, C_2 は実数)．したがって，$x(t) = e^{-\gamma t}(C_1\cos\Omega t + C_2\sin\Omega t)$ と書けるので，一般解は，三角関数の合成公式 (1.68) から $x(t) = Ce^{-\gamma t}\sin(\Omega t + \phi)$ で与えられる．ただし，$C = \sqrt{C_1^2 + C_2^2}$, $\tan\phi = C_1/C_2$ である．

［3］ オイラーの公式 $e^{i\omega t} = \cos\omega t + i\sin\omega t$ から $\cos\omega t$ が $e^{i\omega t}$ の実部 ($\cos\omega t = \mathrm{Re}\{e^{i\omega t}\}$) で与えられることに注意すれば，(6.67) の右辺を $e^{i\omega t}$ で表せる．そこで，(6.67) を複素数 z を使って $d^2z/dt^2 + (R/L)dz/dt + (1/LC)z = (\omega E_0/L)e^{i\omega t}$ のように書き換える．求めたい解は I であるが，これは実部 $\mathrm{Re}\{z\}$ に対応する (右辺の $\cos\omega t = \mathrm{Re}\{e^{i\omega t}\}$ に注意)．つまり，$I(t) = \mathrm{Re}\{z(t)\}$ である．z に関する微分方程式に指数関数解 $z(t) = A\,e^{i\omega t}$ を代入し，$S = \omega L - 1/\omega C$ とおくと $A = -E_0/(S - iR) = -i(E_0/\sqrt{S^2 + R^2})e^{-i\phi}$ となるから，$z(t) = -i(E_0/\sqrt{S^2 + R^2})e^{-i\phi}e^{i\omega t} = -i(E_0/\sqrt{S^2 + R^2})e^{i(\omega t - \phi)}$ である (ただし，$\tan\phi = S/R$)．この $z(t)$ は $z = (E_0/\sqrt{S^2 + R^2})\{-i\cos(\omega t - \phi) + \sin(\omega t - \phi)\}$ と書けるから，この実部が特解になる．したがって，求める電流は $I(t) = (E_0/\sqrt{S^2 + R^2})\sin(\omega t - \phi)$ である．

［4］ (1) $x = 1 + X$, $y = 1 + Y$ を (6.68) と (6.69) に代入し，$XY = 0$ とすると $dX/dt = \dot{X} = -Y$, $dY/dt = \dot{Y} = X$ を得る．ここで，X の微分方程式 $\dot{X} = -Y$ を t で微分して，右辺の $\dot{Y}$ を X で書き換えると，$\ddot{X} = -X$ となる．これは X に関する単振動の式である．同様に，$\dot{Y} = X$ を t で微分して $\dot{X}$ を Y で書き換えると $\ddot{Y} = -Y$ となる．調和振動的に個体数が変化して，どちらかの個体数が消滅することはないから，このロトカ - ボルテラの生存競争モデルは平和共存モデルである．

(2) (6.68) は $(dx/dt)/x = 1 - y$ より $d\log x/dt = 1 - y$ と書ける．(6.69) は $(dy/dt)/y = x - 1$ より $d\log y/dt = x - 1$ と書ける．2 つを加えると $(d/dt)(\log x + \log y) = x - y$ となる．一方，(6.68) と (6.69) を加えると $(d/dt)(x + y) = x - y$ となる．2 つの式の右辺 $(x - y)$ は等しいから $(d/dt)(\log x + \log y - x - y) = 0$ となるので，$\log x + \log y - x - y = C$ のように時間によらず一定 (C = 定数) であることがわかる (このような量を**保存量**という)．$-x = -x\log e = \log e^{-x}$ であることに注意すれば，

$\log x + \log y + \log e^{-x} + \log e^{-y} = \log(xe^{-x}ye^{-y}) = C$ となるから $xe^{-x}ye^{-y} = e^C$ を得る．したがって，(6.70) の保存量が得られる．$F(x, y) = A$ から x と y の等高線を引けば，x と y の振る舞いがわかる $(A = e^C)$．

第 7 章

［問 7.1］ $\dfrac{\partial u(x, y)}{\partial s} = \dfrac{\partial u}{\partial x}\dfrac{\partial x}{\partial s} + \dfrac{\partial u}{\partial y}\dfrac{\partial y}{\partial s}$ で，$\dfrac{\partial x}{\partial s} = \dfrac{-b}{a}\dfrac{\partial y}{\partial s}$ と仮定すると $\dfrac{\partial u(x, y)}{\partial s} = \left(\dfrac{-b}{a}\dfrac{\partial u}{\partial x} + \dfrac{\partial u}{\partial y}\right)\dfrac{\partial y}{\partial s} = -\dfrac{1}{a}\left(b\dfrac{\partial u}{\partial x} - a\dfrac{\partial u}{\partial y}\right)\dfrac{\partial y}{\partial s} = 0$ となるので，u は s に依存しないことがわかる．そこで，任意関数 g を使って $u = g(t)$ と書くことができる．一方，$\dfrac{\partial x}{\partial s} = \dfrac{-b}{a}\dfrac{\partial y}{\partial s}$ は $\dfrac{\partial}{\partial s}\left(x + \dfrac{b}{a}y\right) = \dfrac{1}{a}\dfrac{\partial}{\partial s}(ax + by) = 0$ であるから，$ax + by$ も s に依存しない．そのため，任意関数 h を使って $ax + by = h(t)$ と書くことができる．この逆関数をとると $t = h^{-1}(ax + by)$ である．これを $u = g(t)$ に代入すれば，u は $u = g(t) = g(h^{-1}(ax + by)) = f(ax + by)$ と書ける．ただし，関数 f は $f = g(h^{-1})$ で定義される任意関数である．

［問 7.2］ $\partial^2 u/\partial t^2 = -\omega^2 A\cos(kx - \omega t) = -\omega^2 u$ と $\partial^2 u/\partial x^2 = -k^2 A\cos(kx - \omega t) = -k^2 u$ から $\omega^2 u = v^2 k^2 u$ である．よって，$v = \omega/k$ となる．

［問 7.3］ (7.28) の X に関する方程式は例題 6.6 と同じ形だから，この解は $X(x) = a\cos\alpha x + b\sin\alpha x$ とおける．これに境界条件 (7.30) を代入すると $X(0) = a\cos 0 = 0$，$X(L) = b\sin\alpha L = 0$ より $a = 0$，$b\sin\alpha L = 0$ である．したがって，$b \neq 0$ の場合，$\sin\alpha L = 0$ より，α は $\alpha = n\pi/L \equiv \alpha_n (n = 1, 2, \cdots)$ の「とびとびの値（離散的な値）」をとらなければならない（α の値は n によって変わるので α_n で区別する）．この α_n に対応する解は，係数を a_n として $X(x) = a_n\sin\alpha_n x = a_n\sin(n\pi x/L) \equiv X_n$ となる．一方，(7.28) の T に関する式は，例題 5.4 と同じだから，係数を b_n とすれば $T(t) = b_n\exp\{-\kappa(n\pi/L)^2 t\} \equiv T_n$ となる．以上より，$u(x, t) = X_n T_n = a_n b_n \sin(n\pi x/L)\exp\{-\kappa(n\pi/L)^2 t\} \equiv u_n$ となるが，これは特定の n に対する解 u_n なので，n で和をとった (7.31)（n が異なる解の重ね合わせ）が一般解になる（ただし，$c_n = a_n b_n$ とした）．

［問 7.4］ 波動方程式 (7.7) は $a = -v^2$, $b = 0$, $c = 1$ $(d = e = f = 0)$ で，$D = b^2 - ac = v^2 > 0$ より双曲型である．熱伝導方程式 (7.19) は $a = -\kappa$, $b = c = 0$ $(d = 0, e = 1, f = 0)$ で，$D = b^2 - ac = 0$ より放物型である．ラプラス方程式 (7.32) は $a = c = 1$, $b = 0$ $(d = e = f = 0)$ で，$D = b^2 - ac = -1 < 0$ より楕円型である．

〈物理・工学への応用問題〉

［1］ (1) $u = U(x, y)T(t)$ を (7.38) に代入して整理すると，$(1/v^2)(d^2T/dt^2)/T = \Delta U/U$ のように，左辺は t の関数，右辺は x, y の関数になる．両辺が恒等的に成り立つためには，結局，定数でなければならない．この定数を $-\lambda$ とおいた式が (7.39) である．

(2) (7.39) の U の式に変数分離型の関数 $U(x, y) = X(x)Y(y)$ を代入して整理する

と $X''/X = -(1/Y)(Y''+\lambda Y)$ のように，左辺は x，右辺は y だけの式になるから，両者は定数に等しくなければならない．この定数を $-\beta$ とおく．これから X の式は $X'' + \beta X = 0$ となる．一般解を $X(x) = A\cos\sqrt{\beta}x + B\sin\sqrt{\beta}x$ とすれば，境界条件 $X(0) = X(a) = 0$ より $A = 0$, $\sqrt{\beta}a = m\pi$ (m = 整数) となるので，$X(x) = a_m \sin\{(m\pi/a)x\}$ である．同様に，$Y''+(\lambda-\beta)Y = 0$ は境界条件 $Y(0) = Y(b) = 0$ より，解は $Y(y) = b_m \sin\{(n\pi/b)y\}$ となる ($\sqrt{\lambda-\beta}\,b = n\pi$ (n = 整数))．一方，$T(t) = e^{i\omega t}$ を (7.39) の T の式に代入すれば，$\omega = \sqrt{\lambda}v$ であるから $\sqrt{\lambda}$ を書き換えると，周期 $\tau = 2\pi/\omega$ が求まる．

［2］ $\dfrac{\partial u}{\partial t} = \dfrac{\partial \xi}{\partial t}\dfrac{df(\xi)}{d\xi} = (-u_t t - u)\dfrac{df(\xi)}{d\xi} = (-u_t t - u)f'$ と $\dfrac{\partial u}{\partial x} = \dfrac{\partial \xi}{\partial x}\dfrac{df(\xi)}{d\xi} = (1 - tu_x)f'$ を (7.41) に代入すると $u_t + uu_x = (-u_t t - utu_x)f'$ より $(u_t + uu_x)(1 + tf') = 0$ となる．$1 + tf' \neq 0$ なので，$u_t + uu_x = 0$ が成り立つ．なお，$1 + tf' = 0$ の場合は，$u_x = f'/(1 + tf') = \infty$ となり，波頭が完全に垂直に突っ立ってしまう．

［3］ $u(x,t) = f(x - vt) + g(x + vt)$ と書くと，初期条件は $f(x) + g(x) = F(x)$, $-vf'(x) + vg'(x) = G(x)$ となる．積分すると $-f(x) + g(x) = \dfrac{1}{v}\displaystyle\int_{x0}^{x} G(s)ds + C$ である (積分定数 $C = G(x_0) - F(x_0)$)．これらより $f(x) = \dfrac{1}{2}F(x) - \dfrac{1}{2v}\displaystyle\int_{x0}^{x} G(s)\,ds - \dfrac{C}{2}$ と $g(x) = \dfrac{1}{2}F(x) + \dfrac{1}{2v}\displaystyle\int_{x0}^{x} G(s)\,ds + \dfrac{C}{2}$ を得る．したがって，$2u(x,t) = F(x - vt) - \dfrac{1}{v}\displaystyle\int_{x0}^{x-vt} G(s)ds + F(x + vt) + \dfrac{1}{v}\displaystyle\int_{x0}^{x+vt} G(s)ds = F(x - vt) + F(x + vt) + \dfrac{1}{v}\displaystyle\int_{x-vt}^{x+vt} G(s)\,ds$ より (7.43) を得る．

［4］ $x = d$ での境界条件 $\Psi_2(d) = \Psi_3(d)$, $\Psi_2'(d) = \Psi_3'(d)$ から $a_2 e^{ik_2 d} + b_2 e^{-ik_2 d} = a_3^{ik_1 d}$, $k_2(a_2 e^{ik_2 d} - b_2 e^{-ik_2 d}) = k_1 a_3^{ik_1 d}$ を得る．この 2 式から，まず a_2, b_2 を求める (つまり，a_2, b_2 を a_3 だけで表す)．次に，$x = 0$ での境界条件 $\Psi_1(0) = \Psi_2(0)$, $\Psi_1'(0) = \Psi_2'(0)$ から得られる $1 + b_1 = a_2 + b_2$, $k_1 - k_1 b_1 = k_2 a_2 - k_2 b_2$ から b_1 を消去した式をつくる (1 番目の式に k_1 を掛けて，2 番目の式と和をとればよい)．そして，この式に a_2, b_2 を代入すると a_3 だけの式が求まる (つまり，a_3 が決まる)．透過率 $D = a_3^* a_3/a_1^* a_1 = a_3^* a_3$ の式は，$k_2 = ik$ と双曲線関数 (1.83) と (1.84) を使えば導ける ($a_1 = 1$)．

第 8 章

［問 8.1］ $A + B$ を求めた後に C を右から掛けて $(A + B)C$ をつくる．一方，AB と AC を求めた後に $AB + AC$ をつくると，両者は等しいことがわかる．

［問 8.2］ $D(3) = 8\times1\times4 + 1\times9\times1 + 8\times7\times5 - 5\times1\times1 - 8\times8\times1 - 9\times7\times4 = 0$.

［問 8.3］ 小行列は $M_{11} = \cos\theta$, $M_{12} = -\sin\theta$, $M_{21} = \sin\theta$, $M_{22} = \cos\theta$ であるから，対応する余因子は $C_{11} = (-1)^2 M_{11} = \cos\theta$, $C_{12} = (-1)^3 M_{12} = \sin\theta$, $C_{21} = (-1)^3 M_{21}$

$= -\sin\theta$, $C_{22} = (-1)^4 M_{22} = \cos\theta$ である．2次の行列式 $D(2) = |A|$ は $D(2) = \cos^2\theta + \sin^2\theta = 1$ であるから，(8.41) の A^{-1} を得る．

［**問 8.4**］ 略.

［**問 8.5**］ $D_x = pd - qb$ を余因子 $C_{11} = d$, $C_{21} = -b$ で書き換える．同様に，$D_y = qa - pc$ を余因子 $C_{12} = -c$, $C_{22} = a$ で書き換える．

［**問 8.6**］ $\begin{pmatrix} y_1 & y_2 \\ y_1' & y_2' \end{pmatrix}\begin{pmatrix} A_1' \\ A_2' \end{pmatrix} = \begin{pmatrix} 0 \\ R \end{pmatrix}$ にクラメルの公式 (8.49) を適用すればよい.

［**問 8.7**］ $D(\lambda) = \begin{vmatrix} 0-\lambda & 1 \\ 5 & 4-\lambda \end{vmatrix} = -\lambda(4-\lambda) - 5 = (\lambda-5)(\lambda+1) = 0$ の特性方程式より，$\lambda = 5$ と $\lambda = -1$ となる．

［**問 8.8**］ 略.

［**問 8.9**］ $\boldsymbol{v}_1$ の成分を (v_x, v_y) とするとき，$\boldsymbol{v}_1$ の規格化は $\sqrt{v_x^2 + v_y^2} = 1$ を要請することだから，$|\boldsymbol{v}_1| = x_1\sqrt{1^2 + 5^2} = x_1\sqrt{26} = 1$ より，$x_1 = 1/\sqrt{26}$ である．同様な計算を $\boldsymbol{v}_2$ に行なえば $\sqrt{v_x^2 + v_y^2} = 1$ より $|\boldsymbol{v}_2| = x_2\sqrt{1^2 + 1^2} = x_2\sqrt{2} = 1$ より，$x_2 = 1/\sqrt{2}$ である．

［**問 8.10**］ (8.94) の2番目の式に数値を入れて $\boldsymbol{R} = R_1\boldsymbol{e}_1 + R_2\boldsymbol{e}_2$ を $\begin{pmatrix} 1 \\ 19 \end{pmatrix} = R_1\begin{pmatrix} \frac{1}{\sqrt{26}} \\ \frac{5}{\sqrt{26}} \end{pmatrix} + R_2\begin{pmatrix} \frac{1}{\sqrt{2}} \\ -\frac{1}{\sqrt{2}} \end{pmatrix}$ と書き，これを $\begin{pmatrix} \frac{1}{\sqrt{26}} & \frac{1}{\sqrt{2}} \\ \frac{5}{\sqrt{26}} & -\frac{1}{\sqrt{2}} \end{pmatrix}\begin{pmatrix} R_1 \\ R_2 \end{pmatrix} = \begin{pmatrix} 1 \\ 19 \end{pmatrix}$ と書き換えた後で，クラメルの公式を使えばよい．

［**問 8.11**］ $y(0) = C_1 + C_2 = 6$, $y'(0) = 5C_1 - C_2 = 0$ より $C_1 = 1$, $C_2 = 5$ となる．

［**問 8.12**］ 略.

〈物理・工学への応用問題〉

［**1**］ 固有ベクトル $\boldsymbol{x}$ と行列 $A = \begin{pmatrix} -2\omega^2 & \omega^2 \\ \omega^2 & -2\omega^2 \end{pmatrix}$ を使って $d^2\boldsymbol{x}/dt^2 = A\boldsymbol{x}$ と書き換え $(\omega^2 = k/m)$，指数関数解 $\boldsymbol{x} = \boldsymbol{b}e^{\lambda t} = \begin{pmatrix} b_1 \\ b_2 \end{pmatrix}e^{\lambda t}$ を代入する (b_1, b_2 は定数) と $\lambda^2\boldsymbol{b} = A\boldsymbol{b}$ となる．特性方程式から，2つの固有値 $\lambda_1^2 = -\omega^2$, $\lambda_2^2 = -3\omega^2$ が求まる．$\lambda_1^2 = -\omega^2$ に対する固有ベクトル $\boldsymbol{b}_1$ の成分は，$b_1 - b_2 = 0$ が成り立つので，$b_2 = b_1 = C$ とおくと $\boldsymbol{b}_1 = \begin{pmatrix} b_2 \\ b_2 \end{pmatrix} = C\begin{pmatrix} 1 \\ 1 \end{pmatrix} \equiv C\boldsymbol{v}_1$，$\boldsymbol{v}_1 = \begin{pmatrix} 1 \\ 1 \end{pmatrix}$ となる．同様に，$\lambda_2^2 = -3\omega^2$ に対する固有ベクトル $\boldsymbol{b}_2$ の成分は，$b_1 + b_2 = 0$ が成り立つので，$b_2 = -b_1 = D$ とおくと $\boldsymbol{b}_2 = \begin{pmatrix} -b_2 \\ b_2 \end{pmatrix} = D\begin{pmatrix} -1 \\ 1 \end{pmatrix} \equiv D\boldsymbol{v}_2$，$\boldsymbol{v}_2 = \begin{pmatrix} -1 \\ 1 \end{pmatrix}$ となる．$\lambda_1 = \pm i\omega$ の基本解は $e^{i\omega t}$ と $e^{-i\omega t}$ なので，これらの解の重ね合わせを $\boldsymbol{x}_1^1$ と書けば（上付きの1は λ_1 に対応する解であることを明示するた

め)，$\boldsymbol{x}_1^1 = (C_1 e^{i\omega t} + C_2 e^{-i\omega t})\boldsymbol{v}_1$ である (C_1, C_2 は任意定数)．同様に，$\lambda_2 = \pm i\sqrt{3}\omega$ の解を $\boldsymbol{x}_2^2$ と書けば (上付きの 2 は λ_2 に対応する解であることを明示するため)，$\boldsymbol{x}_2^2 = (D_1 e^{i\sqrt{3}\omega t} + D_2 e^{-i\sqrt{3}\omega t})\boldsymbol{v}_2$ である (D_1, D_2 は任意定数)．したがって，一般解は $\boldsymbol{x} = \boldsymbol{x}_1^1 + \boldsymbol{x}_2^2 = (C_1 e^{i\omega t} + C_2 e^{-i\omega t})\boldsymbol{v}_1 + (D_1 e^{i\sqrt{3}\omega t} + D_2 e^{-i\sqrt{3}\omega t})\boldsymbol{v}_2$ で与えられる．オイラーの公式 (1.29) と (1.30) を使って書き換えていけば，$\begin{pmatrix} x_1 \\ x_2 \end{pmatrix} = a\sin(\omega t + \alpha)\begin{pmatrix} 1 \\ 1 \end{pmatrix} + b\sin(\sqrt{3}\omega t + \beta)\begin{pmatrix} -1 \\ 1 \end{pmatrix}$ で与えられる．ここで a, b, α, β は任意定数である．

［2］ 固有ベクトル $\boldsymbol{x}$ と行列 $A = \begin{pmatrix} 1 & -1 & 0 \\ -1 & 2 & -1 \\ 0 & -1 & 1 \end{pmatrix}$ を使って $\ddot{\boldsymbol{x}} = -\omega^2 A\boldsymbol{x}$ と書き換える ($\omega^2 = k/m$)．これを，$\boldsymbol{x} = P\boldsymbol{z}$ で $P\ddot{\boldsymbol{z}} = -\omega^2 AP\boldsymbol{z}$ と書いて，左から P^{-1} を掛けると $\ddot{\boldsymbol{z}} = -\omega^2(P^{-1}AP)\boldsymbol{z}$ となる．$P^{-1}AP$ を対角行列にするため，A の固有値と固有ベクトルを求めればよい．A の固有値は $\lambda_1 = 0$, $\lambda_2 = 1$, $\lambda_3 = 3$ で対応する固有ベクトルは $\boldsymbol{v}_1 = \begin{pmatrix} 1 \\ 1 \\ 1 \end{pmatrix}$, $\boldsymbol{v}_2 = \begin{pmatrix} 1 \\ 0 \\ -1 \end{pmatrix}$, $\boldsymbol{v}_3 = \begin{pmatrix} 1 \\ -2 \\ 1 \end{pmatrix}$ である．$P = (\boldsymbol{v}_1\, \boldsymbol{v}_2\, \boldsymbol{v}_3) = \begin{pmatrix} 1 & 1 & 1 \\ 1 & 0 & -2 \\ 1 & -1 & 1 \end{pmatrix}$ から $P^{-1}AP = \begin{pmatrix} 0 & 0 & 0 \\ 0 & 1 & 0 \\ 0 & 0 & 3 \end{pmatrix}$ となるので，$\ddot{\boldsymbol{z}} = -\omega^2(P^{-1}AP)\boldsymbol{z}$ から $z_1 = a_1 t + \phi_1$, $z_2 = a_2\sin(\omega t + \phi_2)$, $z_3 = a_3\sin(\sqrt{3}\omega t + \phi_3)$ を得る．$\boldsymbol{x} = P\boldsymbol{z}$ より，$x_1 = z_1 + z_2 + z_3 = a_1 t + a_2\sin\omega t + a_3\sin\omega t$, $x_2 = z_1 + 0\times z_2 - 2z_3 = a_1 t - 2a_3\sin\sqrt{3}\omega t$, $x_3 = z_1 - z_2 + z_3 = a_1 t - a_2\sin\omega t + a_3\sin\sqrt{3}\omega t$ である．ここで，$x_1(0) = x_2(0) = x_3(0) = 0$ より $\phi_1 = \phi_2 = \phi_3 = 0$ であることに注意する．

［3］ 行列による表現は $\begin{pmatrix} x' \\ t' \end{pmatrix} = \gamma\begin{pmatrix} 1 & -v \\ -\dfrac{v}{c^2} & 1 \end{pmatrix}\begin{pmatrix} x \\ t \end{pmatrix}$ である．双曲線関数による表示は，$\gamma = \cosh\chi$ とおくのがポイントである．$\gamma = 1/\sqrt{1 - v^2/c^2}$ と $\cosh\chi = 1/\sqrt{1 - \tanh^2\chi}$ を比べると $v/c = \tanh\chi$ である．そして，$\sinh\chi = \tanh\chi\cosh\chi$ であることに注意すれば $x' = \gamma\{x - (v/c)ct\}$, $ct' = \gamma\{ct - (v/c)x\}$ から (8.122) を得る．

［4］ 略．

第 9 章

［問 9.1］ 力学では力の場，重力の場．電磁気学では電場，磁場，磁場のベクトルポテンシャル．

［問 9.2］ 力学ではポテンシャルの場．電磁気学では電場のスカラーポテンシャル (電位)．

［問 9.3］ $d\phi = \dfrac{\partial\phi}{\partial x}dx + \dfrac{\partial\phi}{\partial y}dy = \left(\dfrac{\partial\phi}{\partial x}\boldsymbol{i} + \dfrac{\partial\phi}{\partial y}\boldsymbol{j}\right)\cdot(dx\,\boldsymbol{i} + dy\,\boldsymbol{j}) = \boldsymbol{\nabla}\phi\cdot d\boldsymbol{r}$.

［問 9.4］ 例題 9.1 の (9.4) で，$f(r) = 1/r$ とおいたものが (9.9) の左辺であるから $\nabla(1/r) = \{d(1/r)/dr\}\nabla r = -(1/r^2)\nabla r$ となる．一方，$\nabla r = (\partial r/\partial x)\boldsymbol{i} + (\partial r/\partial y)\boldsymbol{j} + (\partial r/\partial z)\boldsymbol{k}$ は $\partial r/\partial x = x/\sqrt{x^2+y^2+z^2} = x/r$, $\partial r/\partial y = y/r$, $\partial r/\partial z = z/r$ となるので $\nabla r = (x/r)\boldsymbol{i} + (y/r)\boldsymbol{j} + (z/r)\boldsymbol{k} = (x\boldsymbol{i} + y\boldsymbol{j} + z\boldsymbol{k})/r = \boldsymbol{r}/r = \hat{\boldsymbol{r}}$ である．したがって，(9.9) を得る．

［問 9.5］ $\nabla\phi \cdot d\boldsymbol{r} = (\partial\phi/\partial x)dx + (\partial\phi/\partial y)dy + (\partial\phi/\partial z)dz = d\phi$ のような全微分に書けるから，$\int_{\mathrm{P}}^{\mathrm{Q}} \nabla\phi \cdot d\boldsymbol{r} = \int_{\mathrm{P}}^{\mathrm{Q}} d\phi = [\phi(\boldsymbol{r})]_{\mathrm{P}}^{\mathrm{Q}} = \phi(\mathrm{Q}) - \phi(\mathrm{P})$ となる．

［問 9.6］ 経路 C は放物線 $y = x^2\,(dy = 2x\,dx)$ であるから，線積分は $\int_{\mathrm{C}} \boldsymbol{A} \cdot d\boldsymbol{r} = \int_{\mathrm{C}} (x^2\boldsymbol{i} + y^3\boldsymbol{j}) \cdot (dx\,\boldsymbol{i} + 2x\,dx\,\boldsymbol{j}) = \int_0^1 (x^2 + 2x^7)\,dx = \dfrac{7}{12}$ である．一方，経路 C′ の場合 $\int_{\mathrm{C'}} \boldsymbol{A} \cdot d\boldsymbol{r} = \int_{\mathrm{C'}} (x^2\,dx + y^3\,dy) = \int_0^1 x^2\,dx + \int_0^1 y^3\,dy = \dfrac{7}{12}$ であるから，経路 C の結果と同じである．線積分の値が経路によらない理由は，このベクトル関数が $\boldsymbol{A} = \nabla\phi$ を満たすスカラー関数 $\phi = x^3/3 + y^4/4$ をもっているからである

［問 9.7］ 2 次元ベクトル場 $\boldsymbol{A} = (x/2, y/2)$ の発散は $\nabla \cdot \boldsymbol{A} = \partial A_x/\partial x + \partial A_y/\partial y = 1/2 + 1/2 = 1$ である．$\nabla \cdot \boldsymbol{A} = 1 > 0$ だから，正の発散である．

［問 9.8］ ベクトル場 $\boldsymbol{A} = (f(y), g(x))$ は $\nabla \cdot \boldsymbol{A} = \partial A_x/\partial x + \partial A_y/\partial y = \partial f(y)/\partial x + \partial f(x)/\partial y = 0$ である．$\nabla \cdot \boldsymbol{A} = 0$ だから，発散はない (ゼロである)．

［問 9.9］ $\boldsymbol{A} = r^2\hat{\boldsymbol{r}} = r\boldsymbol{r} = \sqrt{x^2+y^2+z^2}\,(x\hat{\boldsymbol{i}} + y\hat{\boldsymbol{j}} + z\hat{\boldsymbol{k}})$ と書けるから，$\boldsymbol{A}$ の x 成分は $A_x = x\sqrt{x^2+y^2+z^2}$ である．これを x で微分すると $\partial A_x/\partial x = (x^2+y^2+z^2)^{1/2} + x(1/2)(x^2+y^2+z^2)^{-1/2}(2x) = r + x^2/r$ となる．同様に，y, z 成分を計算して，それらを加えると $\nabla \cdot \boldsymbol{A} = 3r + (x^2+y^2+z^2)/r = 4r$ となる．

［問 9.10］ $\Delta V_x = \{v_x(x+\Delta x, y, z) - v_x(x, y, z)\}\Delta S_x$ の右辺の $v_x(x+\Delta x, y, z)$ にテイラー展開 (3.4.8) を使うと，$v_x(x+\Delta x, y, z) = v_x(x, y, z) + (\partial v_x/\partial x)\Delta x$ である．したがって，$\Delta V_x = (\partial v_x/\partial x)\Delta x\,\Delta S_x = (\partial v_x/\partial x)\,\Delta V$ となる．

［問 9.11］ $\nabla \times (r^n\boldsymbol{r}) = (\nabla r^n) \times \boldsymbol{r} + r^n(\nabla \times \boldsymbol{r}) = (\nabla r^n) \times \boldsymbol{r}$ である ($\nabla \times \boldsymbol{r} = 0$ に注意)．一方，((9.4) と $\nabla r = \boldsymbol{r}/r$ から) $\nabla r^n = (dr^n/dr)\nabla r = nr^{n-1}\nabla r = nr^{n-1}\boldsymbol{r}/r = nr^{n-2}\boldsymbol{r}$ である．したがって，$(\nabla r^n) \times \boldsymbol{r} = nr^{n-2}(\boldsymbol{r} \times \boldsymbol{r}) = 0$ となる．

［問 9.12］ $\boldsymbol{v} = \boldsymbol{\omega} \times \boldsymbol{r} = \omega\boldsymbol{k} \times (x\boldsymbol{i} + y\boldsymbol{j} + z\boldsymbol{k}) = \omega x\boldsymbol{j} - \omega y\boldsymbol{i} = v_x\boldsymbol{i} + v_y\boldsymbol{j}$ より $v_x = -\omega y$, $v_y = \omega x$ である．したがって，$\nabla \times \boldsymbol{v} = (\nabla_x v_y - \nabla_y v_x)\boldsymbol{k} = (\omega + \omega)\boldsymbol{k} = 2\omega\boldsymbol{k}$ となる．

［問 9.13］ $\partial A_y/\partial x$ と $\partial A_x/\partial y$ はともに正なので，(9.28) の右辺のように $\partial A_y/\partial x$ から $\partial A_x/\partial y$ を引いたら小さな量になる．これも直観と合致する．

［問 9.14］ $\nabla \cdot (\nabla \times \boldsymbol{A}) = \dfrac{\partial}{\partial x}\left(\dfrac{\partial A_z}{\partial y} - \dfrac{\partial A_y}{\partial z}\right) + \dfrac{\partial}{\partial y}\left(\dfrac{\partial A_x}{\partial z} - \dfrac{\partial A_z}{\partial x}\right) + \dfrac{\partial}{\partial z}\left(\dfrac{\partial A_y}{\partial x} - \dfrac{\partial A_x}{\partial y}\right) = 0$ である．幾何学的には，ベクトル $\nabla \times \boldsymbol{A}$ の向きはベクトル ∇ とベクトル $\boldsymbol{A}$ の張る平面に垂直だから，ベクトル ∇ とは直交している．そのため，スカラー積 $\nabla \cdot (\nabla \times \boldsymbol{A})$ は

ゼロになると考えてもよい.

［問 9.15］ ポテンシャル曲面を山肌と見なせば，ベクトル $-\boldsymbol{\nabla}\phi$ の向きは山に降った雨水が重力によって山肌に沿って最速で流れ落ちる方向にあたるからである（電場 $\boldsymbol{E}$ は単位正電荷にはたらく力であることに注意しよう）.

［問 9.16］ 右辺の電荷 Q は電荷密度 ρ の体積分を使い，左辺には発散定理を適用すれば $\oint_{\mathrm{S}} \boldsymbol{E} \cdot \hat{\boldsymbol{n}}\, da = \int_{\mathrm{V}} (\boldsymbol{\nabla} \cdot \boldsymbol{E})\, dV = \dfrac{1}{\varepsilon_0} \int_{\mathrm{V}} \rho\, dV = \int_{\mathrm{V}} \dfrac{\rho}{\varepsilon_0}\, dV$ より $\int_{\mathrm{V}} (\boldsymbol{\nabla} \cdot \boldsymbol{E})\, dV = \int_{\mathrm{V}} \dfrac{\rho}{\varepsilon_0}\, dV$ となる．両辺の被積分関数は等しいので，(9.46) を得る.

［問 9.17］ ストークスの定理を左辺に適用すれば $\oint_{\mathrm{C}} \boldsymbol{E} \cdot d\boldsymbol{l} = \int_{\mathrm{S}} (\boldsymbol{\nabla} \times \boldsymbol{E}) \cdot \hat{\boldsymbol{n}}\, da$ なので，ファラデーの法則は $\int_{\mathrm{S}} (\boldsymbol{\nabla} \times \boldsymbol{E}) \cdot \hat{\boldsymbol{n}}\, da = -\dfrac{d}{dt} \int_{\mathrm{S}} \boldsymbol{B} \cdot \hat{\boldsymbol{n}}\, da$ となる．空間内で曲面 S が固定されている場合，（時間変化するのは磁場 $\boldsymbol{B}$ だけだから）右辺の時間微分の記号は積分の中に入れることができ，$\int_{\mathrm{S}} (\boldsymbol{\nabla} \times \boldsymbol{E}) \cdot \hat{\boldsymbol{n}}\, da = \int_{\mathrm{S}} \left(-\dfrac{\partial \boldsymbol{B}}{\partial t} \right) \cdot \hat{\boldsymbol{n}}\, da$ となる（偏微分に変わるのは $\boldsymbol{B}$ が t と $\boldsymbol{r}$ の関数だから）．両辺の被積分関数は等しいので，(9.51) を得る.

〈物理・工学への応用問題〉

［1］ 図 9.16 の電場を表すベクトル場は図 9.7 と似ているが，原点から距離の 2 乗で**減少する**振幅をもつところが異なる．ベクトル場の線は図 9.7 と同じように放射線状に広がっているが，ベクトル場の大きさ（矢の長さ）が減少している．発散がゼロになるという (9.53) の結果から，この減少とベクトル場の広がりがちょうど打ち消し合っていると解釈できる．なお，この結果はベクトル場の大きさが $1/r^2$ で減少する場合（そして，原点以外の場所）だけに成り立つ．実際，$1/r^2$ 型のベクトル場は $r = 0$ の原点で特異点をもつから，そこでの発散はゼロにはならないことに注意しよう.

［2］ 問 9.16 の解法を参照.

［3］ アンペール - マクスウェルの法則の左辺にストークスの定理を適用する．一方，右辺の囲まれた電流 I_{C} は，曲面を通る電流密度 $\boldsymbol{J}$ の法線成分 $\boldsymbol{J} \cdot \hat{\boldsymbol{n}}$ を積分した量なので $I_{\mathrm{C}} = \int_{\mathrm{S}} \boldsymbol{J} \cdot \hat{\boldsymbol{n}}\, da$ と書ける．これからアンペール - マクスウェルの法則は $\int_{\mathrm{S}} (\boldsymbol{\nabla} \times \boldsymbol{B}) \cdot \hat{\boldsymbol{n}}\, da = \mu_0 \left(\int_{\mathrm{S}} \boldsymbol{J} \cdot \hat{\boldsymbol{n}}\, da + \int_{\mathrm{S}} \varepsilon_0 \dfrac{\partial \boldsymbol{E}}{\partial t} \cdot \hat{\boldsymbol{n}}\, da \right)$ となり，両辺の被積分関数は等しいので (9.57) を得る.

［4］ ファラデーの法則 (9.51) の回転 $\boldsymbol{\nabla} \times (\boldsymbol{\nabla} \times \boldsymbol{E}) = \boldsymbol{\nabla} \times (-\partial \boldsymbol{B}/\partial t) = -(\partial/\partial t)(\boldsymbol{\nabla} \times \boldsymbol{B})$ をとり，左辺をベクトル公式 $\boldsymbol{\nabla} \times (\boldsymbol{\nabla} \times \boldsymbol{A}) = \boldsymbol{\nabla}(\boldsymbol{\nabla} \cdot \boldsymbol{A}) - \boldsymbol{\nabla}^2 \boldsymbol{A}$ を使って書き換えると $\boldsymbol{\nabla}(\boldsymbol{\nabla} \cdot \boldsymbol{E}) - \boldsymbol{\nabla}^2 \boldsymbol{E} = -(\partial/\partial t)(\boldsymbol{\nabla} \times \boldsymbol{B})$ となる．ここで，電場のガウスの法則 $\boldsymbol{\nabla} \cdot \boldsymbol{E} = \rho/\varepsilon_0$ を使って，左辺の 1 項目を書き換えることができるが，空間は真空なので，$\rho = 0$（電荷が存在しない）より，この項は消える．したがって，$\boldsymbol{\nabla}^2 \boldsymbol{E} = (\partial/\partial t)(\boldsymbol{\nabla} \times \boldsymbol{B})$ となる．一方，アンペール - マクスウェルの法則も真空中を考えるので，$\boldsymbol{J} = 0$（電流が存在しない）より，右辺は $\boldsymbol{\nabla} \times \boldsymbol{B} = \mu_0 \varepsilon_0\, \partial \boldsymbol{E}/\partial t$ となる．以上より，真空中での，マクスウェルの波動方程式は (9.58) になる.

第 10 章

［問 10.1］ 定積分 $\int_{-\pi}^{\pi} \sin ms \cos ns \, ds = \frac{1}{2}\int_{-\pi}^{\pi} [\sin(m-n)s + \sin(m+n)s] \, ds$ に対して，$m \neq n$ であれば $\sin(m-n)s$ の積分はゼロになる．一方，$\sin(m+n)s$ の積分は常にゼロである．

［問 10.2］ (10.8) の両辺で $n = m$ とおき，(10.13) を使うと $\int_{-\pi}^{\pi} f(s) \cos ms \, ds = \int_{-\pi}^{\pi} \left(\frac{a_0}{2} + a_1 \cos s + a_2 \cos 2s + \cdots + a_m \cos ms + \cdots\right) \cos ms \, ds = a_m \int_{-\pi}^{\pi} \cos ms \cos ms \, ds = a_m \pi$ となるから，a_m は (10.2) で与えられる．次に，フーリエ級数展開 (10.5) の初項が $a_0/2$ になっている理由は，(10.9) のように定積分が 2π になるので，それを半分 (π) にして a_0 も他の a_m と同じ (10.2) で表せるようにするためである．

［問 10.3］ (10.5) の両辺に $\sin ns$ を掛けて，区間 $-\pi < s \leq \pi$ で定積分すると，コサインとサインの積の定積分はゼロになるから $\int_{-\pi}^{\pi} f(s) \sin ns \, ds = \int_{-\pi}^{\pi} (b_1 \sin s + b_2 \sin 2s + \cdots + b_m \sin ms + \cdots) \sin ns \, ds$ となる．$n = 1, 2, \cdots, m$ の場合に，$a_1, a_2, \cdots, a_m$ のときと同様な計算をして，$b_1, b_2, \cdots, b_m$ を求めれば，(10.3) の b_m を得る．

［問 10.4］ (10.15) で $x = \pi$ とおくと，コサイン関数は $\cos n\pi = (-1)^n$ となるので，(10.15) は $\pi^2 = \pi^2/3 + 4\sum_{n=1}^{\infty}(1/n^2)$ となる．これから，(10.18) を得る．

［問 10.5］ $a_0 = \frac{1}{\pi}\int_{-\pi}^{\pi} f(s) \, ds = \frac{1}{\pi}\int_{-\pi}^{0} (-1) ds + \frac{1}{\pi}\int_{0}^{\pi} 1 \, ds = 0,\ a_m = 0$ である．一方，$m = 2n-1$（m が奇数）のとき，$b_m = \frac{1}{\pi}\int_{-\pi}^{\pi} f(s) \sin ms \, ds = \frac{2}{\pi}\int_{0}^{\pi} \sin ms \, ds = \frac{2}{\pi}\left[-\frac{\cos ms}{m}\right]_0^{\pi} = \frac{4}{m\pi}$ で，偶数のときは $b_m = 0$ である．したがって，(10.19) を得る．

［問 10.6］ (10.35) ～ (10.37) で，$z = t,\ L = T/2$ とおき，三角関数の引数で $2\pi/T = \omega$ に注意すれば (10.29) ～ (10.31) となる．同様に，(10.35) ～ (10.37) で，$z = x,\ L = \lambda/2$ とおき，三角関数の引数で $2\pi/\lambda = k$ に注意すれば (10.32) ～ (10.34) となる．ちなみに，(10.35) ～ (10.37) で $z = s,\ L = \pi$ とおくと，(10.1) ～ (10.3) に戻る．

［問 10.7］ $a_0 = \frac{1}{l}\int_{-l}^{l} z^2 \, dz = \frac{1}{l}\left[\frac{z^3}{3}\right]_{-l}^{l} = \frac{2l^2}{3}$ である．

$$
\begin{aligned}
a_m &= \frac{1}{l}\int_{-l}^{l} z^2 \cos\frac{m\pi}{l} z \, dz \\
&= \frac{1}{l}\left\{\left[\frac{z^2 \sin\frac{m\pi}{l}z}{\frac{m\pi}{l}}\right]_{-l}^{l} - \frac{2}{\frac{m\pi}{l}}\int_{-l}^{l} z \sin\frac{m\pi}{l} z \, dz\right\} \\
&= \frac{1}{l}\left\{\frac{2}{\frac{m\pi}{l}}\left[\frac{z \cos\frac{m\pi}{l}z}{\frac{m\pi}{l}}\right]_{-l}^{l} - \frac{2}{\left(\frac{m\pi}{l}\right)^2}\int_{-l}^{l} \cos\frac{m\pi}{l} z \, dz\right\}
\end{aligned}
$$

$$= \frac{4}{l\left(\frac{m\pi}{l}\right)^2} l \cos m\pi = \frac{4l^2}{\pi^2}\frac{(-1)^m}{m^2}$$

である．一方，$b_m = \frac{1}{l}\int_{-l}^{l} z^2 \sin\frac{m\pi}{l}z\,dz = 0$ である．これらを (10.35) に代入すれば，(10.42) を得る．

［問 10.8］ $f(z) = \frac{1}{2} - \frac{4}{\pi^2}\left(\frac{\cos\pi z}{1^2} + \frac{\cos 3\pi z}{3^2} + \frac{\cos 5\pi z}{5^2} + \cdots\right)$

$$= \frac{1}{2} - \frac{4}{\pi^2}\sum_{n=1}^{\infty}\frac{\cos(2n-1)\pi z}{(2n-1)^2}.$$

［問 10.9］ 例題 10.4 の (10.52) で，例えば，$s = \pi/2$ のとき $f(\pi/2) = 1 - 1/3 + 1/5 - 1/7 + \cdots$ となる．ここで，$f(\pi/2) = \pi/4$ であることに注意すれば，(10.39) の $f(1) = 1/2 + (2/\pi)(1 - 1/3 + 1/5 - 1/7 + \cdots)$ の右辺 2 項目の括弧は $\pi/4$ となるので，右辺の和は 1 になる．

［問 10.10］ オイラーの公式で三角関数と指数関数をつなぐ (1.82) の $\cos ms = (e^{ims} + e^{-ims})/2$ と $\sin ms = (e^{ims} - e^{-ims})/2i$ を使って，(10.58) の左辺を書き換えればよい．

［問 10.11］ 周期 2 で区間 [0, 2] での形をくり返す関数であることに注意して (10.57) を計算すると，$f(z) = \frac{1}{2}\sum_{m=-\infty}^{\infty}\frac{1+im\pi}{1+m^2\pi^2}(-1)^m(e-e^{-1})e^{im\pi z}$ となる．

［問 10.12］ (10.66) の括弧内の積分を $K(\beta, z) = \int_{-\infty}^{\infty} f(\alpha)\, e^{i\beta(z-\alpha)}\, d\alpha$ とおいて，(10.66) を $f(z) = \frac{1}{2\pi}\int_{-\infty}^{\infty} K(\beta, z)\, d\beta$ と書き，$f(z) = \frac{1}{2\pi}\int_{-\infty}^{0} K(\beta, z)\, d\beta + \frac{1}{2\pi}\int_{0}^{\infty} K(\beta, z)\, d\beta$ のように積分区間を分ける．ここで，$\int_{-\infty}^{0} K(\beta, z)\, d\beta = \int_{\infty}^{0} K(-\beta, z)\, d(-\beta) = -\int_{0}^{\infty} K(-\beta, z)\, d(-\beta) = \int_{0}^{\infty} K(-\beta, z)\, d\beta$ に注意すれば，

$$f(z) = \frac{1}{\pi}\int_0^{\infty}\frac{K(-\beta, z) + K(\beta, z)}{2}\, d\beta$$

と書ける．これに $K(\beta, z)$ と $K(-\beta, z)$ を代入して，オイラーの公式を使えば

$$f(z) = \frac{1}{\pi}\int_0^{\infty}\left(\int_{-\infty}^{\infty} f(\alpha)\,\frac{e^{i\beta(z-\alpha)} + e^{-i\beta(z-\alpha)}}{2}\, d\alpha\right) d\beta$$

$$= \frac{1}{\pi}\int_0^{\infty}\left(\int_{-\infty}^{\infty} f(\alpha)\cos\beta(z-\alpha)\, d\alpha\right) d\beta$$

となる．

［問 10.13］ $\int_{-\infty}^{\infty} f(\alpha)\cos\beta(z-\alpha)\, d\alpha = \int_{-\infty}^{\infty} f(\alpha)\,(\cos\beta z\cos\beta\alpha + \sin\beta z\sin\beta\alpha)\, d\alpha$ で，偶関数 $f(\alpha) = f(-\alpha)$ の場合，$\sin\beta\alpha$ は $-\alpha$ に変えると $-\sin\beta\alpha$ の奇関数になることと (10.44) に注意すれば，(10.68) になる．一方，奇関数 $f(\alpha) = -f(-\alpha)$ の場合，$f(\alpha)\cos\beta z\cos\beta\alpha$ は $-\alpha$ に変えると奇関数になるので，(10.69) となる．

［問 10.14］ (10.68) から $\int_0^{\infty} f(\alpha)\cos\beta\alpha\, d\alpha = \int_0^{1}\cos\beta\alpha\, d\alpha = \frac{\sin\beta}{\beta}$ であるから，

$f(z) = \dfrac{2}{\pi}\displaystyle\int_0^\infty \dfrac{\sin\beta\cos\beta z}{\beta}\,d\beta$ となる．$f(z) = 1$ とおくと (10.77) を得る．

［問 10.15］ $f(z) = e^{-a|z|}$ は $f(-z) = e^{-a|-z|} = e^{-a|z|} = f(z)$ より偶関数である．したがって，(10.68) を使うと $\displaystyle\int_0^\infty f(\alpha)\cos\beta\alpha\,d\alpha = \int_0^\infty e^{-a\alpha}\cos\beta\alpha\,d\alpha = \dfrac{a}{\beta^2 + a^2}$ となり，$f(z) = \dfrac{2}{\pi}\displaystyle\int_0^\infty \dfrac{a\cos\beta z}{\beta^2 + a^2}\,d\beta$ を得る．ただし，公式 $\displaystyle\int e^{ax}\cos bx\,dx = \dfrac{1}{a^2 + b^2}e^{ax}(a\cos bx + b\sin bx)$ を使った．

［問 10.16］ $f(x) = \dfrac{1}{2\pi}\displaystyle\int_{-\infty}^\infty F(k)\,e^{ikx}\,dk = \dfrac{1}{2\pi}\int_{-\infty}^\infty \dfrac{2\sin ka}{k}\,e^{ikx}\,dk = \dfrac{1}{2\pi}\int_{-\infty}^\infty \dfrac{2\sin ka}{k}(\cos kx + i\sin kx)\,dk$ において，$\dfrac{2\sin ka}{k}\sin kx$ は変数 k に対して奇関数 $\left(\dfrac{\sin(-ka)}{-k}\sin(-kx) = -\dfrac{\sin ka}{k}\sin kx\right)$ だから，定積分はゼロになる．したがって，$f(x) = \dfrac{1}{2\pi}\displaystyle\int_{-\infty}^\infty \dfrac{2\sin ka}{k}\cos kx\,dk$ と $f(x) = 1$ より (10.92) を得る．

［問 10.17］
$$f(x) = \frac{1}{2\pi}\int_{-\infty}^\infty F(k)\,e^{ikx}\,dk = \frac{1}{2\pi}\int_{-\infty}^\infty \frac{1}{a + ik}\,e^{ikx}\,dk$$
の被積分関数を $\dfrac{1}{a + ik}\,e^{ikx} = \dfrac{a - ik}{a^2 + k^2}(\cos kx + i\sin kx)$ のように三角関数で書き，(10.44) を利用して積分を行なう．一方，$x > 0$ のとき $f(x) = e^{-ax}$，$x < 0$ のとき $f(x) = 0$ であることに注意すれば，$x > 0$ のとき $\displaystyle\int_0^\infty \dfrac{1}{a^2 + k^2}\cos kx\,dk + \int_0^\infty \dfrac{k}{a^2 + k^2}\sin kx\,dk = \pi e^{-ax}$ と $\displaystyle\int_0^\infty \dfrac{1}{a^2 + k^2}\cos kx\,dk - \int_0^\infty \dfrac{k}{a^2 + k^2}\sin kx\,dk = 0$ が同時に成り立つことがわかる．したがって，これらの和と差から (10.97) が導ける．

〈物理・工学への応用問題〉

［1］ $b_m(t) = e^{-kt/2}(A_m\cos\omega_m t + B_m\sin\omega_m t)$，　$A_m = \dfrac{2}{l}\displaystyle\int_0^l f(x)\sin\dfrac{m\pi x}{l}\,dx$，　$B_m = \dfrac{2}{\omega_m l}\displaystyle\int_0^l g(x)\sin\dfrac{m\pi x}{l}\,dx$ である．ただし，$\omega_m^2 = \left(\dfrac{m\pi v}{l}\right)^2 - \left(\dfrac{k}{2}\right)^2 > 0$.

［2］ $f(t)$ は $|t| \leq \tau$ の区間で $f(t) \neq 0$ だから，フーリエ変換 (10.86) は $F(\omega) = \displaystyle\int_{-\tau}^\tau f(t)\,e^{-i\omega t}\,dt = a\int_{-\tau}^\tau e^{i(\omega_0 - \omega)t}\,dt$ となる．ここで，$\omega_0 - \omega = \theta$ とおいて書き換えていけば，
$$F(\omega) = a\int_{-\tau}^\tau e^{i\theta t}\,dt = a\left[\frac{e^{i\theta t}}{i\theta}\right]_{-\tau}^\tau = a\left(\frac{e^{i\theta\tau} - e^{-i\theta\tau}}{i\theta}\right) = \frac{2a\tau}{\theta\tau}\left(\frac{e^{i\theta\tau} - e^{-i\theta\tau}}{2i}\right)$$
$$= \frac{2a\tau}{\theta\tau}(\sin\theta\tau) = A\,\frac{\sin\xi}{\xi}$$
となる ($A = 2a\tau$)．この 2 乗が (10.101) になる．ちなみに，単色で非減衰であるとふつ

う思っている現実の振動は，実際はほとんど有限の時間だけの振動なので，厳密にいえば準単色である．

［3］ フーリエ変換 (10.86) から

$$F(\omega) = \int_{-\infty}^{\infty} f(t)\, e^{-i\omega t}\, dt = a\int_0^{\infty} e^{\{i(\Omega-\omega)-\gamma\}t}\, dt$$

$$= \frac{a}{i(\Omega-\omega)-\gamma}\left[\frac{e^{i(\Omega-\omega)t}}{e^{\gamma t}}\right]_0^{\infty} = \frac{a}{\gamma - i(\Omega-\omega)}$$

となる．これの絶対値をとれば (10.103) になる．次に，$x = \omega/\Omega$, $\Gamma = \gamma/\Omega$ とおくと (10.103) は $\dfrac{\Omega^2}{a^2}|F(\omega)|^2 = \dfrac{1}{(1-x)^2+\Gamma^2} \equiv h(x)$ と書ける．$h(x)$ の極大値は $h(1) = 1/\Gamma^2$ であり，極大値の半分に等しい $h(x)$ の値は $h(x) = h(1)/2$ であるから，$h(x) = h(1)/2$ になる x の値は $(1-x)^2 = \Gamma^2$ から求まる．これより，解は $x_1 = 1-\Gamma$ と $x_2 = 1+\Gamma$ であるから $x_2 - x_1 = 2\Gamma$ より $\omega_2/\Omega - \omega_1/\Omega = 2\gamma/\Omega$ となる（ただし，$x_1 = \omega_1/\Omega$, $x_2 = \omega_2/\Omega$, $\Gamma = \gamma/\Omega$ である)．ここで，$\Delta\omega = \omega_2 - \omega_1$ とおくと (10.104) となる．

［4］ $f(t)$ は偶関数なので，$s = \omega t$ として (10.46) を使うと

$$a_0 = \frac{2}{\pi}\int_0^{\pi} f(s)\, ds = \frac{2}{\pi}\int_0^{\pi} \sin s\, ds = \frac{4}{\pi}$$

である．一方，

$$a_m = \frac{2}{\pi}\int_0^{\pi} \sin s \cos ms\, ds = \frac{2}{\pi}\frac{1}{2}\int_0^{\pi}[\sin(1-m)s + \sin(1+m)s]$$

$$= \frac{1}{\pi}\left[\frac{1}{1-m}\{1+(-1)^m\} + \frac{1}{1+m}\{1+(-1)^m\}\right]$$

$$= -\frac{1}{\pi}\{1+(-1)^m\}\frac{2}{m^2-1}$$

より m が偶数のとき $a_m = -(4/\pi)1/(m^2-1)$，m が奇数のとき $a_m = 0$ である．したがって，(10.106) となる．

さらに勉強する人へ

本書は大学の理工系学部1，2年次における物理や工学分野の学習に必要な数学を扱っているので，さらに広く深く“必要な数学”を学ぶために役立つと思われる「物理数学」と「応用数学」の本を少し挙げておく．

なお，本書の執筆においても，下記の書物からいろいろと学び，参考にさせて頂いたことを付記しておく．

（1） 松下　貢 著：「物理数学」(裳華房)

（2） 和達三樹 著：「物理のための数学」(岩波書店)

（3） ロマノフスキー 著，久保忠雄 訳：「応用数学の基礎」(共立出版)

（4） 野邑雄吉 著：「応用数学」(内田老鶴圃)

（5） 高橋健人 著：「物理数学」(培風館)

（6） アルフケン，ウェーバー 共著，権平健一郎，神原武志，小山直人 共訳：「基礎物理数学」(講談社)

いずれも標準的な良書であるが，いくつかの項目に関して，書物を補足する．

「微分」と「積分」に関して：

（7） 秋山 武太郎 著，春日屋 伸昌 改訂：「わかる微分学」(日新出版)

（8） 秋山 武太郎 著，春日屋 伸昌 改訂：「わかる積分学」(日新出版)

（9） 磯崎　洋，筧　知之，木下　保，籠屋恵嗣，砂川秀明，竹山美宏 共著：「微積分学入門」(培風館)

(10) 小形正男 著：「キーポイント　多変数の微分積分」(岩波書店)

「ベクトル」と「ベクトル解析」に関して：

(11) 安達忠次 著：「ベクトルとテンソル」(培風館)

(12) フライシュ 著，河辺哲次 訳：「物理のための ベクトルとテンソル」(岩波書店)

「微分方程式」と「偏微分方程式」に関して：

(13) 矢嶋信男 著：「常微分方程式」(岩波書店)

(14) 河村哲也 著：「キーポイント 偏微分方程式」(岩波書店)

「行列」と「線形代数」に関して：

(15) 薩摩順吉，四ッ谷晶二 共著：「キーポイント 線形代数」(岩波書店)

(16) 中田 仁 著：「線形代数 量子力学を中心にして」(共立出版)

なお，さまざまな分野の応用例を学ぶのに，下記の書物も参考になるだろう．

(17) 小田垣 孝 著：「基礎科学のための 数学的手法」(裳華房)

(18) ストロガッツ 著：「Nonlinear Dynamics and Chaos」(Westview)

(19) バージェス，ボリー 共著，垣田高夫，大町比佐栄 共訳：「微分方程式で数学モデルを作ろう」(日本評論社)

(20) ブラウン 著，一樂重雄，河原正治，河原雅子，一樂翔子 共訳：「微分方程式（上，下） その数学と応用」(シュプリンガー・フェアラーク東京)

(21) スナイダー 著，井川俊彦 訳：「独習独解 物理で使う数学」(共立出版)

索　　引

ク

ケ

コ

サ

シ

ス

セ

著者略歴

河辺哲次（かわべてつじ）

1949年　福岡県出身
1972年　東北大学工学部原子核工学科卒
1977年　九州大学大学院理学研究科（物理学）博士課程修了（理学博士）

その後，高エネルギー物理学研究所（現：高エネルギー加速器研究機構 KEK）助手，九州芸術工科大学助教授，同教授，九州大学大学院教授を経て，現在，九州大学名誉教授．

その間，文部省在外研究員としてコペンハーゲン大学のニールス・ボーア研究所（デンマーク国）に留学．専門は素粒子論，場の理論におけるカオス現象，非線形振動・波動現象，音響現象．

著書：「スタンダード 力学」，「ベーシック 電磁気学」，「工科系のための解析力学」，「ファーストステップ 力学」，「物理学を志す人の 量子力学」，「物理学レクチャーコース 相対性理論」（以上，裳華房）

訳書：「マクスウェル方程式」，「物理のためのベクトルとテンソル」，「算数でわかる天文学」，「波動」，「ファインマン物理学 問題集 1，2」（以上，岩波書店）
「量子論の果てなき境界」，「シンプルな物理学」（以上，共立出版）

大学初年級でマスターしたい
物理と工学の ベーシック数学

2014年11月25日　第1版1刷発行
2018年 2 月25日　第2版1刷発行
2025年 3 月25日　第2版3刷発行

検印省略

定価はカバーに表示してあります．

著作者　河　辺　哲　次
発行者　吉　野　和　浩
発行所　東京都千代田区四番町 8-1
電　話　03-3262-9166（代）
郵便番号　102-0081
株式会社　裳　華　房

印刷製本
株式会社デジタルパブリッシングサービス

一般社団法人
自然科学書協会会員

ISBN 978-4-7853-1562-7